一、预防性保护及研究

文物建筑预防性保护技术与工程实例

主　编　张兴斌　张文革
副主编　周　勇　吴婧姝　滕　磊　路　易

中国建材工业出版社

图书在版编目(CIP)数据

文物建筑预防性保护技术与工程实例/张兴斌，张文革主编．--北京：中国建材工业出版社，2020.12（2021.8 重印）

ISBN 978-7-5160-3038-7

Ⅰ.①文…　Ⅱ.①张…　②张…　Ⅲ.①古建筑－文物保护－中国－文集　Ⅳ.①TU－87

中国版本图书馆 CIP 数据核字（2020）第 169260 号

文物建筑预防性保护技术与工程实例

Wenwu Jianzhu Yufangxing Baohu Jishu yu Gongcheng Shili

张兴斌　张文革　主　编

出版发行：中国建材工业出版社

地　　址：北京市海淀区三里河路 1 号

邮　　编：100044

经　　销：全国各地新华书店

印　　刷：北京雁林吉兆印刷有限公司

开　　本：787mm×1092mm　1/16

印　　张：16

字　　数：360 千字

版　　次：2020 年 12 月第 1 版

印　　次：2021 年 8 月第 2 次

定　　价：80.00 元

本社网址：www.jccbs.com，微信公众号：zgjcgycbs

本书如有印装质量问题，由我社市场营销部负责调换，联系电话：（010）88386906

专家指导委员会

编辑委员会

目　　录

一、预防性保护及研究

二、木结构类

三、砖石结构类

四、其他类

文物建筑预防性保护的发展历程与理念探讨

张文革[1]　滕　磊[2]

（1 中冶建筑研究总院有限公司 北京 100088，2 北京国文信文物保护有限公司 北京 100029）

摘　要：文物建筑作为不可移动文物的重要类型，是不可再生的文化资源，它们传承和弘扬了中华优秀的传统文化。目前我国的文物保护工作正从被动向主动发展，从抢救性保护向预防性保护发展。本文首先回顾了国际预防性保护的发展历程和我国预防性保护理念的发展，已有的研究成果为文物建筑的预防性保护工作奠定了坚实的理论基础。随后本文提出了文物建筑预防性保护的概念、保护准则、内容和体系框架。最后，提出了文物建筑预防性保护的下一步研究重点。

关键词：文物建筑；预防性保护；保护理念；保护体系

The Development History and Concept Discussion of Preventive Conservation for Heritage Building

Zhang Wenge[1]　Teng Lei[2]

(1 Central Research Institute of Building and Construction Co.，Ltd，Beijing 100088；
2 Beijing Guo Wen Xin Cultural relics Protection Co.，Ltd.，Beijing 100029)

Abstract：As an important type of immobile cultural relic，the heritage buildings are non-renewable cultural resources. They inherit and carry forward the excellent traditional Chinese culture. At present，the protection of cultural relics in our country is developing from passive to active，from rescued conservation to preventive conservation. Firstly，this paper reviews the development process of international preventive conservation and the development of the theory of preventive conservation in China. The existing research results have laid a solid theoretical foundation for the preventive conservation of heritage buildings. Then this paper puts forward the concept，protection criterion，content and system framework of preventive conservation for heritage buildings. Finally，the research emphasis of preventive conservation for heritage buildings is putting forward.

Keywords：heritage building；preventive conservation；protection theory；protection system

“文物承载灿烂文明，传承历史文化，维系民族精神，是老祖宗留给我们的宝贵遗产，是加强社会主义精神文明建设的深厚滋养。保护文物功在当代、利在千秋。”

——习近平

文物建筑作为不可移动文物的重要类型，是不可再生的文化资源，在彰显东方建筑文明、营造科学技术和艺术水平，传承和弘扬中华优秀传统文化，推动地区经济社会可持续发展等方面发挥着积极的作用。

经过改革开放以来的快速发展，目前我国的文物保护工作正在向广度和深度发展，从被动向主动发展，从抢救性保护向预防性保护发展。《国家文物保护科学和技术发展十二五规划》强调：“推进文物的抢救性保护与预防性保护的有机结合，加强文物的日常保养，监测文物的保护状况，改善文物的保存环境”。国家文物局在《国家文物事业“十三五规划”》中提出：“坚持分类指导，突出重点，加强基础，实现由注重抢救性保护向抢救性与预防性保护并重转变。”国务院《关于进一步加强文物工作的指导意见》（国发〔2016〕17号）提出：“加强文物日常养护巡查和监测保护，提高管理水平，注重与周边环境相协调，重视岁修，减少大修，防止因维修不当造成破坏。……做好世界文化遗产申报和保护管理工作，加快世界文化遗产监测预警体系建设。”2018年，中共中央办公厅、国务院印发的《关于加强文物保护利用改革的若干意见》要求：“支持文物保护由抢救性保护向抢救性与预防性保护并重、由注重文物本体保护向文物本体与周边环境整体保护并重转变”。财政部、国家文物局《国家文物保护专项资金管理办法》（财文〔2018〕178号）中对资金管理作出较大调整，支出范围中增加了预防性保护内容。

1　国际预防性保护的发展历程

预防性保护（Preventive Conservation）的概念最早是在1930年意大利罗马召开的艺术品检查和保护科学方法研究会议中提出来的。作为艺术品保护的一种新的科学方法，其出发点是提倡在文物保护中，应关注整体，注重环境对文物的影响。1963年意大利专家塞萨尔·布兰迪（Cesare Brand）在《修复理论》中对预防性保护进行了定义：预防性保护是指所有致力于消除危害以及确保有利保护措施得到实施的统一行动，其目的在于阻止极端紧急状态下的修复行为，因为这样的修复很难达到对艺术品的全面保护，并且最终会对艺术品造成某种创伤性损害。

布朗迪首次指出，文化遗产保护最重要和优先的原则应该是对艺术品采取预防性保护措施，其效果极大优于在紧急情况下的抢救性修复。之后的几十年中，预防性保护的研究和实践主要集中于博物馆馆藏文物的保护。

从20世纪70年代开始，国际文物保存与修复研究中心（ICCROM）逐渐在全球范围内11个国家的26个博物馆推广预防性保护的理念。直到20世纪90年代，这一理念逐渐成熟，并有了相对统一的阐述。ICCROM将广义预防性保护概括为在不危及物品真实性的前提下，延迟任何形式的、可以避免的损害所采取的必要的措施和行动。可以看出，广义的预防性保护不但包括环境控制等技术层面的因素，还包括一些管理层面和社会层面的理念。目前藏品的预防性保护已进入了一个新纪元，ICCROM 将澳大利亚和新西兰的风险管理评估标准（AS/NZS4360）的理念和结构引入，量化藏品遭受的风险等级，预测藏品保护措施的优先性，使保护工作更加有的放矢。

至 20 世纪 80 年代，预防性保护成为西方国家博物馆文物保护的重要手段。1987 年意大利制定了《艺术品和文物保护及修复章程》，提出预防性保护是对艺术品及周边环境的统一保护行动。1992 年美国盖蒂保护研究所的杰佛里·列文（Jeffrey Levin）指出：预防性保护是防止文物破损或降低文物破坏可能性的所有措施，它需要保护态度和习惯上的改变，既要理解预防性保护的意义，将其作为一种保护战略，又要将它纳入日常操作中。1994 年国际艺术遗产与考古科学及工程修复中心主任梅·卡萨指出预防性保护的主要目标是将博物馆展品置于相对稳定的环境中，使之减小劣化的风险，免于受到损坏后再修补，这样文物原始的表面、材质和手工艺技术才能更好的被欣赏和研究。为了达成这样的目的，博物馆应该制订相应的管理计划，有日常的监测和维护程序，并严格执行。

预防性保护理念在不可移动文物保护领域的提出要晚于可移动文物。1964 年在意大利威尼斯召开的第二届历史古迹建筑师及技师国际会议上，与会者一致认为“古迹的保护至关重要的一点在于日常的维护”。

1994 年科勒教授在第一届预防性保护国际会议上提出了文物建筑的预防性保护措施，分为“由建筑结构带来的被动措施（气候控制、防水、表面保护等）和认为的主动措施（定期清洗、维护和保护层的更新）”。

20 世纪 90 年代，国际社会开始更加关注诸如地震、火山爆发、洪水、火灾等导致文化遗产大面积毁坏甚至毁灭的风险，提出了文化遗产风险管理和防范的理念。国际文物保存与修复研究中心和国际蓝盾委员会制定了《文化遗产风险防范指南》，该指南提出了文化遗产风险防范的基本原则和内容。意大利建立了系统的文化遗产风险评估系统，该系统通过文物普查以风险地图的形式对各类风险进行了图示，并据此对意大利的建筑和考古遗迹进行科学保护、长期维护和及时修复。在风险管理方面欧洲其他一些国家也开展了很多实践，荷兰、希腊尝试建立文物的“病历档案”，为文物保护和勘察设计、病害治理等提供基础数据和支撑。

联合国教科文组织针对世界文化遗产的风险管理体系较为完善。教科文组织认为由于世界文化遗产潜在风险不断增长，灾害威胁日益严重；城乡建设快速化对自然环境的冲击，产生了一系列有别于传统自然灾害的新灾害；旅游热使一些文化遗产价值载体的病害加剧，乃至造成巨大损失；世界文化遗产分布广，灾害威胁大；数量多，信息记录等基础工作薄弱；时代久远，结构易损毁；不同承载体，抗风险承受度不同等因素，因此很有必要对其进行风险管理。世界文化遗产风险管理是旨在通过对世界文化遗产背景信息收集、比对梳理，科学识别风险、分析与评估风险，选择最有效（最小干预、最少投入）的方式，主动有目的、有计划地应对处理风险，最大程度保障遗产的突出普遍价值的管理方法。

回顾国际预防性保护的发展历程，从馆藏文物保护领域到不可移动文物遗产保护领域，预防性保护的内涵、外延不断扩展，但是预防性保护的概念本质没有变，前瞻性、日常性保护依然是其重点所在。

2 我国预防性保护理念的发展

（1）中国古代预防性保护思想

防微杜渐式的日常维护和经常性的修缮，一直是中国文物建筑保护传统的重要部分。众所周知，中国古建筑多为木构，火灾隐患突出。宋代《营造法式》中，就有专门的“望火楼功限”一节，记载着火灾观测建筑——望火楼的设计，作为俯瞰全城的制高点，起到观察与监测的作用，在第一时间发现火灾。可以说，望火楼的设计就是古人对建筑火灾的预防性保护。

明清时期，对建筑物定期检查、日常维护已经形成传统。《大清会典·内务府》制定了详细的条例，工程保固年限十分清晰，如“宫殿内岁修工程，均限保固三年”，指的是属于保养性质的工程，每三年进行一次。这种在建筑破损之前就进行经常性的保养和修缮的思想，与现代预防性保护的理念不谋而合。

对于地方建筑的保护，自古有一套约定俗成的民间维护系统，一般居民都懂一些房屋维护常识。这样一套由工匠和居民共同形成的民间维护系统，对保护古代建筑尤其是乡土建筑起了非常大的作用。

（2）现代预防性保护理念在我国的发展

现代预防性保护理念在我国的发展相对较晚，目前仍处于概念认知和理念提倡阶段。

2008年，单霁翔指出目前国内文化遗产保护方面“预防性保护”观念相对薄弱，提出在大量科学研究成果的基础上向全面、规范的预防性保护转化的必要性。认为目前迫切需要构建和落实文化遗产本体的日常养护长效机制，应增加馆藏文物保护科研、保护修复、日常养护经费的投入，同时加强文化遗产保护基础研究，深入进行损失调查及原因分析，提高文化遗产科学管理和保护水平，强化文化遗产的保护力度。由此看来，国内同行已认识到预防性保护是未来文化遗产保护的总趋势，但对其理解各不相同，并没有意识到其多面性，对预防性保护理念的探讨没有形成体系，还停留在比较初步的认识上。

2009年，詹长法在谈及预防性保护时提到风险管理和防范是预防性保护研究的新课题。认为预防性文物保护需要整体分析和持续不断的评估，涉及藏品的储藏、拿取、展示、维护等；而风险防范可有效保护存在风险隐患的文化遗产。此外还强调预防性保护理念的推广，可提高公众的意识，能够更好的理解文物保护工作并且给予更多的支持。

为推动中国与亚太地区文物保护工作者的交流合作，加强现代预防性保护理念与方法在中国文化遗产保护领域的推广，2009年9月，国家文物局与ICCROM首度合作举办亚太地区“预防性保护：降低藏品风险培训班”，这是预防性保护首次在国内作为专题出现，通过此次培训，将国外先进的预防性保护理念以及评估方法介绍给国内同仁，为日后加强国内藏品风险管理的防范意识，建立行之有效的保护体系，开拓研究思路奠定了基础。

国家文物博物馆事业发展“十二五”规划中首次将“抢救性保护”与“预防性保护”并置于同等重要的位置，明确指出了“十二五”的主要任务是“实现文物抢救性保护与预防性保护的有机结合”。

2015年发布的《馆藏文物预防性保护方案编写规范》中指出，预防性保护的理念是通过有效的管理、监测、评估、调控，抑制各种环境因素对文物的危害作用，使文物处于一个“洁净、稳定”的安全保存环境，达到延缓文物劣化的目的。

《中国文物保护准则》2015年修订版第12条中指出，预防性保护是指通过防护和加固的技术措施和相应的管理措施减少灾害发生的可能、灾害对文物古迹造成损害以及灾后需要采取的修复措施的强度。

2019年9月，故宫博物院王旭东院长在世界文化遗产保护与旅游可持续发展国际论坛上指出：“预防性保护，不仅需要对保护对象做一个全面的了解，还要对文化遗产面临的风险进行识别和评估，包括来自自然的和人为的风险，然后提出一些控制措施。这些风险，必须通过一定的方法来监测，因此需要建立监测体系。今天我们通过预防性保护，通过监测、预警，预防性保护目标的实现成为了可能。我们的变化是可监测的，风险是可预报的，险情是可调控的，保护是可提前的。自1987年首次申遗成功，经过几代人的共同努力，中国的世界文化遗产保护工作正从最初的抢救性保护逐渐向预防性保护过渡”。

2011年10月，在南京东南大学召开了旨在探讨预防性保护的理论架构和适应性应用技术的“建筑遗产预防性保护国际研讨会”，形成了建筑遗产预防性保护的“会议共识”。2017年，中国文物保护技术协会成立了旨在引领文物建筑安全检测鉴定领域的科技进步，建立行业学术交流的平台，申报并参与相关科研课题以及标准规范的编制，进行文物建筑系统的检测鉴定与抗震评估基础上的科学的预防性保护等多方面工作的文物建筑安全检测鉴定与抗震评估专业委员会。2019年6月，“预防性保护——第三届建筑遗产保护技术国际学术研讨会”在南京召开，讨论了建筑遗产本体病害与劣化机理研究、建筑遗产监测与预防性保护技术、建筑遗产预防性保护管理与维护等议题，主张建筑遗产的预防性保护是一种系统性思维，主张“日常维护胜于大兴土木，灾前预防优于灾后修复”，整合材料劣化研究、依存环境控制、定期巡视监测和日常保养维护等技术和管理手段，降低或延缓气候和环境变化对建筑遗产的损害。2019年8月，由中国文物保护技术协会文物建筑检测鉴定与抗震评估专业委员会主办的中国文物建筑预防性保护技术交流会在山西太原举行，共同探讨文物建筑预防性保护领域的最新研究成果，发布了文物建筑预防性保护“太原共识”。2019年10月，第三届国际建筑遗产保护与修复博览会预防性保护论坛在上海举办，论坛借鉴《中国文物古迹保护准则》理念，认为“预防性保护”的目的是为减少保护工程对文物古迹的干预，通过防护、加固的技术措施和相应的管理措施减少灾害发生的可能、灾害对文物古迹造成损害以及灾后需要采取的修复措施的强度。从预防性保护的目标上来看，预防性保护有三个要点内容：一是预防性保护要满足最低限度干预原则；二是预防性保护要通过技术措施和管理措施共同实施；三是预防性保护要减少或避免文物古迹遭受的威胁与灾害。

国内不可移动文物的预防性保护研究方面已经做了大量的工作，一是基础性研究工作，从材料本身劣化出发，再到结构的变形损伤乃至破坏等，进一步研究病害产生的原因、机理、危害以及治理措施等；二是基于文物本体病害以及所处环境进行的各类现状监测体系的构建；三是基于目前所取得的一些文物保护的研究成果编制形成相关标准规范或导则。在国家文化遗产保护利用重点研发计划中，针对文物领域亟待突破的基础理论和关键技术，从文化遗产价值认知与价值评估关键技术、文物病害评估与保护修复关键技术、文化遗产风险监测与防控关键技术、文化遗产传承利用关键技术等方面做了深入的布局研究工作，为文物建筑的预防性保护工作奠定了坚实的理论基础，为文物建筑从抢救性保护到预防性保护的过渡和发展提供了有效的保障。

3 文物建筑预防性保护的理论探讨

(1) 文物建筑预防性保护的概念

文物建筑指的是具有历史、艺术、科学及社会文化价值的建筑类文物，既包括古建筑（构筑物）也包括近现代代表建筑、纪念建筑。与其相关的概念有建筑遗产、建成遗产等。

2007—2008年“建筑遗产的预防性保护和监测论坛”形成的指导方针中提到：建筑遗产的预防性保护应用范围包括从对地震区域建筑结构的稳定加固到对建筑的检测和日常维护，也包括对建筑遗产所有改动和破损进行监测的各项技术，以及如何选择正确的修缮材料等方面。预防性保护体现在两个层面：大的层面，预防方法意味着正确到位的遗产管理；第二层面，考虑到风险发生的不同尺度和规模，预防性保护的目的在于尽早发现可能造成的损害，预防性保护需要遵循风险评估的程序。比利时于2009年成功申请了“关于建筑遗产预防性保护、监测、日常维护的联合国教科文组织教席”，建立了第一个关于建筑遗产预防性保护的科研平台和网络体系。该中心的研究人员 Neca Cebron Lipovec 从建筑遗产保护的角度给出了建筑遗产预防性保护的定义，她认为：“预防性保护包括所有减免从原材料到整体性破损的措施，可以通过彻底完整的记录、检测、监测，以及最小干涉的预防性维护得以实现。预防性保护必须是持续的、谨慎重复的，还应该包括防止进一步损害的应急措施。它需要居民和遗产使用者的参与，也需要传统工艺和先进技术的介入。预防性保护只有在综合体制、法律和金融的大框架的支持下才能成功实施。”

2011年“建筑遗产预防性保护国际研讨会”提出，建筑遗产预防性保护是指防止遗产价值丧失和建筑结构破损的所有行动。预防性保护不同于以往建筑遗产损毁后应急性的保护工程，它基于信息收集、精密勘察、价值评估和风险评估等来确定建筑遗产面临的风险因素，通过定期检测和系统监测来分析掌握遗产结构的损毁变化规律，通过灾害预防、日常维护、科学管理等措施及时降低或消除面临的风险，使建筑遗产处于良好的状态以避免盲目的保护工程，最终实现遗产的全面保护。

对于馆藏文物的预防性保护而言，文物的基体材料的种类十分繁杂，不仅有金属、陶瓷、石器、砖瓦等无机材料，也包含纸张、竹木、丝麻、骨角质等有机材料。构成文物的所有材料，在环境有害因素的作用下，均会产生蜕变现象，就像人有生老病死一样，文物最终都会消亡。然而，基于科学的观点，对文物材料的蜕变，却可以通过施加另外的材料加以干涉和控制，就像药物对于人类疾病的治疗和控制一样。文物的预防性保护，就像对人类疾病的预防一样，是在病害发生之前采用的积极防病减灾措施。预防性保护方法是间接的，它是基于控制导致文物损坏的因子来减缓文物的蜕变速度。文物的劣化是由不同因子造成的，文物材质的劣化不是不可控制的，人为的预防性保护控制可极大程度地减缓文物的老化速度。文物蜕变劣化的主要因素是环境因素中的光线、温度、湿度和大气污染，此外的因素还包含人为机械性破坏因素，如不规范的搬运和不适宜的支撑方式；化学性破坏，如接触反应性物质；生物性破坏，如微生物、植物、昆虫和动物等。所有这些破坏因素都是可以被控制的，虽然一些对文物有害的影响因素（如光线和气体）很难被全部去除，但蜕变劣化过程是能够被有效地延迟的，尽管这一过程不能完全被抑制。因此，预防性保护的方法是通过间接性的技术措施，通过控制其诱因而减小蜕变发生的速度和程度。由于科学研究使我们更清楚地理解了一些劣化变质过程，才使文物预防性保护成为可能。

对于文物建筑的预防性保护，我们认为，即通过勘查、价值评估、风险评估等确定面临的风险因素，通过定期检测和系统监测来分析掌握损毁变化规律，通过灾害防御、日常维护、科学管理及时降低或消除风险隐患，使其处于良好的保存状态，达到长久保存全面保护的目的。

（2）文物建筑预防性保护的原则

关于文物建筑保护基本原则，新版《中国文物古迹保护准则》（2015 年版）在继续坚持不改变原状、最低限度干预、使用恰当的保护技术、防灾减灾等文物保护基本原则的同时，进一步强调了真实性、完整性、保护文化传统等保护原则，真正体现了中国文化遗产保护基本原则丰富而深刻的内涵。其中第 12 条指出："为减少对文物古迹的干预，应对文物古迹采取预防性保护"。

文物建筑的预防性保护是一种系统性思维，主张"日常维护胜于大兴土木，灾前预防优于灾后修复"，整合材料劣化研究、依存环境控制、定期巡视监测和日常保养维护等技术和管理手段，降低或延缓气候和环境变化对文物建筑的损害，从而达到使文物建筑延年益寿的目的。

所谓"防"：一是最大限度防止或减缓各种因素对文物本体的破坏作用；二是采取有效措施提高文物本体自身抵御影响的能力，因此是一种预防性的、主动的保护。

所谓"治"：是对已损坏的文物建筑进行修复，以使文物建筑重新变得稳定，减缓文物本体的衰变速度。因此是被动的保护活动。

以防为主、防治结合的方针，是做好文物建筑保护工作的基本方针，防是主动的，治则是被动的，防重于治。防的本质就在于延缓文物建筑本体的老化速度，放弃了防也就失去了文物建筑保护研究工作的意义。

预防性保护的核心要素有：

① 技术措施（防护和加固）和管理措施；

② 减少灾害发生可能性、减少灾害损害、降低灾后修复强度；

③ 灾前、灾中、灾后三阶段。

（3）文物建筑预防性保护的内容与体系框架

文物建筑预防性保护的内容主要包括：保护理念、价值评估、风险评估、系统勘查、定期检测、安全评估、抗震评估、安全监测、预防对策、科学管理、标准规范等，如图1所示。以价值评估、风险评估为基础和起点，以检测、监测为依据，以系统规划为纲领，以日常维护为保障，抑制人为因素或自然环境因素对文物建筑的损害，尽可能阻止或延缓文物建筑结构的物理和化学性质改变乃至最终劣化，确定科学的保护方法技术，形成文物建筑预防性保护的标准规范，最终达到文物建筑长久保存、延年益寿的目标。

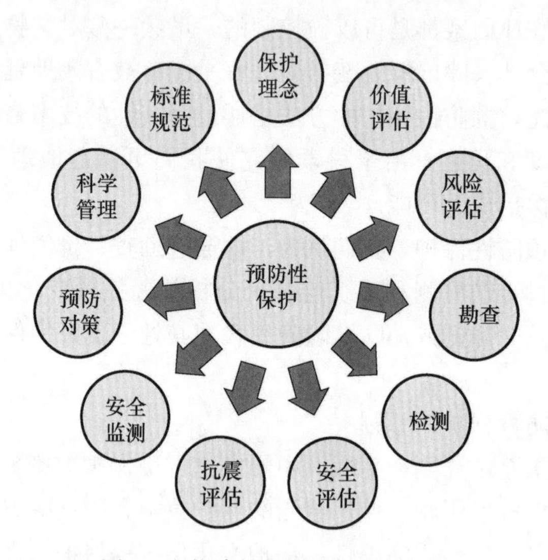

图1　文物建筑预防性保护的内容

尽管预防性保护理念指导下的保护体系已经从最初的避免修复干预→广泛实践控制环境→现今的风险管理战略性高度，如图2所示，改变了传统文物保护思维，成为国际文化遗产保护科技领域的共识。但是从文物建筑预防性保护的角度，当前还面临着文物建筑内涵和外延不清、价值评估困难；检测鉴定和评估标准规范缺乏，相关行业的标准规范在文物领域不能满足文化遗产保护精准实践需求，材料、方法和技术手段应用性亟待提高；预防性保护理论基础研究落后，措施针对性不强，管理体制、经费保障机制尚待健全等问题。为此，积极探讨文物建筑预防性保护的理论、方法和技术等，显得尤为迫切和重要。

一是应充分认识文物建筑的价值及其保护意义，清醒认识加强文物建筑预防性保护的重要性和紧迫性，通过价值评估、现状勘查、科学的定期检测、系统监测和安全风险评估等确定文物建筑的保护等级、面临的各种自然与人为风险因素、损伤原因、程度、规律等，继而通过风险预防、控制、维护、应急处理等科学管理和技术手段及时降低或消除这些风险隐患，有效阻止或延缓文物建筑结构的物理、化学性质改变乃至最终劣化，使其处于良好的保存状态，达到延年益寿、持续保存的目的。

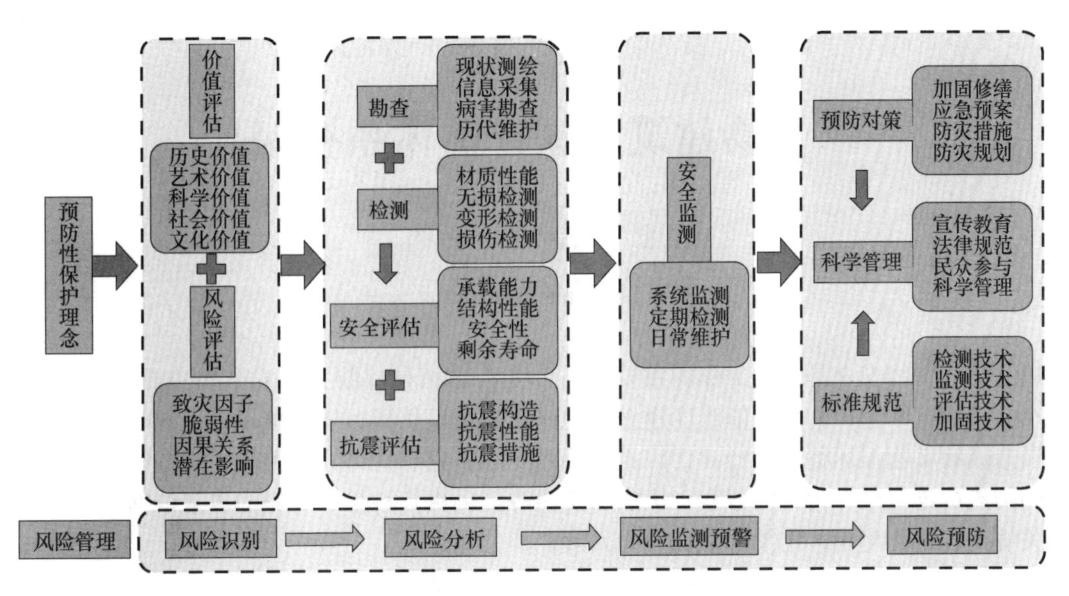

图 2　基于风险管理的文物建筑预防性保护体系框架图

二是注重研究解决预防性保护涉及的自然与人为风险隐患、预防、控制和应急处理的综合理论和技术方法问题。要加强文物建筑的科学研究，深入挖掘不同类型文物建筑的特点、内涵和价值，分析厘清不同自然、社会人文环境下的保存状况、劣化状况和人为干预状况；要持续开展预防性保护方法论研究，逐步构建基于风险预防、控制、维护和应急处理的完善的预防性保护规范体系和技术标准；要深入开展跨学科研究，充分发挥文物、建筑、结构、材料、安全防范、检测监测、信息技术等多领域的学科优势，加强资源整合和技术转化，逐步形成系统、科学、完善的预防性保护管理体系，促进预防性保护技术、管理水平、应变能力和宏观决策能力的全面提升。

三是统筹考虑文物建筑的预防性保护和创新利用，坚持政府主导，科学规划，有效整合，多渠道筹措资金，加大预防性保护投入，积极探索创新模式，使文物建筑成为改善城乡人居环境、提高人民群众生活品质、推动区域经济社会发展的重要文化资源保障。

文物建筑预防性保护，越来越受到广泛的关注并逐步成为行业共识，但不可否认的是，目前文物建筑预防性保护仍然处于初级阶段，还有很多工作要做，相关的工作依旧任重道远。

参考文献

[1] 凌勇，胡可佳．国内外预防性保护研究述评［J］．西部考古，2011.

[2] 联合国教育、科学及文化组织．世界遗产灾害风险管理．联合国教科文组织驻华代表处，2015.

[3] 吴美萍．中国建筑遗产的预防性保护研究［M］．南京：东南大学出版社，2014.

[4] 中国文物保护技术协会文物建筑安全检测鉴定与抗震评估专业委员会．中国文物建筑预防性保护论文集［C］．山西太原，2019.

[5] 张文革．文物建筑预防性保护［C］．中国文物建筑预防性保护技术交流会．山西太原，2019.

[6] 国际古迹遗址理事会中国国家委员会．中国文物古迹保护准则．2015.

文物建筑定损评估体系初探

滕　磊　刘瑛楠

（北京国文信文物保护有限公司 北京 100029）

摘　要：文物安全是文物工作的重要基石。人为破坏是威胁文物安全的主要因素之一。本文从建筑结构、文物价值维度建立文物建筑定损评估指标体系框架，重点针对人为因素造成的文物损坏程度进行评估。希望通过专题研究和探讨，为整个文物定损评估体系的构建奠定基础，为文物督察、执法和处罚等提供更为科学、专业的裁量依据。

关键词：文物建筑；定损评估；人为因素；评估体系

A Preliminary Study of the Loss Assessment System for Heritage Building

Teng Lei　Liu Yingnan

(Beijing Guo Wen Xin Cultural Relics Protection Co., Ltd., Beijing 100029)

Abstract: The cultural heritage safety is an important cornerstone of the cultural heritage work. Artificial damage is one of the major factors threatening safety of cultural relics. This paper attempts to establish a framework of the loss assessment indicator system of heritage buiding from the perspectives of architectural structure and values of the cultural relics based on the damage severity caused by artificial factors. It aims to lay a foundation for establishing the cultural heritage damage assessment system and provide more scientific and professional discretionary basis for the cultural relics supervision, law enforcement and punishment through special study and exploration.

Keywords: heritage buiding; loss assessment; artificial factor; assessment system

党的十八大以来，新形势下的文物工作已经提升到保护国家文化安全、提高国家文化软实力、实现中国梦的战略高度。但在城镇化的快速推进过程中，由于大型基础设施建设、城镇建设、火灾、偷盗等人为破坏因素[1]，造成文物损坏、损毁甚至消失的案

---

〔1〕 本文讨论的人为破坏因素包括以下几种情况：a）擅自拆除或修缮文物本体，对文物本体造成的损坏或损毁的行为；b）建设工程（城市基础设施或个体行为在文物保护范围或建设控制地带进行违法建设工程，对文物本体造成的损坏或损毁的行为）；c）专业方面的缺乏和不恰当行为对文物本体的“保护性修缮”，对文物本体造成的损坏或损毁的行为；d）火灾（土地清理、纵火、生活用火不慎、吸烟、烧香拜佛等对本体造成损坏或损毁的行为）；e）爆破、钻探、挖掘、采矿等作业（在文物保护范围或建设控制地带进行上述行为，对本体造成损坏或损毁）；f）污染（人为操作不当致使毒气火灾、爆炸、泄漏等空气污染，对文物本体造成的损坏或损毁的行为）。

件依旧频发。

根据国家文物局近年来文物违法案件的统计〔1〕，在执法实践操作中，除火灾损失统计方法外〔2〕，其他人为破坏因素造成的文物损失程度仍以经验判断为主，缺乏科学、系统的定损评估依据和方法。这无疑给文物督察、文物行政执法、文物行政处罚等裁量增添了难度。本文针对文物建筑〔3〕的定损评估体系进行了初步探讨，试图从建筑结构、文物价值两方面构建评估体系的指标框架。希望通过文物建筑的专题探讨，为整个文物定损评估体系的构建奠定基础，进而为上述文物行政执法等提供更为科学、专业的裁量依据。

1 文物建筑定损评估体系构建思路与原则

目前我国对文物建筑定损评估开展的相关研究工作较少，尚无成熟的方法和体系框架可供参考和借鉴。

根据《古建筑木结构维护与加固技术规范》（GB 50165—1992）、《近现代历史建筑结构安全性评估导则》（WW/T 0048—2014）等系列的相关技术规范、标准，文物建筑的结构强度和耐久性是确保其安全性的关键〔4〕。同时鉴于文物建筑与普通建筑的区别，基于我们对文物价值认识不断加深〔5〕，文物建筑价值的重要程度对损失程度的影响是不言而喻的。文物建筑的损坏或损毁，不仅是对文物建筑结构的破坏，更是对文物建筑价值的破坏，因此文物建筑定损评估体系的构建应从建筑结构、文物价值两方面入手。

考虑到定损评估体系在实际应用中的科学性、严谨性和严肃性，我们认为评估应遵循以下原则：

（1）“定性评估与定量评估相结合”原则

定性评估主要从文物价值损失程度进行考量，定量评估则更多地从建筑结构残损程度进行勘查鉴定。采取定性评估与定量评估相结合的方法，可以避免单独采用定性评估造成的主观臆断，或单独采用定量评估而导致的重量不重质的结果。

（2）“科学准确”原则

不管是对文物建筑结构损失的定量评估，还是对文物价值损失的定性评估，都必须依据翔实的资料和细致的现场工作，必要时通过专业的技术检测、监测和实验，得出科

---

〔1〕 国家文物局编：《文物行政执法案例选编与评析（第2辑）》，文物出版社，2013年。

〔2〕《火灾损失统计方法》（GA 185—2014），《文物建筑火灾损失计算方法》（公消〔1995〕182号）

〔3〕 本文讨论的文物建筑（cultural relics architecture）指经各级人民政府公布的文物保护单位和登记在册的不可移动文物（古代以及近现代重要史迹及代表和纪念性房屋建筑，曾经供人在内居住、工作、学习、娱乐、储藏物品或进行其他活动的空间场所）以及被认定为文物的房屋建筑组、群等；不包含文物建筑中的构筑物部分（人们一般不直接在内进行生产和生活活动的人工建筑物，如烟囱、水坝、道路等）。

〔4〕 参考《古建筑木结构维护与加固技术规范》（GB 50165—1992），《民用建筑可靠性鉴定标准》（GB 50292—1999），《建筑结构检测技术标准》（GB 50344—2004），《工程结构可靠性设计统一标准》（GB 50153—2008），《建筑地基基础设计规范》（GB 50007—2011），《建筑结构荷载规范》（GB 50009—2012），《近现代历史建筑结构安全性评估导则》（WW/T 0048—2014）等。

〔5〕 滕磊：关于文物古迹价值评估的几点认识［J］. 中国文物科学研究，2013年第2期。

学准确的评估结论。

（3）“可操作性”原则

“可操作性”原则，即所设计的评估体系在能够满足文物建筑定损评估目标的基本需求基础上，还要具有可操作性并且便于实施。评估体系从建筑构件→子单元→鉴定单元评估文物建筑的结构残损、价值损失级别，综合文物建筑结构以及价值损失级别，确定文物建筑定损级别。建立文物建筑保护管理体系，为违法行为行政处罚裁量提供有效的理论支持。

2 文物建筑定损评估体系框架

依据以上思路和原则，构建文物建筑定损评估体系如下（图1）：

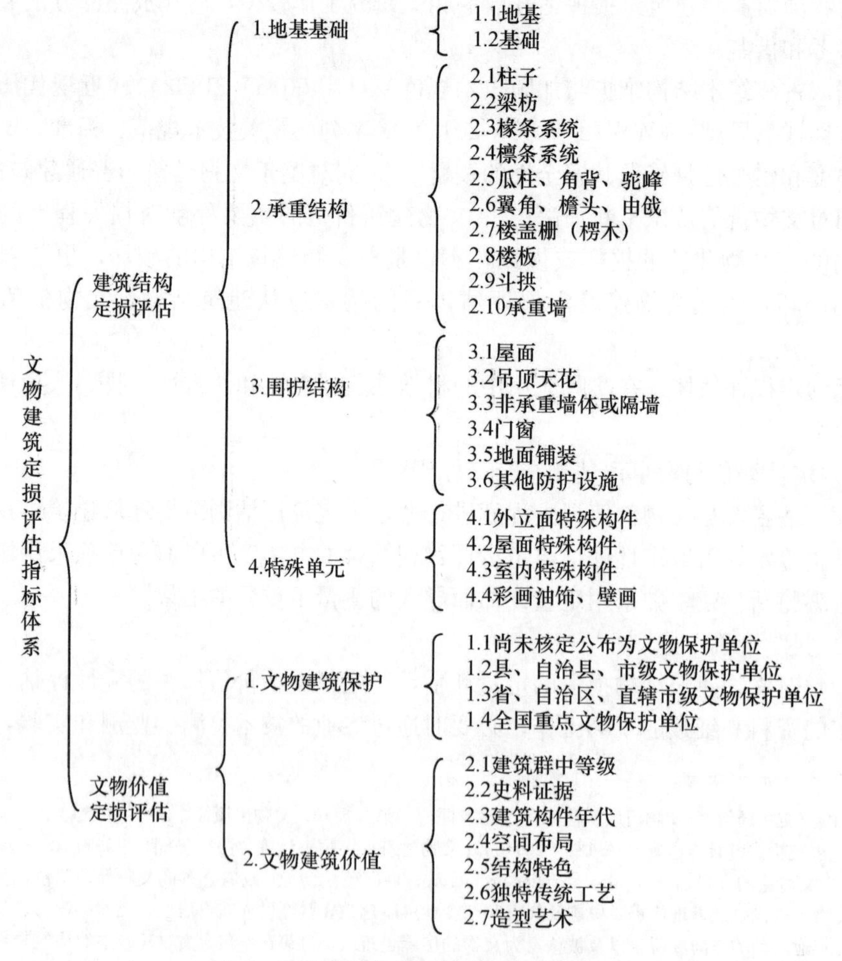

图1　文物建筑定损评估指标体系框架图

（1）层次划分

① 文物建筑结构定损评估重点围绕地基基础、承重结构、围护结构、特殊单元方面，按照构件→子单元→鉴定单元三个层次，逐层评估：

根据各构件检查要点进行评估，确定每个构件的定损等级；
综合各构件的评估结果，确定子单元的定损等级；
综合各子单元的评估结果，确定鉴定单元的定损等级。
② 文物价值定损评估按照二级指标→一级指标→鉴定单元三个层次，逐层评估：
根据二级指标评估内容进行评估，确定每个二级指标的定损等级；
综合各二级指标的评估结果，确定一级指标的定损等级；
综合各一级指标的评估结果，确定鉴定单元的定损等级。
(2) 定损评估内容及等级划分
文物建筑定损评估内容及等级按照表 1 规定进行。

表 1　文物建筑定损评估内容及等级划分

<table>
<tr><td colspan="2">层次</td><td>一</td><td colspan="2">二</td><td>三</td></tr>
<tr><td colspan="2">层名</td><td>构件</td><td colspan="2">子单元</td><td>鉴定单元</td></tr>
<tr><td rowspan="15">建筑结构定损评估</td><td>等级</td><td>a_u、b_u、c_u、d_u</td><td colspan="2">A_u、B_u、C_u、D_u</td><td>A_{su}、B_{su}、C_{su}、D_{su}</td></tr>
<tr><td rowspan="2">地基基础</td><td>地基：沉降裂缝、沉降量</td><td>地基不均匀沉降，及由于不均匀沉降引起上部结构中的反应等</td><td rowspan="2">地基基础评估定级</td><td rowspan="14">鉴定单元建筑结构定损级别</td></tr>
<tr><td>基础：同类材料构件残损点检查评定单个基础等级；人为破坏导致构件缺失、碎裂、折断等损坏</td><td>每种基础评级</td></tr>
<tr><td rowspan="2">承重结构</td><td rowspan="2">根据人为原因造成建筑构件承重截面损坏程度、变形、裂缝损坏程度</td><td>每种构件评级</td><td rowspan="2">承重结构评估定级</td></tr>
<tr><td>结构整体损坏程度评级</td></tr>
<tr><td rowspan="6">围护结构</td><td>屋面漏雨及排水情况</td><td colspan="2" rowspan="6">每种构件评级确定围护结构评估定级</td></tr>
<tr><td>吊顶、天花构造损坏及变形、裂缝程度</td></tr>
<tr><td>非承重墙体或隔墙裂缝、倾斜程度</td></tr>
<tr><td>门窗外观，密闭、变形各指标损坏程度</td></tr>
<tr><td>地面损坏程度</td></tr>
<tr><td>其他防护设施损坏状况</td></tr>
<tr><td rowspan="4">特殊单元</td><td>外立面重要构件损坏程度</td><td colspan="2" rowspan="4">根据构件四项评估结果确定重点构件残损评估定级</td></tr>
<tr><td>屋面重要构件损坏程度</td></tr>
<tr><td>室内重要构件损坏程度</td></tr>
<tr><td>彩画油饰、壁画损坏程度</td></tr>
</table>

续表

<table>
<tr><th colspan="2">层次</th><th>二级指标</th><th>一级指标</th><th>鉴定单元</th></tr>
<tr><td rowspan="3">文物价值定损评估</td><td>等级</td><td>a_v、b_v、c_v、d_v</td><td>A_v、B_v、C_v、D_v</td><td>A_{sv}、B_{sv}、C_{sv}、D_{sv}</td></tr>
<tr><td>文物建筑保护级别</td><td>尚未核定公布为文物保护单位，县、自治县、市级文物保护单位，省、自治区、直辖市级文物保护单位，全国重点文物保护单位</td><td>二级指标评级确定一级指标评估定级</td><td rowspan="2">鉴定单元文物价值定损级别</td></tr>
<tr><td>文物建筑价值损失</td><td>建筑群中等级；史料证据；建筑构件年代；空间布局；结构特色；独特传统工艺；造型艺术</td><td>二级指标评级确定一级指标评估定级</td></tr>
<tr><td>定损评级</td><td colspan="3">根据建筑结构定损评估、文物价值定损评估结果共同确定定损等级</td><td>Ⅰ、Ⅱ、Ⅲ、Ⅳ</td></tr>
</table>

<table>
<tr><td rowspan="3">文物建筑
定损评估等级</td><td colspan="4">损坏</td><td colspan="5">损毁</td></tr>
<tr><td>Ⅰ
（轻微）</td><td colspan="3">Ⅱ
（中度）</td><td colspan="3">Ⅲ
（重度）</td><td colspan="2">Ⅳ
（极度）</td></tr>
<tr><td>A</td><td>B−</td><td>B</td><td>B+</td><td>C−</td><td>C</td><td>C+</td><td>D−</td><td>D</td></tr>
<tr><td>建筑结构定损
文物价值定损</td><td>A_{su}</td><td colspan="3">B_{su}</td><td colspan="3">C_{su}</td><td colspan="2">D_{su}</td></tr>
<tr><td>A_{su}</td><td>A</td><td colspan="3">B−</td><td colspan="3">B+</td><td colspan="2">C</td></tr>
<tr><td>B_{su}</td><td>B−</td><td colspan="3">B</td><td colspan="3">C−</td><td colspan="2">C+</td></tr>
<tr><td>C_{su}</td><td>B+</td><td colspan="3">C−</td><td colspan="3">C</td><td colspan="2">D−</td></tr>
<tr><td>D_{su}</td><td>C</td><td colspan="3">C+</td><td colspan="3">D−</td><td colspan="2">D</td></tr>
</table>

本文选取土木建筑、建筑遗址、建筑群等类型为典型案例，对文物建筑定损评估体系框架进行实践验证与完善。

案例一：我国东南部某县级文物保护单位[1]——因居民祭祀造成火灾。火灾没有造成人员伤亡，过火面积260平方米（图2、图3）。

根据对地基基础、承重结构、围护结构、特殊单元的逐项考察，火灾尚没有影响到建筑的整体结构功能，只对7间房间的结构产生影响，并没有危及建筑的整体稳定性；损坏部分只对建筑局部围护功能产生影响，对建筑整体围护功能影响较小；此外，作为县级文物保护单位，建筑没有突出价值的特殊构件。此次火灾损坏的构件数量、分布、损坏程度也仅对7间房屋局部造成影响，并不影响整体结构承载功能。此建筑属于民居建筑，随坏随修是其特点之一。此次火灾损坏、损毁的构件大部分为近年维修过程中更

〔1〕 建筑楼外径圆周总长达257米，直径82米，占地8亩，底层墙面宽2米，楼高19米，4层；楼内有房屋56间半。埕中央有一口大水井，三个井眼。建筑布局独具特色，中间是四层的单元式圆楼。圆楼大门朝向东北，楼前形成宽敞的广场。广场一侧为祖祠，另一侧设有商店等服务设施。中间圆楼周环五十五个开间，每一个开间为一个独立的单元。各单元呈窄长的扇形，进深23.6米。

图 2　火灾后建筑现状

图 3　建筑过火室内现状

换的，其价值相对较低，但建筑损坏、损毁构件处于建筑较为重要部位，对建筑整体空间布局、造型、结构特色有一定影响。

我们按照图 1 和表 1 的评估框架和分级工作内容，根据建筑结构定损、文物价值定损等级共同确定该火灾定损等级为Ⅱ级中的 B一级。

案例二：我国西部地区某县不可移动文物——城址[1]被道路交通部门修建公路时破坏（图 4、图 5）。截至评估时，道路已从遗址中部穿越，南段、北段城墙部分均已不同程度破坏开挖（对原有城墙墙基进行开挖，破坏约 50 米；南段城墙新开挖约 20 米；

〔1〕 根据研究认定，建筑城址属唐、宋、清时期城址。城遗址东西长 124 米，南北宽 117 米，呈长方形。西面城墙局部倒塌，城墙残高约为 2.5 米，地基宽约 5 米，夯土层厚 0.12 米，南北各开一门，城址空间布局较为清晰；城内地面散布较好的唐、宋时期的灰陶罐残片、瓦片、瓷片等遗物，有着丰厚的史料价值。

北段城墙新开挖约 25 米)，遗址内现建有活动板房及厕所等，文化层遭到破坏，面积约占 50%。

图 4　公路建设前城址

图 5　公路建设中城址被破坏情况

城址地上遗存部分损毁严重，公路建设后损坏部分与原遗存比值约 19%；文化层在城墙挖毁断面清晰可见，城址内西侧现建有活动板房及厕所等，对文化层造成约 50%的严重损毁，面积约 8036.5 平方米；施工现场唐、宋时期的灰陶罐残片、瓦片、瓷片、零星兽骨等裸露在外，工程对其造成严重损毁。

尽管城址尚未核定为保护单位，但作为唐、宋、清时期延续的城址仍具有较高的价值。被道路破坏的部位已经对城址本体平面及布局造成严重破坏，严重影响城址的完整性、真实性，对城址造成无法挽回的损失，严重影响史料证据的保留。综上，根据城址本体定损、价值定损等级共同确定定损等级为Ⅲ级（重度）中的 C 级（表 2）。

表 2　城址价值定损分析

分析指标		损失程度及等级		说明
保护级别		A_v		尚未核定为保护单位
价值损失	史料证据	极度 d_v	D_v	公路从城址中间径直通过，公路路面低于城址地面，北侧墙基处将下挖 5 米，南侧下挖 3 米。对城址造成无法挽回的损失（文物遗址灭失、损毁），严重影响城址完整性、真实性，使城址的史料证据、传统工艺水平、造型艺术受到损毁
	空间布局	极度 d_v		
	工艺水平	极度 d_v		
	造型艺术	极度 d_v		
遗址价值定损		重度 C_{vu}		

案例三：我国西部地区某省级文物保护单位[1]作为旅游景区进行建设和使用。这一过程中，使用人在前院院落添建月亮门 2 处、照壁 1 处、过门 1 处；前院玉石厅室内木地板局部加设玻璃罩，造成木地板表面通风不畅，局部霉变、糟朽（图 6～图 10)。经检测，室内未加设玻璃罩的地板含水率为 7％～9％，玻璃罩内地板含水率高达 20％，远超当地平衡含水率（当地平衡含水率为 12.7％)；某楼一层南侧西次间的房间隔墙开设门洞；西一号院开挖隔墙、在院内建设钢制大棚、开挖水池、化粪池、铺设现代瓷砖地面、建筑外墙面抹灰后刷涂料；西二号院建筑外墙面刷涂料；西三号院院落内开挖水池及水井、建筑外墙面刷涂料；围墙墙体上开直径 1 米的圆形槽，嵌入砖雕“老墙”二字。上述人为不当添建、改建等均对建筑群真实性、完整性造成了一定的破坏。

图 6　入口处东厢房东侧

〔1〕 该建筑群整个院落占地面积 29445.8 平方米，建筑面积 6183 平方米。分别由前院、中院、南院、西一号院、西二号院、西三号院及后花园等七个独立而又相互联系的院落组成，建筑风格简洁、大方、紧凑、古朴，是近现代民居建筑。

图7　增建照壁通道而增建的拱门现状

图8　木地板由于覆盖玻璃使之霉变

图 9　室内隔墙开门

图 10　院落增建大棚施工过程中

按照评估框架和分级工作内容，针对以上建筑损坏情况，建筑结构定损鉴定单元评估级别为 A_{su}，文物价值定损鉴定单元评估级别为 B_{su}。综合建筑结构定损、文物价值定损等级，确定文物建筑定损等级为Ⅱ级（中度）中的B一级。

3 关于文物建筑定损评估的思考

（1）深化专题研究

我国文物建筑类型丰富，受损情况也极为复杂。如前文的定义所示，我们开展的文物建筑定损评估研究尚有一定的局限性，其他如桥梁、塔幢等构筑物，以及石窟、墓葬等特殊类型的文物建筑，都需要我们针对其自身特征，进一步开展专题研究。同时逐步建立文物建筑类型的定损数据库，为文物建筑定损评估提供坚实的案例数据。

（2）重视经济定损

尽管我国已制定了相应的法律法规条文，如《中华人民共和国文物保护法》（2017年修正本）第七章法律责任部分中第六十六条规定对不可移动文物不构成犯罪的，根据后果严重程度处以五万元以上五十万元以下的相应罚款，以及第六十八条规定对不可移动文物的违法行为没收违法所得，并根据违法所得金额进行相应罚款；《中华人民共和国文物保护法实施条例》（2017 年修订）第七章法律责任中第五十五条规定“违反本条例规定，未取得相应等级的文物保护工程资质证书，擅自承担文物保护单位的修缮、迁移、重建工程的，由文物行政主管部门责令限期改正；逾期不改正，或者造成严重后果的，处 5 万元以上 50 万元以下的罚款；构成犯罪的，依法追究刑事责任”等，对违反法律法规的行为进行相应罚款数额的规定。在实践过程中，区区 50 万元的罚款上限和丰厚的经济收益相比，已不可同日而语，时至今日不但起不到敲山震虎的作用，甚至助长了犯罪分子“勇于”破坏文物，挑战法律底限的嚣张气焰。

相比而言，住建部门对于优秀历史建筑的保护通过经济处罚取得了更好的效果。如 2017 年上海静安区巨鹿路 888 号建筑被违法拆除事件中，上海静安区依据《上海市历史文化风貌区和优秀历史建筑保护条例》[1]，对违法行为人王某处以该优秀历史建筑重置价 5 倍的罚款，计人民币 3050 万元，同时责令其按照原样予以恢复。

相关部门经济定损的做法和经验值得我们借鉴，通过深化研究，为人为破坏文物建筑行为提供经济处罚标准。

（3）加强司法衔接

文物建筑定损评估的最终目的是为文物督察、执法和处罚等提供更为科学、专业的裁量依据。我们在研究中也试图将定损等级与不可移动文物相关的司法条款衔接，如将Ⅰ轻微、Ⅱ中度的定损等级，Ⅲ重度、Ⅳ极度的定损等级与法律术语“损坏”“损毁”相衔接。《中华人民共和国文物保护法》中即有“第六十四条　违反本法规定，有下列行为之一，构成犯罪的，依法追究刑事责任：（二）故意或者过失损毁国家保护的珍贵

---

〔1〕 第五章法律责任中规定，根据违反条例规定的不同情况进行优秀历史建筑重置价百分之二以上到五倍之间的罚款。

文物的；”“第六十五条　违反本法规定，造成文物灭失、损毁的，依法承担民事责任。”“第六十六条　刻划、涂污或者损坏文物尚不严重的，或者损毁依照本法第十五条第一款规定设立的文物保护单位标志的，由公安机关或者文物所在单位给予警告，可以并处罚款。”那么，根据其损坏、损毁的等级为妨害文物管理刑事案件提供行政、刑事处罚的量化标准和依据，可以更好地促进文物建筑保护行业行政管理，对形成公开、公正、公平的管理体制，起到极大地推动作用。

近现代历史建筑保护要加快建立基于延年益寿理念的技术标准体系

王凤来[1]　盖立新[2]　杨　旭[1]

（1 哈尔滨工业大学土木工程学院 哈尔滨 150090，
2 黑龙江省文化和旅游厅文物保护与考古处 哈尔滨 150001）

摘　要： 近现代历史建筑具有建造和使用过程的历史局限性，其所用建筑材料、建筑技术、结构技术和施工工法都保有建造时期的时代特点，虽看似相同，实际上却可能存在显著的差异性。在近现代历史建筑保护工作中，专业工程师合理运用当前的知识体系和分析方法，对其安全性和耐久性进行技术评估，是十分有益和必要的，但过多依赖和套用建筑业服务于新建工程的现行荷载规范、设计理论和设计方法，又会出现评估结果偏差过大、加固方法不当，甚至是危险性评估失当和过度加固的错误实践，对保护建筑造成不可挽回的损失。因此，本文重点讨论近现代历史建筑保护应加快建立基于延年益寿理念技术标准的必要性和紧迫性。

关键词： 文物保护建筑；技术标准；文物建筑保护；少干预原则

Accelerate the Establishment of the Technical Standard System Based on the Concept of Prolonging Life for Modern and Historical Buildings

Wang Fenglai[1]　Gai lixin[2]　Yang Xu[1]

（1 School of Civil Engineering of Harbin Institute of Technology，Harbin 150090；
2 Cultural Relic Protection and Archaeology Department of Heilongjiang Provincial Department of Culture and Tourism，Harbin 150001）

Abstract：Modern and contemporary historical buildings have historical limitations in the process of construction and use. The building materials，construction techniques，structural techniques and construction methods used in them all retain the characteristics of the era of the construction period. Although they seem to be the same，they may actually have significant differences. In the protection of modern and contemporary historical buildings，it is very useful and necessary for professional engineers to use the current knowledge system and analytical methods to evaluate their safety and durability. However，excessive dependence and application of current load specifications，design theories and design methods will lead to excessive deviations in evaluation results, improper reinforcement methods, even improper risk assessment and excessive reinforcement, causing irreparable damage to historic buildings. Therefore, this paper focuses on the necessity and urgency of establishing technical standards based on the concept of longevity for the protection of modern and contemporary historical buildings.

Keywords: cultural relic protection building; technical standard; protection of heritage buildings; principle of less intervention

1 引言

随着国家社会经济水平的不断发展，近现代历史建筑保护工作逐渐提到非常重要的日程上。但在实施保护维修的工作过程中，因专门服务于近现代历史建筑的标准规范尚不健全，存在着技术人员只能依据现行建筑业规范，完成保护建筑的检测、鉴定和加固工作的现实情况，这对保护建筑的维修理念的确立、结构安全水平的客观评估、加固范围和加固内容的确定以及加固方法的选择，均带来了系列的影响，实际上亦产生了不小的危害，应引起足够的重视和关注。

建筑业的现行标准规范主要是两类，一类是服务于新建工程建设，是标准规范的主体，其编制水平和要求主要反映了当下和今后的社会经济发展水平与预期，列入相对成熟的材料、技术和工艺水平，也明确淘汰一些历史上大量使用的材料、技术和工艺，确保未来防灾减灾理念的实现。因此，这类标准规范在不同历史时期的版本，均设定了不同的结构可靠度水平。总体上，新建建筑的结构可靠度水平呈不断上升趋势，且与国家经济发展速度相似，提升速度也是比较快的。另一类是服务于既有建筑检测、鉴定和加固，通常也是依据现行为新建工程服务的标准规范，只是考虑历史因素和当前工作实际做出了适当的调整。但总体上，也有随着新建标准规范的变迁，可靠度水平逐渐提高的趋势，总体的基调是适时实施有计划的加固改造，逐步提高既有建筑防灾减灾能力的共识。如自 2009 年开始，以提升抗震能力为主要目标的校舍安全工程，就是针对教育建筑实施的一项全国性工作。

因此，在实施近现代历史建筑保护过程中，如何客观评价保护建筑的特殊地位、历史特点、保护要素和安全水平就成为制订合理高效、有针对性保护方案的重中之重。在工程实践中，既做到当保即保，又实现通过技术完善，逐步减少自然灾害引起的人员伤亡和财产损失的目的。这些工作的高效完成，急需要加快完善服务于近现代历史建筑保护的鉴定和加固类标准规范建设。

2 近现代历史建筑的特点与既有建筑的差异性分析

建立服务于近现代历史建筑保护的标准规范，既要充分利用现有的技术分析方法和手段，又要兼顾设计条件变化和历史遗留的技术特点，是十分复杂的一项系统工作。

近现代历史建筑主要以砖木、砖混结构和木结构为主，受当时的设计技术、材料强度和认知水平影响，大多数结构主要考虑满足结构承受竖向荷载的安全性，并通过墙体布置、洞口开设和空间布局来实现结构的整体性，应该说，这与现行建筑抗震设计的基本概念是相吻合的。而开间进深尺度较小的控制，对结构的整体性也是有利的。

但也应该看到，近现代历史建筑也具有显著的特点和差异性。

（1）建筑材料的差异性。材料强度要求差异巨大，材料的生产工艺和原材料存在差异。如黏土烧结砖，在近现代历史建筑中使用的多为外燃烧结式工艺生产的纯黏土砖，其材料颗粒细密，尺寸更规整，可以在土地上用作划线使用，适宜于磨砖对缝或砌筑异型墙体，但强度不高。与20世纪80年代中后期以后相比，虽然名称相同，但其生产几乎全部改为采用内燃制砖工艺，即在原料内掺入炉渣或煤粉或直接使用煤矸石等工业废料来获取一部分烧结热能，这种砖从断面颜色上区分是内青外红，较纯黏土砖硬度更高，强度一般高些，但颗粒粗，空隙多，尺寸偏差大。从烧结质量上区分，正常黏土砖颜色赤红，结构瓷实，形状规整；欠火砖颜色土白，结构疏松，强度低；过火砖颜色紫红透黑，结构致密表层泛光，砖体变形。通常而言，区分欠火砖对结构可能造成的不利影响是进行安全性评价的一个重要特点。如混凝土，在20世纪70年代前，受水泥生产工艺、质量和细度影响，虽然其强度标号一般为110—150号，220号即为较少使用的强度等级，较现在常用强度等级低得多，但其工程中的性能和耐久性要好于现在使用的混凝土，在检测和鉴定时考虑这种差异，不能直接否定，是十分必要的。这种材料差异和工艺差异需要在规范中引入，并予以重视。

（2）结构做法和计算简图的差异性。对于结构技术进行区别于当代习惯的认知和思考，也是十分必要的，如型钢砖拱楼盖（图1），利用砖砌体建设楼盖，对现代的工程师已经不可想象，但在近现代历史建筑中也是比较常用和奢侈的一种楼盖类型。再比如排架结构计算简图的变迁（图2），计算简图边界约束条件的改变，必然带来配筋的改变，如果不能理解历史上的计算方法，势必造成评价结果的误判。

图1　型钢砖拱楼盖的使用

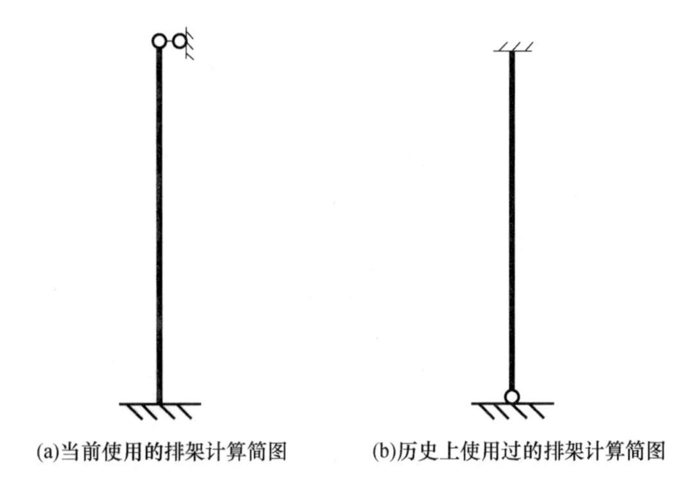

图 2　排架结构的计算简图变迁

（3）知识体系和建设思想差异。现代的教学体系和知识体系更趋理论化，也更完善、系统，但在现代的知识体系中，更多的是体现建造的效率，在节点做法上和要求上，以效率为优先考虑的要素条件。而在近现代历史建筑中，一些传统做法仍旧存在，是手工作业的一种体现。因此，在近现代历史建筑鉴定与加固过程中，应充分认知并理解这两者的差异性，不能一味简单地以现代的知识体系和作法去衡量、评估近现代历史建筑的安全性和节点连接构造。

3　近现代历史建筑技术标准的编制原则

针对近现代历史建筑的特点和保护原则，从编制行业标准的角度出发，应坚持延年益寿的基本原则。

延年益寿的原则是不能以现行的标准体系衡量历史建筑的，在维修加固过程中，要设定必要的设计条件，在保证承载安全的前提下，宜采取少加固、差异性加固或适当提高的区别对待原则。

延年益寿的基本原则应充分考虑抗震设防水平的变化。近现代历史建筑在建造之初，与现代的防灾减灾理念、建材的工业化水平和知识体系的系统性方面就存在着显著的差异，且已经成为客观必然。比如，我国处于欧亚地震带之间，受到太平洋板块、印度板块和菲律宾海板块的挤压，是世界上地震多发的国家之一，但我国的抗震设防要求，是随着经济发展水平和社会发展水平不断提高的。自 1957 年编制第一代地震区划图，至 1977 年的第二代，1990 年的第三代，2001 年的第四代和 2016 年 6 月 1 日起实施的第五代，其修订经历了不同的历史时期，总的规律是，对防灾减灾要求越来越严，抗震设防区域越来越广，自 2016 年起，我国全面提出了实施抗震设防要求。因此，抗震设防水平的提高对近现代历史建筑的性能是一个严峻的考验，在既关注防灾减灾能力要求的同时，又注意区别对待，考虑到什么程度，是在编制标准时应该达成的基本共识。这一点，在全国的抗震加固过程中，已经变得尤为突出，甚至专家层面亦给出完全相反的结论意见。

延年益寿的基本原则应充分考虑保护的重点划定。标准的编制，应明确要求对不同价值的建筑，文物保护部门应给出明确的保护内容和要求，这是现有保护建筑划定时比较模糊的，给维修加固时的技术决策带来巨大的难度。近现代历史建筑具有在用的特征，且多数处于城市的核心区，随着社会的发展，对功能性的要求必然涉及改造的需要，如何界定是需要重点考虑的。

延年益寿的基本原则应重点在于对近现代历史建筑进行性能评估和危险点的消除。因此，建议依据既定的使用功能，对荷载取用原则给出规定，这是进行性能评估的基本要求。对危险点，要重点关注在不断维修的前提下，发现被掩盖的历史危险点。如图3所示，是中东铁路安达站房抹灰层下欠火砖砌体出现的压堆现象，这类现象难以发现，但却是非常危险的。

图3　中东铁路安达站房外墙体欠火砖砌体实际受力状态

延年益寿的基本原则还在于加固方案的选择和加固方法的采用。对现代建筑常用增加荷载的加固方法，建议不应选用。

4　结语与建议

近现代历史建筑具有自身的缺陷，简单采用现行的鉴定、加固标准进行安全性评估，必然带来过度加固的问题，有时还会引起新的问题，造成不必要的损失。因此，尽快编制符合近现代历史建筑特点的鉴定、加固标准体系，在延年益寿原则下，应敦促划定明确的保护内容和要求等保护边界，做到合理确定荷载和设计参数，以便对其安全性进行有效评估，采取少加固、差异化加固和适当加固的原则，是有利于保护和使用兼顾，有利于行业进步的科学态度。

参考文献

[1] 王芳．历史文化视角下的内陆传统城市近现代建筑研究［D］．西安：西安建筑科技大学，2011.
[2] 孙书同．优秀近现代砖砌体建筑清洗技术研究与适宜性评价［D］．北京：北京工业大学，2015.
[3] 徐美君．节能的内燃制砖工艺［J］．建材工业信息，1991（21）：3.

[4] 刘孟良．复杂排架结构计算简图的选取［J］．湖南科技大学学报（自然科学版），2009，24（03）：68-72.

[5] 沙海军，吕悦军，谢卓娟．新版中国地震综合等震线图的编制和特点［J］．地壳构造与地壳应力文集，2018（00）：1-5.

[6] 李世柏，袁明生．第五代中国地震动参数区划图的理解与应用［J］．电力勘测设计，2018（08）：5-9.

基于改进的半定量 Gustav 法的古建筑群火灾风险评估

袁春燕　郎雨佳　李园园

（长安大学建筑工程学院 陕西 西安 710000）

摘　要： 古建筑群归属于不可再生的稀有资源，是国家文物保护工作的重点。近年来，我国古建筑群火灾事故频发，人员及财产损失惨重。因古建筑结构历史性劣化和使用的原因，火灾潜在风险影响因素众多，本文以人的风险因素、物的风险因素、环境的风险因素及管理的风险因素为准则层，建立古建筑群火灾风险评估指标体系框架，考虑古建筑群的季节性特点、易燃物类别、人员特征及延迟因素等，将传统的半定量 Gustav 火灾风险评估模型加以改进优化，探索一种适用于古建筑群的软层次火灾风险评估模型。以陕西省三原城隍庙古建筑群为例，利用改进的 Gustav 法对旺季建筑群内开放性建筑进行火灾风险综合评估，基于评估结果，就建筑群内消防设施的选取和布置方案给出建议。

关键词： 古建筑群；火灾；风险评估；Gustav 法

Fire Risk Assessment of Ancient Buildings Based on Improved Semi-quantitative Gustav Method

Yuan Chunyan　Lang Yujia　Li Yuanyuan

（Construction Engineering College，Chang'an University，Xi'an 710064）

Abstract： Ancient buildings belong to non-renewable rare resources，which is the focus of national cultural relics protection. In recent years，fire accidents have occurred frequently in ancient buildings in China，causing heavy losses of personnel and property. Because of the historic deterioration and use of ancient buildings，there are many influence factors to the potential risk of fire. Based on the criteria of human risk factors，material risk factors，environmental risk factors and management risk factors，this paper establishes a framework of fire risk assessment index system for ancient buildings. Taking into account the seasonal characteristics of ancient buildings，flammable category，characteristic of personnel and delay factors，the traditional semi-quantitative Gustav fire risk assessment model is improved and optimized to explore a soft layer fire risk assessment model suitable for ancient buildings. Taking the ancient buildings in the

Sanyuan town god's temple, Shanxi province as an example, this paper uses the improved Gustav method to carry out a comprehensive fire risk assessment of the open buildings in the buildings in peak season. Based on the evaluation results, suggestions are given for the selection and arrangement of fire facilities in the buildings.
Keywords: ancient buildings; fire; risk assessment; Gustav method

1 引言

古建筑自建成以来，由于群落密集且多为砖木结构，构件的材料性能随时间发生劣化，建筑物的使用功能也在某种程度上发生了转变。例如，许多古建筑群因其具有较高的历史和文化价值而被保护并转为旅游景点，古建筑群有效的防火保护越来越被重视。近年来，古建筑群火灾事件的频频发生不仅导致经济的损失、文化的损失，更是带来了不可忽视的社会影响。因此，如何利用现有的评估能力，结合古建筑群的地域特色和经济实力，在科学可行的前提下构建古建筑群火灾风险评估模型，进而针对性地降低火灾风险、制订保护方案、提高全民对火灾风险的管理意识成为我国目前古建筑群保护的当务之急。

综合国内外的相关学术研究成果，火灾风险评估技术的出现是当今社会面对火灾事件做出的有效研究，该研究使消防管理部门提前确定和消除潜在的火灾隐患。火灾风险评估参数的选取需要多维度、多属性，参数量值范围的确定需要经过现场调研，不能过度依赖专家的判断及历史经验。古建筑火灾风险研究的方法主要涉及构造指数法、事故树分析法、层次分析法、物元法、模糊评估法、古斯塔夫法（Gustav 法）等。Alessandro Arborea[1]用构造指数的方法对意大利现存古建筑进行火灾风险评估，YapingHe[2]使用相关系数的概念对澳大利亚郊区具有密集性特点的古建筑结构火灾危害之间的关联性进行统计分析，将不符合建筑法规的结构火灾危险数字化，分析火灾发生的概率。李会荣[3]在对西北古村寨进行火灾风险评估时运用层次分析法构造判断矩阵，构建了适用于古村寨的火灾风险评估体系。唐毅[4]应用层次分析法结合了人、物、环境三方面因素建立评估体系，对上海某商业性质古镇进行了火灾风险评估。庄磊[5]根据布达拉宫的特殊情况，使用改进的 Gustav 法对布达拉宫进行火灾风险评估。赵伟[6]通过对城中村的调研，将基础数据应用于 Gustav 法中，对城中村内不同房屋进行火灾风险评估。陶亦然[7]、张楠[8]等运用改进的 Gustav 法对大型购物商场进行了火灾风险评估，并根据评估结果提出了消防设计整改建议。杨黎仁，商靠定[9]等分析了 Gustav 法在实际应用中的不足，通过完善评估因子使其运用到大型物流仓库的火灾风险评估中。由此可见，Gustav 应用于古建筑群的消防安全评估具有一定的可行性，但目前在使用 Gustav 法对建筑群进行火灾风险评估时，未能根据古建筑群的特性对模型做出合理改进。本文以传统的半定量 Gustav 火灾风险评估法为基础评估模型，结合砖木古建筑群的特点，改进 Gustav 法火灾危险度评估模型，使其更加适用于在古建筑群火灾风险评估中的应用，最后将改进的 Gustav 法应用到三原县城隍庙古建筑群中，并根据评估结果对建筑群内消防设施的选取和布置方案给出建议。

2 危险源评估指标体系框架的建立

2.1 危险源的辨识

危险源的辨识是将火灾风险因素分类并确定其特征的基础过程，同时也是一个将多种互相关联的因素科学结合起来的多层次复杂分析过程。古建筑群由于其建筑材料、室内外存放物品及地理位置的特殊性，影响火灾风险的因素中有大量是长期固定存在的，如香火和油灯等，火灾事故的发生点具有偶然性，而火灾风险评估的主要任务是全面识别系统中存在的火灾风险因素，确定火灾可能发生的位置，并对其影响程度做出科学合理的评估。

2.2 评估指标体系的建立原则及标准

（1）评估指标体系框架的建立原则

评估指标体系框架的确定要以危险源的分类为基础，要做到关键因素的不遗漏、统计信息的不重复，以客观性、科学性、可行性、精密性为建立原则。

（2）评估指标体系框架的建立标准

指标内容的范围标准不仅要涵盖引发古建筑群发生火灾的灾害因子，更要涵盖消防管理中的良性因子，使框架体系更完善，进而令评估过程尽可能达到平衡，以防所得结果显示为火灾发生程度偏高，造成评估人员夸大结果，从而给管理人员带来恐慌。除此之外，需要结合调研过程中的实际情况，根据层次分析法对事物的分析逻辑将古建筑群中的危险因素划分为不同的体系层次，使所统计风险因素的结构完整。

2.3 评估指标体系框架的建立

本文以层次分析为基本理念，将古建筑群危险源划分为三级因素体系层，以人的风险因素、物的风险因素、环境的风险因素及管理的风险因素为准则层，分析各类危险因素的组成及范围，将其细化 11 个部分、31 个危险要素，建立古建筑群火灾风险评估三级指标体系框架，如图 1 所示。

3 Gustav 火灾风险评估法简介

3.1 传统的 Gustav 火灾风险评估法简介

Gustav 法在 20 世纪 70 年代由 Gustav Purt 提出，是通过分析火灾对建筑物的破坏、建筑内部人员及财产的损坏、火灾防控能力三个方面的程度指数计算得出建筑物火灾危险度的一种火灾风险评估方法，建筑物的火灾危险度包括了火灾对建筑本身的破坏和对建筑内人员及物质财产的伤害，其中，用 GR 表示对建筑物本身的破坏，用 IR 表示对建筑内人员及物质财产的伤害，两方面的火灾危险度共同决定建筑的火灾危险

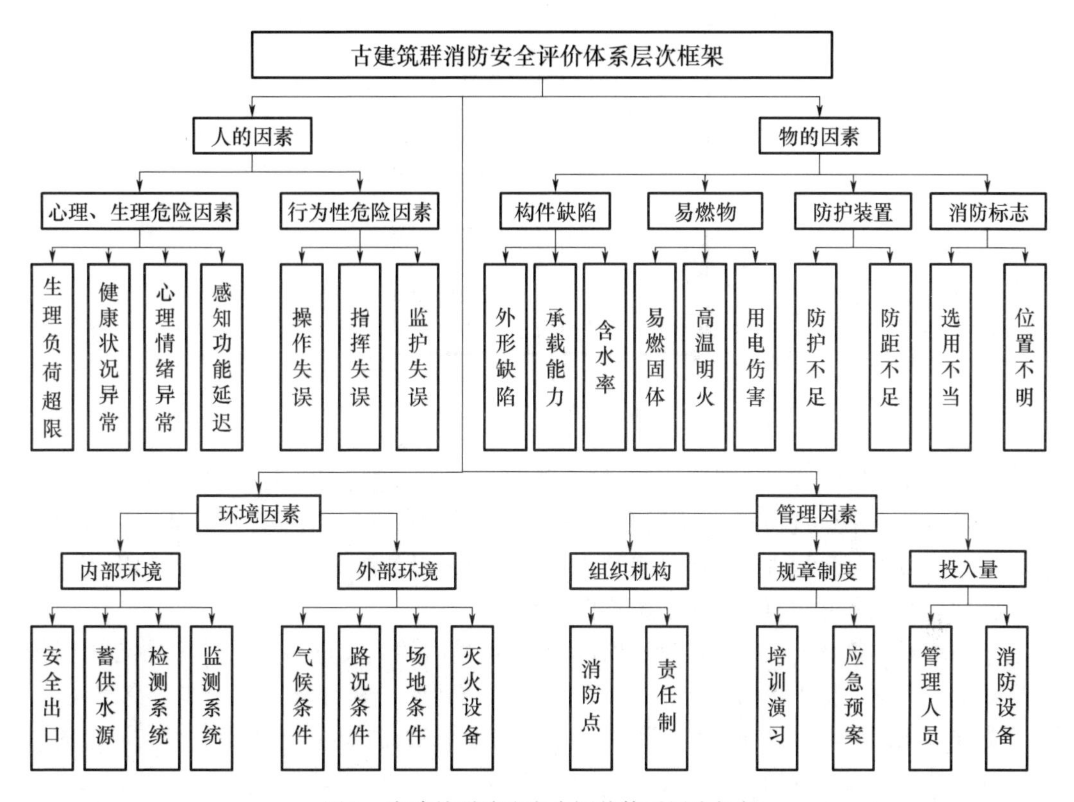

图 1　古建筑群消防安全评价体系层次框架

度[10]，其目的是为了找出建筑群内火灾风险较高处，便于建筑消防设施的选取和布置，使建筑消防设施做到合理配置并且能够物尽其用。可根据计算所得数值绘制火灾危险度分布图，根据 GR 和 IR 的不同对各个区域进行不同类型的消防保护处理，使建筑消防设施的配比做到最优化处理。

建筑物火灾危险度 GR 的计算公式如下：

$$GR=\frac{(Q_m C+Q_i)\ BL}{WR_i} \tag{1}$$

式中，Q_m 为移动火灾荷载因子；C 为燃烧性能因子；Q_i 为固定火灾荷载因子；B 为火灾区域及位置因子；L 为火灾延迟因子；W 为建筑耐火因子；R_i 为危险度减小因子。

建筑物内火灾危险度 IR 的计算公式如下：

$$IR=HDF \tag{2}$$

式中，H 为人员危险因子；D 为财产危险因子；F 为烟气因子。

建筑物火灾危险度综合分析，如图 2 所示：

若评估结果显示在 A 区，代表古建筑群内安全性较好，不易发生火灾，一旦发生火灾自救效果较好，无需过多投入消防设施及人员力量；若评估结果显示在 B 区，代表古建筑群火灾危险度较高，火灾达到一定程度时，人为灭火力量不足以抑制火源，需要在室内安装自动灭火系统；若评估结果显示在 C 区，代表古建筑群内火灾危险度较高，火灾发生时，建筑群内人员无法及时撤离，财产安全难以保障，火灾发生时烟气毒性较

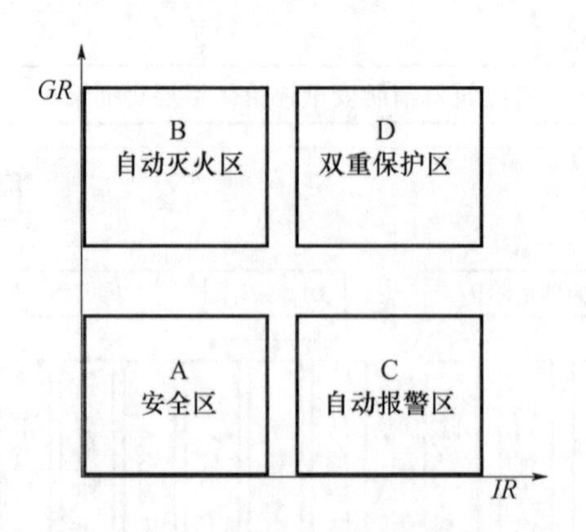

图2 火灾危险度分布图

大，影响人身及财产安全，需要安装精密的自动报警装置；若评估结果显示在D区，代表古建筑群内某建筑物两方面均极其脆弱，需要考虑火灾自动报警及自动灭火双重保护；中间区域需要根据古建筑群自身特点，性能化地对其消防管理进行设计和决策，兼顾经济性，优先考虑建筑物及人员财产的安全性。

该方法对建筑物的火灾危险度（*GR*）和建筑物内的火灾危险度（*IR*）中各项因子的取值非常明确，易于评估人员根据实际调研数据进行分析计算，对于非研究型人员，操作方便，实用性较强。在计算模型中，充分考虑了建筑群内良性因子对火灾风险的影响，使评估结果更加准确。

Gustav火灾危险度法的提出为建筑群火灾风险评估研究奠定了一定的理论基础，但尚存在一些不足之处：

（1）计算模型中影响因子的覆盖面不够广，对于特殊建筑群无法直接应用；

（2）Gustav法中对良性因子的表达过于笼统，没有全面考虑建筑群内消防设施的投入情况和消防管理现状；

（3）在人员危险性方面，没有充分考虑建筑群内人员组成情况及自救能力。

3.2 改进的Gustav火灾风险评估法简介

改进的Gustav法在原有基本原理及特点的基础上，通过对古建筑群实体进行调研，掌握了我国现存古建筑群的建筑特点和消防保护现状，认为季节性因素、消防分区、周围环境、建筑单体及群体内的消防投入、消防人员管理现状等同样是影响古建筑群火灾风险评估的重要因素，因此，通过添加以上影响因子从而对Gustav法火灾危险度评估模型进行改进，可使该方法更加适用于古建筑群的火灾风险评估。

（1）*GR*计算模型的确定

根据古建筑群主要火灾风险因素的组成，以Gustav法的计算公式为基础，将适用于古建筑群火灾风险评估的火灾危险度*GR*的计算方法作如下定义：

$$GR=\frac{(Q_f+Q_mC+Q_tCS)\times(P+E)}{W\times R_i\times(L_1+L_2+L_3)} \tag{3}$$

式中，Q_f为固定的火灾荷载因子；Q_m为活动式的火灾荷载因子；Q_t为临时的火灾荷载因子；C为燃烧性因子；S为季节性因子；P为消防分区因子；E为环境因子；L_1

为火灾延迟一类因子，表示待研究区域内单个建筑消防设备投入使用情况；L_2 为火灾延迟二类因子，表示待研究区域公共消防设备投入使用情况；L_3 为火灾延迟三类因子，表示待研究区域公共消防管理情况；W 为建筑物耐火因子；R_i 为危险度减小因子。

其中，Q_f、O_m、Q_t、C、W、R_i 的取值参考文献［10］，S 表示待研究区域因季节原因临时性易燃物对火灾荷载的影响，受季节性因素影响较大，因此，S 作为调节性因子淡季时取值为 0.5，旺季时取值为 1；P、E、L_1、L_2、L_3 的取值见表 1～表 5：

表 1　消防分区因子 *P* 的取值

级别	防火分区的特征	*P* 值
1	防火分区面积小于 1500m^2	0.5
2	防火分区面积大于 1500m^2 小于 3000m^2	0.6
3	防火分区面积大于 3000m^2 小于 10000m^2	0.9
4	防火分区面积大于 10000m^2，且防火分区对火灾无隔离作用	1.0

表 2　环境因子 *E* 的取值

级别	建筑物周围环境特征	*E* 值
1	1km 内有充足水源或消防站，且交通便利	0.5
2	1km 内有充足水源或消防站，但大型车辆无法驶入建筑群内	0.6
3	3km 内有充足水源或消防站，大型车辆可行驶至建筑群周边	0.9
4	3km 内无充足水源或消防站	1.0

表 3　火灾延迟一类因子的取值

级别	单个建筑消防设备投入使用情况	L_1 值
1	消防设备投入量不满足正常灭火面积	0.4
2	消防设备数量配置合理，部分不能正常使用	0.6
3	消防设备数量配置合理，且均正常使用	0.8

表 4　火灾延迟二类因子的取值

级别	公共区域的消防设备投入使用情况	L_2 值
1	消防设备投入量不满足正常灭火面积	0.4
2	消防设备数量配置合理，部分不能正常使用	0.6
3	消防设备数量配置合理，且均正常使用	0.8

表 5　火灾延迟三类因子的取值

级别	公共消防管理情况	L_3 值
1	消防管理人员数量不足，且业务生疏	0.2
2	消防管理人员拥有灭火能力，但数量有限，且较为集中	0.4
3	消防管理人员拥有灭火能力，但较为集中，部分现场无管理人员	0.6
4	消防管理人员拥有灭火能力，且现场巡查，及时排除隐患	0.8

（2）IR 计算模型的确定

根据古建筑群主要火灾风险因素的组成，建筑内火灾危险度的分析主要与人员危险因子、财产危险因子以及烟气因子有关，以 Gustav 法的计算公式为基础，将适用于古建筑群内的火灾危险度 IR 的计算方法作如下定义：

$$IR = cHDF \tag{4}$$

式中，H 为人员危险因子；D 为财产危险因子；F 为烟气因子；c 为人员特征因子，表示建筑内管理人员的行为性因素及游客的心理或生理因素对火灾危险度的影响。

其中，H、D、F 的取值参考文献［10］，c 的取值见表 6。

表 6　人员特征因子的取值

人员特征	c 值
建筑内人员处于清醒状态，熟悉建筑内疏散通道、可熟练使用消防设施	1.0
建筑内人员处于清醒状态，但不熟悉建筑内疏散通道、且不能熟练使用消防设施	1.5
建筑内人员熟悉疏散通道、能熟练使用消防设施，但可能处于睡眠状态	2.0
建筑内人员处于睡眠状态，对建筑物周围环境、疏散通道、消防设施使用不熟悉	2.5
建筑内人员生理条件不足，需要帮助	3.0

4　实证分析

三原城隍庙位于三原县城区内，自明洪武八年（1375 年）始建以来，三原城隍庙至今保存完整，已有 643 年的历史，据了解，暂无火灾发生史。城隍庙古建筑群占地 13390m²，各种形态建筑共计 40 余座。课题组成员通过淡季、旺季两次实地调研，全面了解当地对于不同季节的消防安全管理现状，对淡旺季游客信息、建筑物室内外易燃物品信息、室内外消防设备投入、公共消防设施投入、公共消防管理、建筑群周边条件等信息进行采集与分析。图 3 为三原城隍庙导游平面图，▲标注代表献殿、寝宫、财神殿、东陪殿、西陪殿等 13 处开放性建筑。

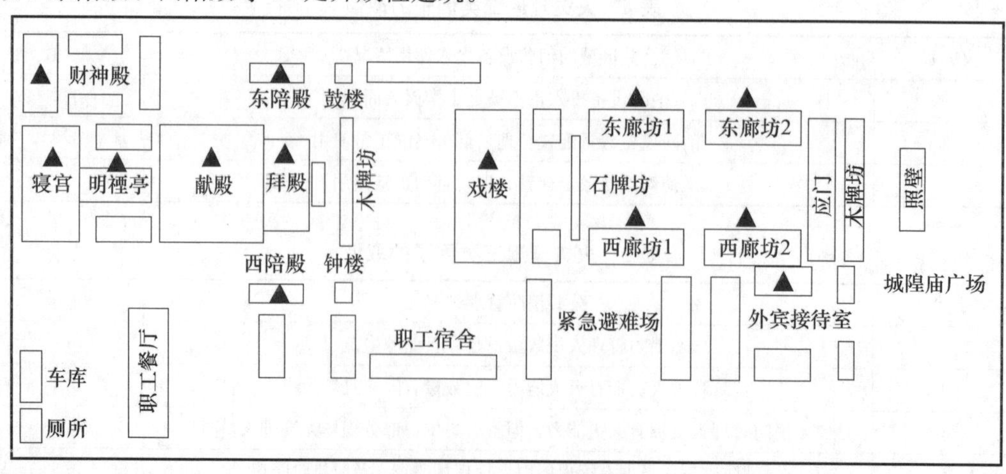

图 3　三原城隍庙导游平面图

4.1 评估指标取值——以献殿为例

通过对三原城隍庙基本信息数据的采集与分析处理，献殿各项火灾风险评估因子指标的取值见表 7。

表 7 火灾风险评估因子指标取值

因素类别	评估因子	信息依据	指标取值
人的因素	H 人员危险因子	游客数量，活动能力	2.0
	c 人员特征因子	游客及管理人员比例	1.5
物的因素	Q_f 固定火灾荷载因子	固定可燃物含水率、体积、面积	0.4
	Q_m 活动式火灾荷载因子	建筑物室内外易燃物品信息统计	1.0
	Q_t 临时火灾荷载因子	室内外临时易燃物品信息统计	1.2
	C 燃烧性因子	建筑物室内外易燃物组成	2.0
	S 季节性因子	淡旺季鉴别	1.0
	W 建筑物的耐火因子	耐火等级与耐火因子的取值关系	1.3
	R_i 危险度减小因子	建筑物室内外易燃物品信息统计	1.6
	D 财产危险因子	财产与财产危险因子的取值关系	1.0
	F 烟气因子	建筑物室内外易燃物品信息统计	2.0
环境因素	P 消防分区因子	建筑群防火分区面积	0.5
	E 环境因子	古建筑群周边条件	0.6
	L_1 火灾延迟一类因子	室内外消防设备投入	0.6
	L_2 火灾延迟二类因子	公共消防设施投入	0.8
管理因素	L_3 火灾延迟三类因子	公共消防管理	0.8

4.2 古建筑群火灾危险度

三原城隍庙古建筑群 13 处开放性建筑火灾危险度因子的取值见表 8。

表 8 三原城隍庙古建筑群火灾危险度各项因子取值

编号	建筑名称	Q_f	Q_m	Q_t	C	S	P	E	L_1	L_2	L_3	W	R_i
1	寝宫	0.4	1.0	0	2.0	1.0	0.5	0.5	0.8	0.8	0.8	1.3	2.0
2	明禋亭	0.4	0	0	2.0	1.0	0.5	0.5	0.8	0.8	0.8	1.0	1.6
3	财神殿	0.4	1.0	1.2	2.0	1.0	0.5	0.5	0.8	0.8	0.8	1.3	1.3
4	献殿	0.4	1.0	1.2	2.0	1.0	0.5	0.6	0.6	0.8	0.8	1.3	1.6
5	拜殿	0.4	1.0	1.2	2.0	1.0	0.5	0.6	0.6	0.8	0.8	1.3	1.6
6	东陪殿	0.4	1.2	1.2	2.0	1.0	0.5	0.6	0.4	0.8	0.8	1.3	1.3
7	西陪殿	0.4	1.2	1.2	2.0	1.0	0.5	0.6	0.4	0.8	0.8	1.3	1.3
8	戏楼	0.6	1.2	1.2	2.0	1.0	0.5	0.6	0.8	0.8	0.8	1.3	1.0
9	东廊坊 1	0.4	1.2	1.4	2.0	1.0	0.5	0.6	0.4	0.8	0.8	1.3	1.0

续表

编号	建筑名称	Q_f	Q_m	Q_t	C	S	P	E	L_1	L_2	L_3	W	R_i
10	西廊坊1	0.4	1.2	1.6	2.0	1.0	0.5	0.6	0.4	0.8	0.8	1.3	1.0
11	东廊坊2	0.4	1.2	1.4	2.0	1.0	0.5	0.6	0.4	0.8	0.8	1.3	1.0
12	西廊坊2	0.4	1.2	1.4	2.0	1.0	0.5	0.6	0.4	0.8	0.8	1.3	1.0
13	接待室	0.4	1.2	1.2	2.0	1.0	0.5	0.6	0.8	0.8	0.8	1.3	1.3

4.3 古建筑群内火灾危险度

三原城隍庙古建筑群内火灾危险度各项因子取值见表9。

表9 三原城隍庙古建筑群内火灾危险度各项因子取值

编号	建筑名称	H	D	F	c
1	寝宫	2.0	1.0	1.0	1.5
2	明禋亭	2.0	1.0	1.0	1.5
3	财神殿	2.0	2.0	2.0	1.5
4	献殿	2.0	3.0	2.0	1.5
5	拜殿	2.0	3.0	2.0	1.5
6	东陪殿	2.0	2.0	1.5	1.5
7	西陪殿	2.0	2.0	1.5	1.5
8	戏楼	2.0	3.0	1.5	1.5
9	东廊坊1	2.0	2.0	1.5	1.5
10	西廊坊1	2.0	2.0	1.5	1.5
11	东廊坊2	2.0	2.0	1.5	1.5
12	西廊坊2	2.0	2.0	1.5	1.5
13	接待室	2.0	1.0	1.5	1.5

4.4 火灾风险综合评估值

经计算，求得三原城隍庙古建筑群火灾风险综合评估值见表10。

表10 三原城隍庙古建筑群火灾风险综合评估值

编号	建筑名称	GR	IR
1	寝宫	0385	3
2	明禋亭	0.104	3
3	财神殿	1.183	12
4	献殿	1.154	18
5	拜殿	1.154	18
6	东陪殿	1.692	9
7	西陪殿	1.692	9

续表

编号	建筑名称	*GR*	*IR*
8	戏楼	1.904	13.5
9	东廊坊 1	2.369	9
10	西廊坊 1	2.538	9
11	东廊坊 2	2.369	9
12	西廊坊 2	2.369	9
13	接待室	1.410	4.5

根据 *GR* 和 *IR* 值，绘制火灾危险度分布图，如图 4 所示。

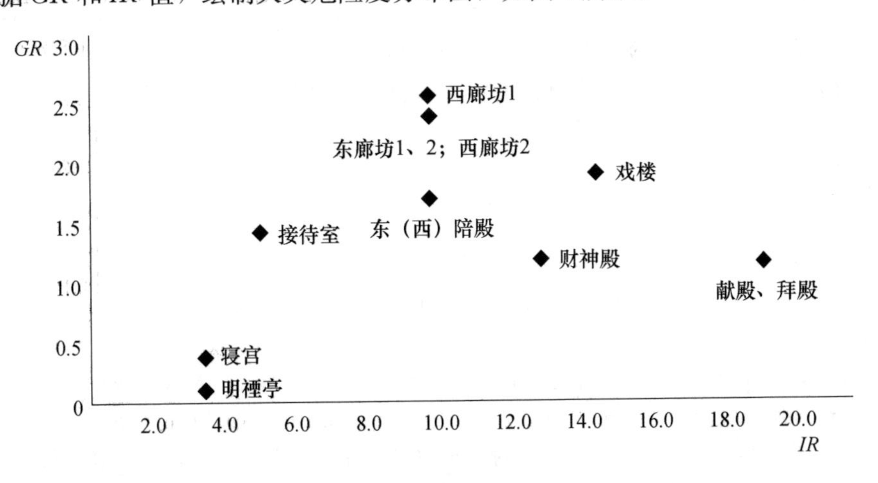

图 4　三原城隍庙古建筑群火灾危险度值分布图

5　结论

古建筑群归属于不可再生的稀有资源，是国家文物保护工作的重点。近年来，我国古建筑群火灾事故频发，人员及财产损失惨重，令人扼腕叹息。因此，积极开展科学合理的火灾风险评估工作是十分必要的。本文对 Gustav 火灾风险评估法进行了改进，引入了无量纲因数，解决了因古建筑群遗产在建筑特点和使用功能上的特殊性带来的无法直接评估的问题，使评估结果更加贴合实际情况，提高了古建筑群火灾风险评估的准确性。笔者将此方法应用于三原县城隍庙古建筑群的火灾风险分析评估，得出如下结论：

（1）东、西配殿，东、西廊坊需增设自动灭火装置。以上四处古建筑由于使用功能发生改变，建筑内外易燃物品种类及数量较多，现代化电气设施居多，固定灭火设备数量有限，对火灾的控制能力受到限制，因此需增设自动灭火装置，如自动喷水灭火系统、水喷雾灭火系统、细（超细）水雾灭火系统，以达到及时自动灭火的目的。

（2）财神殿、献殿、拜殿需增设自动报警装置。以上三处古建筑由于具有祭祀功能，建筑内外香火密度大，偶有明火，极易引燃周围的易燃物，起火速度较快，因此需增设并及时更新较灵敏的自动报警系统，如吸气式早期火灾探测器等。

（3）戏楼区域的火灾危险性最大，需进行双重保护，故景区管理部门应加强对该场所的消防安全管理。同时，消防监督部门应经常性地对古建筑群内消防设施的投入和使用进行监督检查，并根据各场所火灾危险特性，制定详尽合理的消防演习和灭火预案。

（4）改进的半定量 Gustav 法通过添加和拆分火灾风险因子将古建筑群内易燃物类型、消防设施投入、公共消防管理、人员消防能力及防火能力、季节性特点等因素考虑到传统的 Gustav 火灾危险度评估法中，通过分析评估结果，验证了 Gustav 法在古建筑群火灾风险评估中的适用性，为今后古建筑群及人员的生命财产安全提供了消防安全保障。

（5）基于 Gustav 法的古建筑群火灾风险评估工作尚处于起步阶段，火灾危险度因子的取值范围有待细化，火灾风险综合评估的阈值需要经多个实证进行分析以取得更精确的取值范围，因此，在今后的研究中应在精确性和普适性之间寻求平衡，以便管理人员更好地将该方法应用到对古建筑群的火灾风险评估管理中。

参考文献

[1] Alessandro Arborea，Giorgio Mossa，Giorgio Cucurachi. Preventive Fire Risk Assessment of Italian Architectural Heritage：An Index Based Approach [J]. Key Engioeering Materials，2015，3402（628）：27-33.

[2] Yaping He，Laurence A. F. Paric. A statistical analysis of occurrence and association between structural fire hazards in heritage housing [J]. Fire Safety Journal，2017，（90）：169-180.

[3] 李会荣．基于层次分析法的桂西北古村寨火灾风险评估研究 [J]．武警学院学报，2011，27（04）：41-43.

[4] 唐毅．上海商业古镇火灾风险评估 [J]．消防科学与技术，2017，36（05）：727-730.

[5] 庄磊，陆守香，王福亮．布达拉宫古建筑的火灾风险分析 [J]．中国工程科学，2007（03）：76-81.

[6] 赵伟．应用古斯塔夫法评估城中村火灾风险 [J]．消防科学与技术，2012，31（03）：306-309.

[7] 陶亦然．基于古斯塔夫法的大型购物中心火灾风险评估 [J]．消防科学与技术，2010，29（03）：255-259.

[8] 张楠，董四辉．基于改进古斯塔夫法的大型商场消防安全评价 [J]．大连交通大学学报，2016，37（02）：88-93.

[9] 杨黎仁，商靠定，刘静．古斯塔夫法在电商物流仓库火灾风险评估中的应用研究 [J]．安全与环境学报，2018，18（06）：2120-2125.

[10] 范维澄，孙金华，陆守香，等．火灾风险评估方法学 [M]．北京：科学出版社．2004.

结合上海某工程实例探索民居类文物建筑的保护与修缮方法

符素娥[1,2]　曹炳政[1,2]

（1 上海市建筑科学研究院 上海 200032，2 上海市工程结构安全重点实验室 上海 200032）

摘　要：民居类文物建筑由于产权、居住环境改善引起的私自改造、搭建现象等较为普遍，且由于其产权及居住人员的复杂性，导致其多处于年久失修状况，历史风貌破坏程度较高，房屋安全性及耐久性问题较为突出。本文通过介绍隶属于上海外滩历史文化风貌区的某人员密集程度较高的居民住宅楼的使用现状，并对其进行安全性分析，阐明目前该类民居类文物建筑主要存在的问题，提出针对该类房屋切实可行的保护与修缮方法以解决民居类文物建筑历史风貌的保护与改善民生的难题。

关键词：文物建筑；民居类；保护与修缮

Combined with a Project in Shanghai to Explore the Protection and Repair Methods of Residential and Historical Buildings

Fu Sue[1,2]　Cao Bingzheng[1,2]

（1 Shanghai Research Institute of Building Sciences，Shanghai 200032；
2 Shanghai Key Laboratory of New Technology Research on Engineering Structure，Shanghai 200032）

Abstract：In order to increase the property rights of residents and improve their living environment，the private reconstruction and construction of residential and historical buildings are widespread. Moreover，because of the complexity of property rights and residents，most of the residential and historical buildings are in a state of disrepair，with a high degree of destruction of historical features，and prominent problems of housing safety and durability. The paper illuminate the main existing problems of residential and historical buildings and put forward the practicable servicing methods of preservation and remedy to the buildings. by introducing the current situation and security analysis of a residential and historical building affiliated to the historical and cultural area of the bund in Shanghai.

Keywords：historical buildings，residential buildings，protection and repair

1 引言

上海外滩是近代上海及中国的金融中心，号称“中国的华尔街”，是上海100多年来发展与繁荣的象征。但其居住体验却不像房屋外表那么光鲜亮丽，这些民居类文物建筑一方面要求根据相关保护条例对其历史风貌进行保护，另一方面其使用现状已不能满足居民日益增长的生活需求。目前该类民居类文物建筑多处于年久失修状况，历史风貌破坏程度较高，房屋安全性及耐久性问题较为突出。如何在有效保护文物建筑历史风貌的同时，有效改善居民的生活品质、合理功能更新的要求，如何守护房屋的历史文化风貌，确保其可持续发展，如何确保百年老房后续的安全使用已经成为一个亟待解决且富有争议的问题。

本文通过介绍隶属于上海外滩历史文化风貌区的某人员密集程度较高的居民住宅楼的使用现状，并对其进行安全性分析，阐明目前该类民居类文物建筑主要存在的问题，提出针对该类房屋切实可行的保护与修缮方法，以解决民居类文物建筑历史风貌的保护与改善民生的难题。

2 工程概况

上海某居民住宅楼建造于1914—1915年，为上海市第三批优秀历史保护建筑，保护类别四类，位于上海外滩风貌保护区保护规划范围内，2004年入选黄浦区登记不可移动文物。目前该房屋外墙墙面风化严重、个别墙体严重开裂，楼面多处明显下沉，且其居住条件已不能满足居民的基本日常需要，黄浦街道拟对该房屋进行全面修缮，为此专门组织相应的专家评审会，会上确定了“安全第一、风貌保护、功能提升、合理利用、改善民生”的修缮原则。

房屋原建为一幢三层砖木结构，主要作为贸易公司办公楼，1928—1929年期间，增设阳台及卫生设备将其改为双子居住楼，20世纪七八十年代，利用其屋架空间改建成四、五层。房屋建筑上为带有新古典主义特征符号的折中主义风格，它既传承了中国传统建筑青砖红瓦特色，又吸收了西方建筑的细节装饰（如“山花”“拱券”），在近代上海建筑中具有一定的代表性。

根据相关规定[1,2]，房屋具体保护意见如下：建筑主要立面不得改变；外部重点保护部位为东、南、西立面；一层入口木门为建议保护部位；修缮前应认真考证原始设计资料、施工工艺等内容，重点保护部位应严格按原式样、原材质、原工艺进行修缮。

3 建筑、结构概况

房屋建筑平面呈凹型，由东、西两单元组成，两单元原建筑平面对称布局，目前房屋一层主要作为商铺、居住用房，二层及以上主要作为居住用房，室内平面布局为内廊式（图1）。房屋各单元中部设一部楼梯连通房屋各层。外立面采用清水青砖外墙嵌红砖带饰，采用券式廊柱式构图，层间有线脚装饰；内部分隔墙多采用泥幔板条墙；楼面多采用木楼面，屋面多采用双坡平瓦屋面。

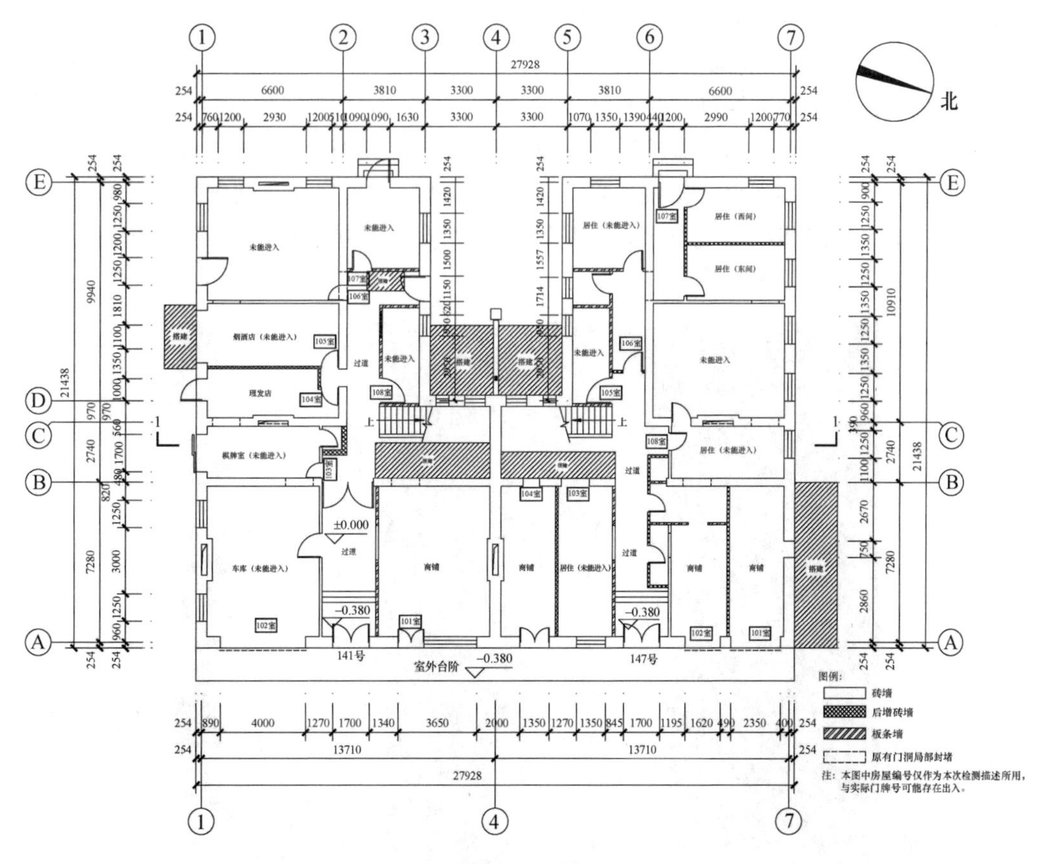

图1 房屋一层建筑平面图

房屋采用石灰浆三合土砖墙基础，砖墙下设三阶大放脚，大放脚下采用三合土刚性基础。上部结构主要采用纵横墙共同承重。楼盖主要采用木楼面、局部区域后做夹砂地板，木搁栅主要搁置在两端砖墙上，局部区域搁置在木梁上，木搁栅上铺洋松木地板，搁栅间设木剪刀撑。屋盖主要由豪式三角形木屋架、山墙共同承重。

4 使用现状及安全性分析

目前房屋建筑历史风貌存在一定的破坏，主要表现为：屋面原为机制平瓦屋面，现局部改为白色金属波形瓦或蓝色彩钢板屋面，且凌乱增设多个老虎窗；房屋底层东侧墙体多处局部拆除作为门洞使用；多个木窗更换为塑钢窗或铝合金窗；立面多处凌乱外挂空调外机并搭设雨篷及晾衣杆；房屋建筑平面布局调整较大，原有大空间的办公布局，现改为六十多户居民共用空间，分隔杂乱，且室内普遍增设小阁楼（作卧室或储藏）或卫生间等。

现场检测[3]结果表明，房屋砌筑砖抗压强度可评为MU7.5，砌筑砂浆抗压强度可评为M0.8，混凝土构件抗压强度推定值在10.7～26.5MPa。房屋整体明显向东倾斜，平均倾斜率为7.01‰。

房屋目前主要存在个别墙体严重弓凸变形、砖块碎裂，门窗过梁严重变形，其上部砖墙砌筑砂浆疏松、砖块松动、局部错位等缺陷，构成危险构件，存在安全隐患（图2、图3）；底层墙体局部拆改门洞；木屋架多根杆件拆除，个别杆件严重腐朽；楼面多处明显下沉（木搁栅端部严重腐朽），混凝土构件多处钢筋锈蚀外露，伴有混凝土大面积剥落；改建结构受力体系混乱等。重点保护部位及建议保护部位目前主要存在个别窗拱券竖向明显贯穿裂缝，构成危险点，外立面砖墙多处风化，装饰线条开裂，屋面瓦片碎裂，木楼梯踏步及垂花下沉，壁炉破损。此外，房屋还存在墙面粉刷疏松脱落，泥墁平顶粉刷开裂脱落等损伤[4]。

图2　二层休息平台窗南侧墙体砖墙歪闪、砖块碎裂

图3　窗过梁严重变形，其上部砖墙砌筑砂浆疏松、砖块松动、局部错位

在正常使用条件下，不考虑木构件损伤影响，房屋部分墙肢、木屋架下弦杆及少量木搁栅承载力不满足验算要求；此外，使用过程中承重结构拆改较多，房屋整体性及连接构造薄弱（图4、图5）；房屋年久失修，使用不当，缺乏维护，导致构件耐久性问题突出；局部承重墙体开裂、弓凸变形严重，构成危险点；综上，房屋为严重损坏房[5]，其使用安全不满足规范要求，应采取全面加固修缮措施。房屋抗震措施及抗震承载力均不满足《现有建筑抗震鉴定与加固规程》（DGJ 08—81—2015）[6]中对A类建筑的要求，条件允许时，可结合本次修缮设计，在不破坏房屋保护部位情况下采取合适措施提高房屋整体抗震性能。

图4　屋架斜腹杆拆除

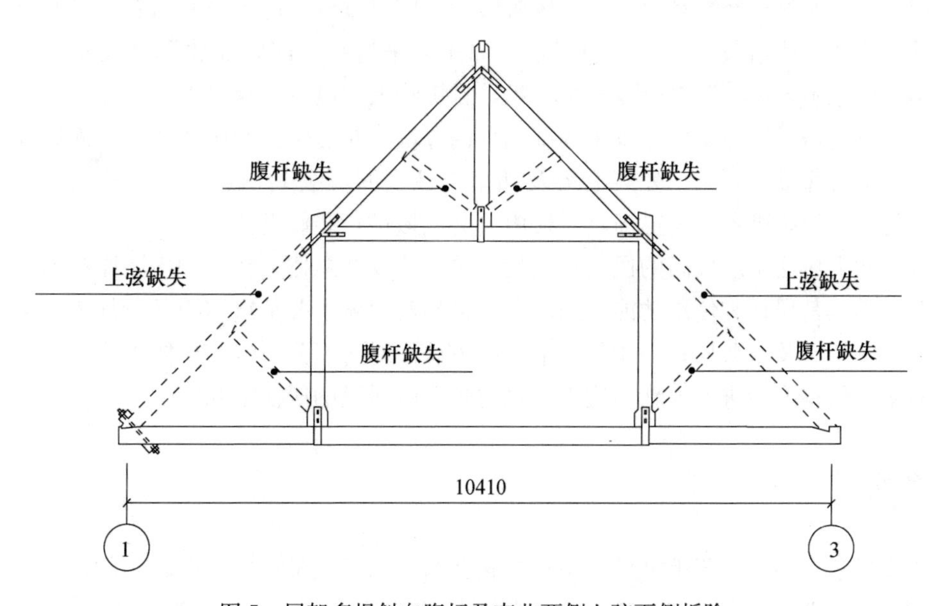

图5　屋架多根斜向腹杆及南北两侧上弦下侧拆除

此类民居类文物建筑由于居住环境的改善导致改造、搭建问题较为严重，建筑历史风貌及主体结构破坏较为严重，加之文物建筑年久失修、使用不当和缺乏维护等原因导致安全性及耐久性问题严重。

5 保护与修缮建议[7]

根据专家评审会提出的修缮总原则，结合现场检测及验算结果，对该民居类住宅的保护与修缮提出以下建议：

（1）对现有结构进行加固与修缮。①墙体：对楼梯间西侧损坏严重墙体拆除重砌，拆除前应采取可靠支护；对底层墙体局部拆除区域按原样恢复或采取其他合适措施进行处理；对承载力不足的或局部尺寸过小的承重墙体，采用钢筋混凝土板墙进行加固，墙体加固不得破坏重点保护部位；对存在贯穿竖向裂缝的拱券，采取压力注浆进行修缮；进一步检查底层墙体潮湿和防潮层状况，视检查结果对房屋底层墙体进行防潮处理；②木构件：对严重腐朽的木梁、木过梁及木搁栅进行更换，对承载力不足的木梁或木搁栅采取扩大截面进行加固；对缺损的屋架杆件进行恢复处理，对端部严重腐朽杆件采取合适措施进行加固处理，对承载力不足的杆件采用双面槽钢进行加固，对开裂杆件采用铁箍抱箍，对连接件进行除锈防锈处理，对木屋架杆件及其他木构件进行防腐处理；检测中发现个别木梁有蛀蚀情况，应由有关专业灭蚁单位进行全面检查，并进行防蛀处理；③混凝土构件：对钢筋锈胀严重的构件，凿除疏松混凝土并进行钢筋除锈后，采取扩大截面进行加固，加固前应进行可靠支护；④房屋目前倾斜率较大，后续修缮改造过程中应控制房屋使用荷载并加强沉降监测；⑤条件允许时，可结合本次修缮设计，在不破坏房屋保护部位情况下采取合适措施提高房屋整体抗震性能。

（2）外立面保护修缮复原、天井风貌整治。应尽量恢复房屋原有风貌，尤其是重点保护部位修缮应严格按原式样、原材质、原工艺来进行。西侧加建阳台及其他改建区域，结构体系不合理，存在严重安全隐患，且影响天井风貌，建议拆除。

（3）改善房屋居住条件。采用局部抽户的方法，对房屋公共区间功能平面布局进行优化，以形成完整的厨房、公共卫浴及邻里交往空间等公共用途；对全楼上下水、燃气、电气设备设施进行系统更新，对楼内公共区域进行装修设计。

针对此类居住密度较高的民居类文物建筑，建议在总体上在保护房屋原有历史风貌的同时，延续其居住类使用功能；采取可靠措施对房屋主要承重结构进行加固修缮，确保结构的安全性及耐久性；采用局部抽户的方法，对房屋公共区间功能平面布局进行优化，对基本居住功能进行更新与完善，且避免影响居民的居住空间。

6 结论

本文通过介绍隶属于上海外滩历史文化风貌区的某人员密集程度较高的居民住宅楼的使用现状，并对其进行安全性分析。阐明目前该类民居类文物建筑主要存在的问题，提出针对该类房屋的保护与修缮方法，以供类似民居类文物建筑历史风貌的保护与改善作参考。

参考文献

[1] 上海市人民代表大会常务委员会．上海市历史文化风貌区和优秀历史保护建筑保护条例．2010年9月17日．

[2] 上海市房屋管理局．关于×××优秀历史建筑修缮（装修改造）工程保护要求告知单．沪房历保黄〔2018〕8号，2018年6月．

[3] 上海市建设和交通委员会．既有建筑物结构检测与评定标准：DG/TJ 08—804—2005 [S]．上海，2005.

[4] 上海市建设和交通委员会．房屋质量检测规程：DG/TJ 08—79—2008 [S]．上海，2008.

[5] 城乡建设环境保护部．房屋完损等级评定标准（试行）城住字 [1984] 第678号．

[6] 上海市城乡建设和管理委员会．现有建筑抗震鉴定与加固规程：DGJ 08—81—2015 [S]．上海：同济大学出版社，2015.

[7] 上海市城乡建设和管理委员会．优秀历史建筑保护修缮技术规程：DG/TJ 08—108—2014 [S]．上海：同济大学出版社，2014.

武当山文物建筑常见病害分析及防治措施

马志力[1]　周　博[2]

（1 湖北鼎益衡建设工程技术咨询有限公司 武汉 430062，2 湖北省建筑科学研究设计院 武汉 430071）

摘　要：本文以武当山著名的南岩宫、太子坡、紫霄宫等文物建筑为研究对象，重点讨论了现阶段武当山砖石和砖木结构文物建筑的常见病害及其防治措施，目的在于为消除这些病害提供科学的决策依据，并为以后同类文物建筑的保护提供参考。

关键词：武当山；文物建筑；病害；防治措施

Common Diseases Analysis and Control Countermeasures of Heritage Buildings on Wudang Mountain

Ma Zhili[1]　Zhou Bo[2]

(1 Hubei Dingyiheng Construction Engineering Technology Consulting Co., Ltd., Wuhan 430062;

2 Hubei Provincial Academy of Buiding Research and Design, Wuhan 430071)

Abstract: This article is based on the research objects which called Nanyan palace, Taizi slope, Zixiao palace on Wudang mountain. This research focuses on the present stage of mount Wudang's heritage buildings of brick masonry structures and timber structures, the analysis is carried out for the common diseases analysis and control countermeasures of heritage buildings. The purpose is to provide scientific decision basis for eliminating these diseases, and provide reference for later similar heritage building protection.

Keywords: Wudang mountain; heritage buildings; diseases; control countermeasures

1　引言

武当山建筑群结构多以砖石、砖木结构为主，随着时间的流逝和风雨的侵蚀，文物建筑已遭到不同程度的损坏，加之 2014 年 12 月 12 日南水北调中线工程正式通水，丹江口水库加大蓄水容量以后，库区气候环境的改变对武当山文物建筑群的影响尚在研究之中，在现阶段对武当山文物建筑进行病害普查很有必要。

砖石结构建筑是指利用砖、石材料，以一定形式砌筑的建筑物或构筑物；砖木结构建筑是指以砖作为外墙，与木质门窗、梁、柱、屋顶、楼板构成的单层或多层房屋。这两种结构体系在中国建筑史上具有悠久历史和重要地位，我国在 1992 年发布了《古建筑木结构维护与加固技术规范》(GB 50165—1992)，但目前有关文物建筑中的砖石和砖木结构相应的技术规范尚未更新完善。

2 基本病害调查及原因分析

通过对武当山多处文物建筑的现场调查，主要发现了如下几种常见的病害形态：

2.1 *砖石的破坏*

砖、石作为古代天然的建筑材料，在长期的使用、流传和保存的过程中由于环境变化、人为破坏等因素会导致砖石文物的物质成分、结构构造、外貌形态发生一系列的变化。在如今人为破坏基本被杜绝的情况下由于自然环境的因素导致的风化作用表现的尤为突出。

砖石的破坏常表现为局部残缺（图 1），表面酥碱、粉化，砖面片状剥落（图 2），表面溶蚀等。这些破坏大多来自自然的风化作用，风化作用一般分为两类：物理风化和化学风化。

物理风化是指发生在砖石体上面的机械外力破坏，没有改变它们的化学成分。常见的有由于热胀冷缩导致的片状剥落现象、冻融循环造成的冻胀力破坏、结晶与潮解导致的晶胀作用等。

化学风化是指砖石质文物建筑在所处大气环境和水环境的作用下发生相应的化学反应而使石体及矿物组成产生破坏的过程。常见的有大气环境下的氧化作用，水环境下的潜在酸雨溶解作用以及水化和水解作用。

图 1　局部残损

图 2　砖面片状剥落

此外，人类对文物建筑的不合理使用（如不合理的堆载）造成的破坏和植物逐渐生长构成的根劈作用亦不能忽略。

2.2　建筑裂缝

砖石结构建筑的裂缝比较普遍，这些裂缝遍布于条石基础、砌体墙面以及挡土墙等处，不仅影响建筑物的美观，而且有的还会造成渗漏，降低了结构的强度、刚度、稳定性和耐久性，严重的还会造成坍塌事故，后果不堪设想。

根据现场实际情况和裂缝发生的部位，我们将武当山文物建筑的裂缝大致分为以下几类：

（1）条石基础竖向裂缝（图 3）；

（2）砖砌体裂缝；

（3）墙面粉刷层裂缝；

（4）石体表面纹理贯穿裂缝（图 4）。

通过实地勘察，条石基础产生竖向裂缝大多是由于地基不均匀沉降或是上面不规范的人为堆载引起的，武当山文物建筑地基不均匀沉降的原因大多是地表水灾和地下水引起的，无论是长期浸泡或是短期淹没，都会影响到地基基础和砖石本身，造成地基不均匀的沉降，使得在条石基础和砖砌体墙上面产生裂缝。

墙面粉刷层裂缝大多数是由于温度变化引起的，主要原因是砖石砌体与粉刷层之间存在温度差，而这两者的温度线性膨胀系数不一样，武当山地处南方，在夏季太阳的照射下，温差可高达 25～30℃，二者变形不一致，所以就在粉刷层中产生了主拉应力，当应力超过了粉刷层的抗拉强度时便产生了温度裂缝。

武当山文物建筑历史悠久，有些砖石材料在当时下料时不可避免地存在纹理裂隙，

图 3　条石基础竖向裂缝

图 4　表面纹理贯穿裂缝

经过百余年来的自然风化作用，裂缝从这些纹理裂隙薄弱层逐渐开展并蔓延不可避免。

2.3　建筑物的基础沉降与倾斜

基础是建筑物最下层的结构，是建筑物把上部自重和荷载传递给地基的部分，地基基础由于处于地下，具有一定的隐蔽性，但它产生的病害通常能够通过上部结构表现出来，比如说裂缝、不均匀沉降、建筑整体倾斜甚至倒塌，这些病害往往相互伴随产生，对建筑物产生不良影响。

经过对武当山文物建筑的勘察，部分基础存在不均匀沉降现象，造成条石基础产生竖向裂缝，而当上部结构刚度较好时，则建筑物不会产生裂缝而产生整体倾斜现象（图 5）。

图 5　房屋整体倾斜

在该种病害中，破坏形态比较典型的是玄帝殿外的焚帛炉（图 6），该建筑物的基础在砌筑时采用的是“下窄上宽”的梯形截面高基础，这种高重心的基础本就属于有隐患的不良基础，加之基础附近设有人工排水口，使基础地基常年受排水冲刷，结果是基础产生裂缝并引起焚帛炉的整体倾斜。

图 6　不均匀沉降

综合分析产生这些病害的原因，主要有以下三点：

（1）古人在进行基础设计时没有结合周边环境综合考虑，基础埋深选择不当，在砌筑时留有隐患；

（2）排水不利，使得地表水灾和地下水侵蚀地基和基础，当地下水上升时，浸湿和软化地基土，使地基强度降低，压缩性增大，基础产生不均匀沉降；当地下水突然下降时，由于地基土有效应力增大，产生固结沉降，使得地基沉降更为严重，甚至引起建筑物的整体倾斜；

（3）丹江口水库蓄水以后，库区潜在的降雨增多、大气湿度增大等气候条件也是这些病害发展的潜在原因。

2.4 木质材料的破坏

砖木结构是武当山文物建筑的重要结构形式之一，古代由于木材易于加工而成为人类使用的最古老的建材之一。但是木材作为一种生物材料，在使用过程中不可避免地会受其他因素影响，使得材料变质、强度下降，这也是木结构的致命缺点。经过对武当山文物建筑的勘察，发现武当山文物建筑木质材料主要存在表面漆膜脱落和白蚁侵害等病害。

木质材料表面漆膜剥落主要是因为这些木质材料表面的漆膜受到自然环境的影响，如雨雪的侵蚀，长期潮湿的环境，以及温差导致的温度应力。此外，人为的不当敲击，漆膜涂抹的工艺优劣等因素都会使漆膜起鼓脱落。

武当山西北方向是神农架原始林区，毗邻丹江口水库，所处区域是亚热带季风气候，由于常年多雨、环境潮湿（表 1），大部分文物建筑处于复杂的气候条件之中，为白蚁和其他昆虫提供了得天独厚的生存环境，加之大部分文物建筑周围被植被包围，建筑木构件多且复杂，有利于白蚁的繁殖和蔓延，对武当山木结构文物建筑危害巨大。

表 1　武当山部分景点白蚁危害情况调查表

景点名称	海拔（m）	年降水量（mm）	年均气温（℃）	始建时间	白蚁危害部位
磨针井	487	918	13.8	康熙	门框、板
太子坡	484	1021	13.8	永乐	木柱、梁
紫霄宫	804	1007	12.2	宣和	木柱、梁
南岩宫	964	1106	11.1	永乐	柱、门框
太和宫	1500	1500	8.3	永乐	柱、梁板

2.5 其他附属结构破坏

在武当山文物建筑病害普查工程中，也发现一些其他附属结构的破坏，如台阶损坏和栏杆损坏等。究其原因，这大多是人类活动不当引起的，武当山作为国家级重点风景名胜区，每年都要接待大量游客，对游客加大文物保护的宣传力度也是很有必要的。

3 防治措施讨论及相关建议

3.1 砖石破坏的防治措施

对于砖石文物，在不破坏文物建筑法式特征和不引进新的有害物质前提下，可利用物理和化学的方法对文物表面污染物进行清除，常见的清洗技术包括以下几种：

（1）吸附脱盐技术：指采用纱布、脱脂棉等吸附物质，用水作为溶剂，使水渗入岩石孔而溶解可溶性盐，对建筑物有害的盐类随水分的蒸发向外迁移，脱盐过程反复多次直至达到清洁目的；

（2）化学清洗：指采用能与有害污染物发生反应的化学药品来达到清洗目的，这种方法能够渗入到岩石微孔隙中清除特定的污染物，但是该方法的缺点是清洗剂对文物可能存在潜在的损坏，在实际处理工程中应当谨慎使用；

（3）蒸汽清洗：指喷射冲击力很小的蒸汽，对灰尘、水垢和生物性污染物进行清洗，此法也是相对环保的清洗方法；

（4）微粒子喷射清洗：指将石英粉、塑料粒子等粒子材料通过气流喷射到被清洗物上，达到清除污物的目的，该法可以清洗大面积不溶性的硬污层，但不适用于表面脱落和风化比较严重的文物表面清洗；

（5）激光物理清洗：指利用激光脉冲的振动、粒子的热胀性、分子的光分解或相变来清洗石质文物表面的附着物，适用面广，易于实现自动控制。

对于后两种清洗应根据清洗对象和污染状况进行标准区实验后，制定合适的工艺流程。当砖、石有不同程度的风化和酥碱时，可以采用剔补和托换等方式进行处理，当砖、石风化和酥碱位于表层时，经过验算剩余截面尚能满足承载力验算的，可以将风化、酥碱部分剔除干净，用砂浆依原样和原尺寸修补整齐；当风化、酥碱部位位于墙、柱根部，且影响深度较大，经验算剩余截面不满足承载力要求时，可在进行支护后对受影响的砖、石进行局部托换，挖掉损坏严重的砖、石，补砌强度不弱于原砖石的砌块，在剔补和托换完成后还应做好建筑物的表面防护与防水处理。

3.2 建筑裂缝的防治措施

对于与基础沉降无关的墙体裂缝，当宽度不超过 50mm 且不影响整体受力时，可以根据裂缝的具体宽度用砂浆勾抹严实、环氧树脂砂浆灌浆加固，当裂缝开展较大时，可以先在裂缝两侧开凿灰缝，在灰缝里加入 $\phi 8$ 钢筋后再进行灌浆加固处理。

对于因基础沉降引起的砖石裂缝，必须先制订相应的基础加固方案，对不良地基进行加固处理，对不同的地质条件可以采取石灰桩法、树根桩法、坑式静压桩法、锚杆静压桩法、加大基础底面积和加深基础深度法、注浆加固法等，待加固完成且沉降观测稳定后再进行相应裂缝处理。

当墙体裂缝的宽度较大或因墙体倾斜、扭转而产生纵向裂缝时，须待结构整体纠偏复位后再进行裂缝处理。若裂缝处于墙体的关键受力部位，应根据具体情况采取加固措施，严重的需要拆除重砌。

对于砖石本身表面由于纹理裂隙开展的裂缝，应先将裂缝内部清理干净后，采用与修补对象材质相同的块材研磨制成的粉体，添加石灰、水硬石灰或修复环氧树脂等材料对裂缝进行修补。

3.3 建筑物基础沉降与倾斜的防治措施

为了防止建筑物基础沉降，可以采取 3.2 所述的基础加固方案，针对武当山文物建筑病害的具体情况，应当根据具体水文条件和地形条件，截堵或者截引地下水，宜在上坡上部适当位置设置截洪沟，将洪水引至文物建筑场地以外；还应完善场地内的基坑及沟渠排水系统，对于文物建筑内的生活污水排放，应该统筹规划、合理排放，定期清理排水口以防堵塞。

对于出现整体倾斜文物建筑的加固，应当根据相应文物建筑结构特点、现场实际条件、使用要求合理选择纠偏方案。对于焚帛炉类砖石建筑，可以采用降水纠偏法、浸水（加压）纠偏法、堆载纠偏法、掏土纠偏法等；对于砖石类房屋建筑的加固，还可以采用增设扶壁柱加固法、无粘接外包型钢加固法、预应力撑杆加固法、增设圈梁加固法等。

3.4 木质材料病害的防治措施

对于武当山木结构文物建筑应当特别注意木质材料的防腐与防虫，做好通风防潮并合理喷洒杀虫药剂；在木质材料构件上面喷涂防火涂料，在条件允许的前提下安装火灾自动报警系统和自动喷水灭火系统，并合理规划相应的消防配套设施；由于武当山大部分文物建筑处于雷电灾害区，在进行充分论证的基础上安装古建筑防雷装置；对于有白蚁侵害的建筑，应该从源头开始治理，控制白蚁在建筑物内滋生的环境条件，并配以克蚁星、高效木材防腐剂使用，防治白蚁入侵并消除隐患。

3.5 其他相关建议

除上述一些防治措施以外，还应做到以下几点：

（1）政府应当加大资金投入，确保文物建筑保护工作的正常开展；

（2）成立专门文物建筑保护机构，发挥行业主管部门的作用；

（3）聘请专家顾问，增强文物建筑保护的技术力量；

（4）在社会上加大文物建筑保护的宣传力度。

4 结论

通过对武当山文物建筑的常见病害调查和分析，梳理了这些病害产生的主要原因，根据武当山实际情况提出了一些防治措施，为消除这些病害提供了科学的决策依据，让武当山建筑群这个世界文化遗产能够长久地保存下去，也为以后同类结构的古建筑保护提供参考。

参考文献

[1] 周伟强，周萍，王永进．砖石文物病害分类概述［J］．文博，2014（6）：73-75.
[2] 韩兵康，张丽卿，李春祥．砖木结构类保护性建筑的灾害分析与防治对策［J］．自然灾害学报，2004，13（6）：105-111.
[3] 黄雨，陈蔚，也为民．文物建筑基础加固保护的若干技术进展［J］．工程抗震与加固改造，2009，31（2）：99-103.
[4] 李安顺．浅析砖木结构文物建筑的修缮［J］．施工技术，2003（4）：96-97.
[5] 侯卫东．中国古代砖石建筑及其保护修复概述［J］．中国文物科学研究，2012（2）：50-53.
[6] 赵东家．浅析建筑工程裂缝与地基基础病害原因和防治［J］．科技信息，2013（2）：432-436.
[7] 曹云．武当山古建筑群白蚁危害防治方案研究［C］．全国第七届城市昆虫学术研讨会论文集．杭州：浙江大学出版社，2005.

文物建筑本体振动在线监测技术研究

邓　宏　赵　婷　全定可

（西安元智系统技术有限责任公司 西安 710000）

摘　要：提出文物建筑本体振动在线监测系统建设思路，开发了基于文物建筑在现代城市振动环境下的在线监测系统。根据地震特性、地面交通及地下轨道交通运行规律，确定振动监测系统软、硬件及功能开发参数，依据文物建筑结构特点建立振动监测系统，基于监测实时数据，分析加速度/速度有效值、时域特性、自振频率以及频域特性等，掌握地面交通、城市轨道交通引起的振动对文物建筑的响应规律，设置合理安全阈值，最终实现文物建筑结构安全预警与评估。

关键词：城市环境；文物建筑；振动；在线监测

Research on The Vibration Monitoring System of Cultural Relic Structure

Deng Hong　Zhao Ting　Quan Dingke

（Micro Wise System Co.，Ltd，Xi'an 710077）

Abstract：This paper proposes the construction of the on-line vibration monitoring system for cultural relics structure，and develops an online monitoring system based on the cultural relics structure in modern urban vibration environment. According to the seismic characteristics，ground transportation and underground rail transit，the software，hardware and function development parameters of the vibration monitoring system are determined. The vibration monitoring system is established according to the characteristics of the cultural relics. Based on the real-time monitoring data，the acceleration/velocity RMS and time-domain characteristics，natural frequency and frequency-domain characteristics，etc.，master the response law of vibration caused by ground traffic and urban rail transit to cultural relics structure，set reasonable safety thresholds，and finally realize the security early warning and assessment of cultural relics.

Keywords：urban environment；cultural relic structure；vibration；On-line monitoring

1　引言

文物建筑是宝贵的不可再生资源，振（震）动作为影响文物建筑安全的重要因素越来越被重视。地震突发灾害会造成文物古迹的大量损毁，随着科技力量的不断进步，文物建筑本体的抗震加固等预防性保护工作日趋完善[1]。在抗震保护措施基础上，震动的数字化在线监测不仅实现了抗震能力长效验证和频繁地震作用下震动累积破坏监测，也为后期抗震能力提升积累实测数据。另一重要方面，不断建设的城市公共交通（尤其是地铁）在施工和运行过程中产生的振动以常见的振源形式存在，地处城市交通繁忙区域的文物建筑在长期交通振动激励下不可避免地会产生附加的动应力，建筑材料出现侵蚀和老化，并受疲劳、环境振动、构件缺陷、预应力损失等影响，建筑结构出现损伤积累而抗力衰减，威胁文物建筑的安全[2]。工业振动（公路、铁路、工程施工、人的活动等）在振源减振的同时，对振动敏感的文物建筑振动环境在线监测及预警也是必不可少的工作。

通过振动监测系统开发，建设文物建筑振（震）动在线监测系统并进行数据分析挖掘，对我国文物建筑本体振（震）动控制研究有指导意义。

2 文物建筑本体振动在线监测系统建设

振（震）动监测系统建设是根据文物建筑本体结构特点建设的具有特殊适应性的系统，包括文物保护领域专用的超低频振动传感器、数据采集仪等硬件设备和具备时域分析、频域分析、地震事件识别、减隔振效果分析等功能的软件平台，实现了文物建筑在振动激励下动力特性在线监测和安全评测[3-4]。

2.1 系统框架

传感器将建筑物及文物现场的振动信号转换为电信号，通过数据采集仪实现数据通信、滤波算法、数据存储等功能，采用以太或者无线网络等通信方式将数字信号进行数据解析传送至监控中心。通过监控中心进行数据的本地用户存储、备份、系统操作及实时监测数据分析，同时，还可通过互联网数据库实现对系统的远程控制与管理，系统框架结构如图 1 所示。

2.2 系统建设内容

文物建筑振动在线监测系统是以建成一个集振（震）动传感、数据采集、网络通信、数据融合、数据分析和远程维护的综合管理系统为目标，建设内容如下：

（1）基于临近振源，重点区域监测、隐蔽与数据连贯等原则，通过在文物建筑不同楼层及位置监测区域布设振动监测终端，实现建筑结构与文物现场全面的振动实时监测。

（2）利用视频监测终端与振动监测终端共同记录地震事件中文物建筑本体及关键部位的震动姿态，从而掌握文物建筑的震动特性。

（3）建设文物建筑本体振动监测软件系统综合管理平台，软件系统功能包含实时数据的时域计算、频谱分析、地震/振动事件、数据交互处理分析等功能。

（4）建设文物建筑振动测控中心，实现对文物建筑本体现场的振动数据实时传送、

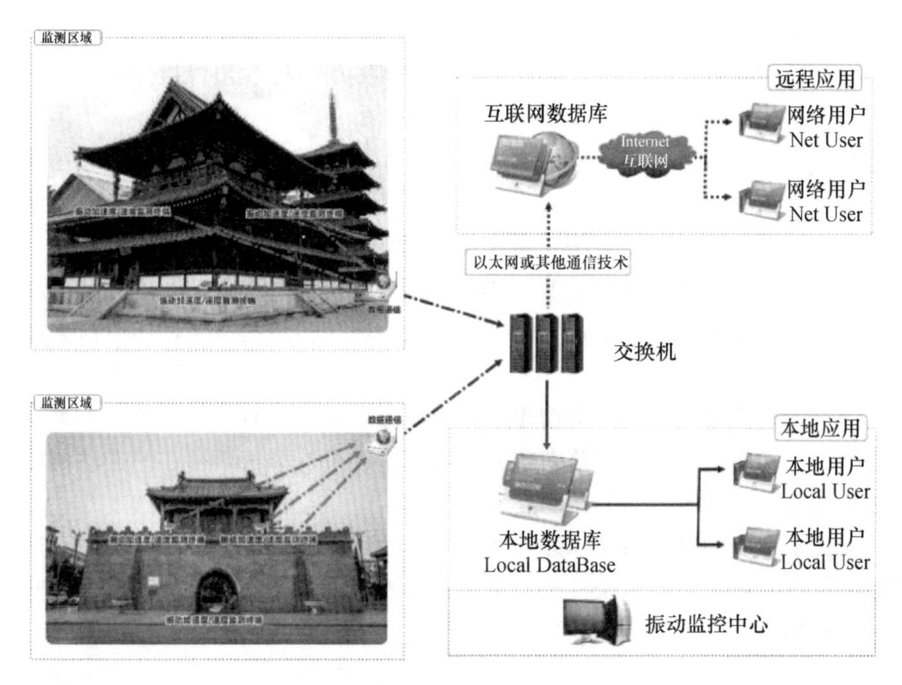

图 1　振动监测系统结构图

储存备份，通过互联网及以太网使部分用户与测控中心远程互联，从而实现该系统的远程管理功能。

2.3　系统建设的技术特点

与传统的建筑检测技术相比，文物建筑振动在线监测不局限于建筑本体的局部监测，而是力求对文物建筑的整体行为进行实时的监控与智能评估。考虑到文物建筑结构安全性及耐久性评估的需要，兼顾文物建筑本体管理、保护信息需求，具体技术特点如下：

（1）考虑到地震与工业振动特性差异，对振动传感器的分辨率、通频带、量程等参数兼顾超低频特性、微振及频带特性，采用无源伺服式振动传感器，采样频率可调且不低于 200Hz，实现灵敏度、频带范围与精准度动态调整的目的。

（2）系统开发了数据分析功能。其中，监测数据的时域计算实现了时域指标统计、幅值及有效值等统计，频域分析中实现了自谱、互谱、相关性、传递特性分析等，提高了数据利用与分析的便捷，使用户更容易掌握文物建筑的动力特性。

（3）现代文物建筑跨度较大，部分监测点非均匀分布，因此可靠的网络通信是系统建设的基础保障。基于文物建筑保护的最小干预原则，利用无线专用网络与稳定的以太网结合的部署方式，针对不同位置及监测对象进行特定网络通信方式选择，最终实现整个系统的网络通信部署。

（4）振动实时监测数据信息存储量大，根据不同文物建筑建设的具体目标，采取分布式存储方式或云存储方式，解决了单个服务器的存储瓶颈以及长期振动在线监测的可扩展存储问题。

（5）预警指标设置不仅基于长期监测的速度/加速度峰值数据，且利用实时数据分析手段，识别振动频率变化，有效建立文物建筑本体动力特性预警指标。

3 结论

根据文物建筑本体振动监测系统构建及其主要技术描述，总结如下：

（1）文物建筑振动监测系统建设，基于不同的振源条件，结合文物建筑及结构特点，不仅针对振动加速度、速度幅值，振动频段等选择多角度考量，还应依据文物保护现状，制定相适用的评测参数。

（2）处于城市环境中的现代文物建筑振源复杂多样，交通振动、施工振动、机械设备与人为活动共同作用会增加建筑内的振动响应，建筑外部长期存在的振动荷载应引起重视，建筑内部的动荷载引起的振动亦不容忽视。

（3）通过本系统构建，为文物建筑所处的振动环境提供定量的监测数据，通过长期的振动数据分析，对不同振源条件及建筑本体特性适用阈值实时告警，从而及时采取保护措施，降低振动对文物本体的影响。

参考文献

[1] 赖晓青．古建筑的抗震保护和加固设计［J］．建筑与文化，2013（12）：231-214.

[2] 中华人民共和国住房和城乡建设部，中华人民共和国国家质量监督检验检疫总局．古建筑防工业振动技术规范（GB/T 50452—2008）［S］．北京：中国建筑工业出版社，2008.

[3] 陈晋央，宋艳，余尚江，等．无线微振动监测系统设计及在敦煌莫高窟的应用［J］．中国测试，2016，42（z2）：56-59.

[4] 代瑞鹏，孙俊杰，陈磊，等．基于物联网的振动监测系统感知层设计［J］．机械设计与制造，2013（10）：255-257.

[5] 北京市质量技术监督局．文物建筑安全监测规范（DB11/T 1473—2017）［S］．2018.

二、木结构类

现代检测技术在木结构古建筑无损检测中的应用研究

白春光　崔海杰

（北京国文信文物保护有限公司 北京 100029）

摘　要：结合三维激光扫描技术、应力波技术、探地雷达技术、红外热成像技术对木结构古建筑进行全面检测和鉴定的可行方法进行了研究，探讨高新检测技术应用。

关键词：木结构；古建筑；结构安全鉴定；三维激光扫描技术；雷达技术；红外热成像技术；无损检测

Study on the Application of Modern Detection Technology in the Safety Appraisal of Ancient Wood Structure

Bai Chunguang　Cui Haijie

(Beijing Guo Wen Xin Cultural Relics Protection Co., Ltd., Beijing 100029)

Abstract: Combined with 3D laser scanning technology, stress wave factor (SWF) in acoustic technique, radar technology and thermal imaging technology, the general steps and feasible methods of safety identification of ancient wooden structures are studied. This paper points out some defects in the current technology and explores the future research direction.

Keywords: wood structure; ancient architectural buildings; structural safety appraisal; Three Dimensional (3D) laser scanning technology; Stress Wave Factor (SWF) in acoustic technique; Radar technology; thermal imaging technology

1　引言

随着信息技术的发展，我国现代建筑检测技术已有了巨大的飞跃，第三方检测制度也已趋于完善。可对于古建筑，由于一直未建立第三方检测制度，相关部门也未拨付专项资金用于检测工作，所以我国古建筑检测技术的发展一直非常缓慢。我国古建筑的检测一般采用传统检测方法，尚未引进现代工业仪器设备，主要是凭借经验进行判断，没有准确的量化。而检测工程师一般由施工人员或设计人员临时担任，不够专业。由于传统检测方法过于简单，检测区域仅限于表面，也注定了检测结果过于肤浅，不够深入。因此，很多时候，当外观出现明显病害时，结构安全性能已经受到严重威胁。这就造成了我国古建筑“要么失修，要么大修”的尴尬局面。

2009年，北京市文物局首次启动文物保护单位建筑结构系统的安全检测工作，但古建筑的检测工作尚有许多技术难题尚待解决。首先，古建筑缺少设计图纸及相关设计文件，这给古建筑结构形式的掌握造成了很大的困难，使检测的准备工作异常困难，也使检测结果缺少参照，有时无法对建筑的损毁程度作出具体判断，给结构验算造成了很大难度。其次，由于古建筑具有极高的文物价值，检测过程中只能对其进行无损检测，不能进行损坏性的取样及现场试验，造成一些常规的检测方法在古建检测中不能适用。因此，各类检测技术在古建筑中的应用还有很大的研究空间。

本文通过现代检测技术在天安门朝房中的应用研究来讨论如何利用新技术更准确地对古建筑的结构安全性进行鉴定。

2 天安门朝房概况

天安门朝房（图1）位于天安门以北，端门以南，西临中山公园，东临劳动人民文化宫。朝房建造于1421年，分东西两侧，建筑面积约2500平方米。

图1 天安门朝房外观

朝房为单层抬梁式木构架，建筑木材为红松、曲柳，木材外露部分经防腐处理，并做油饰。后檐墙、山墙、槛墙由青砖砌筑，外部抹灰。朝房屋顶形式多样，东、西大殿为歇山式屋顶，大殿两侧为硬山式屋顶；耳房有卷棚硬山屋顶、卷棚悬山屋顶、卷棚式屋顶。

3 结构安全性的影响因素及鉴定方案

朝房的主要承重材料为木材，包括柱、梁、檩、枋，各节点间的连接方式可视为简支及铰接。另外，二次结构砖材对建筑安全性能也有一定影响。因此应从木材、砖材两方面对结构安全性能进行分析。

建筑结构的安全性能取决于结构的承载能力与实际荷载之间的关系。结构承载能力的计算需要掌握的数据包括：各构件的实际尺寸、倾斜程度、弯曲程度、残损状况、有效截面面积、强度。实际荷载的计算除了按照规范进行取值外还需要根据材料密度、各向尺寸及施工工艺来计算建筑自重。为采集上述数据应进行以下工作：

（1）详细测绘，建立建筑平面图、立面图，掌握各个构件的倾斜、弯曲状况。

由于古建筑外立面结构复杂，建筑节点相当多，如果采用常规的全站仪、经纬仪对其进行测量，工作量太大，并且很难对构件的倾斜、弯曲进行准确测量。为了得到更全面、更准确的数据，精确地建立建筑模型，简化测绘工作，采用三维扫描仪对建筑外立面进行扫描，并采用测距仪、吊线等测量工具对内部细部尺寸进行补充。关于三维扫描仪的使用及应用成果详见第 4 节。

（2）木材损毁状况检测

木材外部损毁状况可通过传统方式进行目测，木材内部的损毁状况检测存在一定的难度。本次研究采用雷达应力波手段查看木材内部损毁状况，详见第 5 节。

（3）砖石材料损毁状况检测

本次研究对象的砖石材料外部采用传统做法抹灰，通过目测无法了解砖石材料的基本状况，本次研究采用红外热成像手段及雷达手段对砖石材料状况损毁状况进行检测试验，详见第 6 节。

4 三维扫描仪的使用及应用成果

三维激光扫描技术是从设备到软件技术的一次全面技术变革。三维激光扫描仪的原理与全站仪类似，但它可以在发射激光的同时，通过仪器的自动调平装置、自动旋转装置以及棱镜的摆动可以对被测目标进行连续扫描，每秒可扫描 50000 点并保存扫描的坐标信息。能够在指定的扫描区域内连续自动扫描，并有内置数码相机拍照直接为点云输入颜色，使其成为测绘行业内最精确、最高效、数据量最大、信息量最完整的测绘技术。

如图 2 所示为朝房在三维扫描下未添加色彩信息的局部点云图。为减少树木的遮挡影响，测量过程约每 10 米设置一个测站，每个工作站平均测量时间约 1 个小时。经扫描不仅可以得到柱、梁、檩、枋等承重构件各点的外部详细坐标信息，同时也对墙、椽、檐、瓦、门窗等所有可见部位进行精确的测绘。根据这些详细的坐标信息，经过去噪和搭接处理我们可得到以下数据：

（1）建筑整体与局部的变形状况；

（2）建筑各部位的精确尺寸，包括长、宽、高、间距等，用于建立结构模型，并可根据材料密度计算自重；

（3）通过虚拟柱子在各个高度的圆心，可得到柱子的倾斜与弯曲矢高；

（4）墙体倾斜度。

图 2　朝房的局部点云图

三维扫描结果还可以用来保存建筑信息，如：建筑平面图、立面图、正射影像图、剖面图、位移图等。另外，可通过在正射影像图上进行照片贴图实现真色彩的建筑表现；通过将点云合理的建立成三角网平面，生成精确的三维建筑模型；通过计算机仿真技术还可以实现虚拟现实，在计算机中实现房间内部、外部各个部位的仿真漫游。

5　应力波技术在木材内部损毁状况检测中的应用

Fakop 木材缺陷检测仪（图 3）是在应力波技术的基础上进行研制开发的一款新型设备。应力波与其他方式相比有很多优势，它传播距离远，传播的能量大，抗干扰能力较强，设备小巧，可方便携带，适合各种环境条件，对于木材这种各向异性的不连续介质具有更好的应用效果。但该方法需要传感器与木材表面进行接触，仅能测量外露部分的木材，对隐蔽在墙内的木材无法进行检测（图 4）。

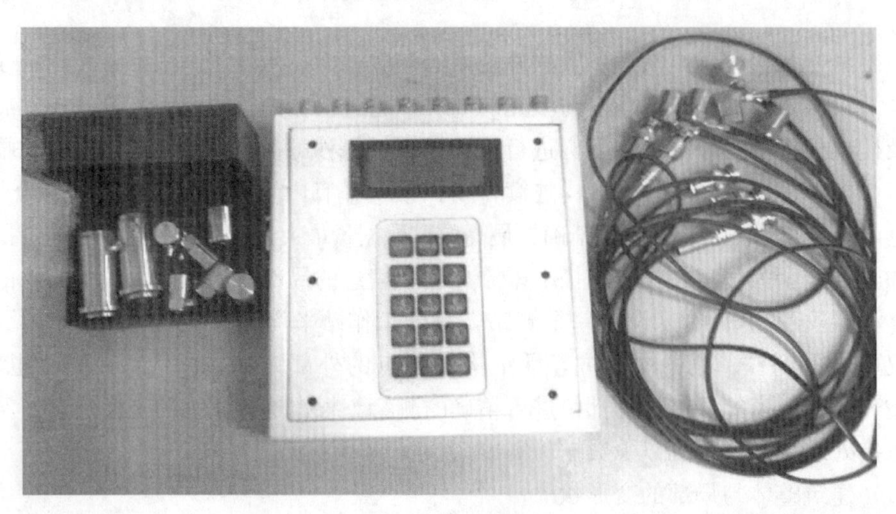

图 3　木材缺陷检测仪

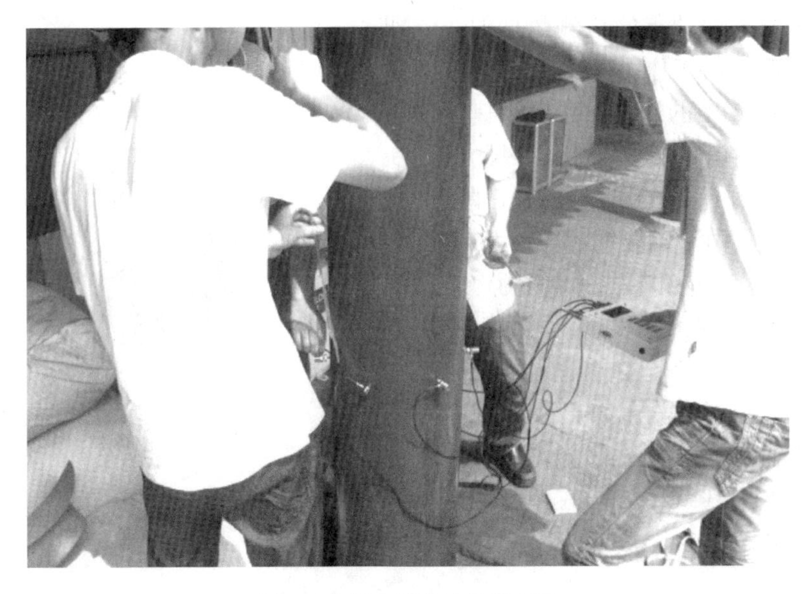

图 4　木材内部缺陷检测现场

目前国外对于木材的无损检测都采用应力波法，但国外的检测方法还不能完全适用于我国古建筑的检测，原因如下：首先，国内外的树种存在差异，国外设备的软件没有适合中国树种的数据库，又由于应力波在不同树种间传播的速度不同，因此国外设备软件不适用于国内木材；其次，中国古建筑木构件经过几百年的历史，木材存在一定程度的整体老化、腐朽等状况，而国外设备主要是应用于活立木及现代建筑的检测，未考虑整体老化、腐朽对应力损失造成的影响。因此，关于应力波法在古建筑木结构检测中的精确应用还有很大的研究空间。

通过该仪器在朝房中的应用研究表明，木材缺陷检测仪测量精确度较高，测量数值比较稳定，可有效判断木材大致损毁状况，估算缺陷面积。但该法在检测时效率较低，测点距离的量取需要逐点量测，当平面布置 6 个传感器时每个截面的检测时间大约需要 40 分钟。表 1 为某木柱应力波检测情况。

表 1　木柱应力波检测表

构件类型	木柱			构件位置		6/D		
声时区间	12	13	14	15	16	23	24	25
声时速度	756	1035	807	776	735	880	931	1018
声时区间	26	34	35	36	45	46	56	
声时速度	1145	767	693	1204	636	617	669	

经大量试验表明，应力波在完好的红松中传播速度约为 1400m/s，从以上检测数据可以做出如下推断：

（1）各点间的声时速度均低于完好的声时值，因此可判断木柱存在整体老化的状况；

（2）木柱相邻两点的检测数据偏小，即使考虑相邻两点由于应力波传播的角度因素声时速度会有10%的损失，但声时速度仍与其他较好部位存在一定的差值，因此可判断木柱外表面存在一定的腐朽，4、5两点间，5、6两点间的木柱表面腐朽程度较大；

（3）4点、5点与其他各点间的声时速度均偏低，可判断4点、5点区域存在较重腐朽。

根据各点位置和内部腐朽程度判断可制作内部腐朽状况示意图（图5），其中深灰色表示较好区域，浅灰色表示较差区域，黑色表示差的区域。

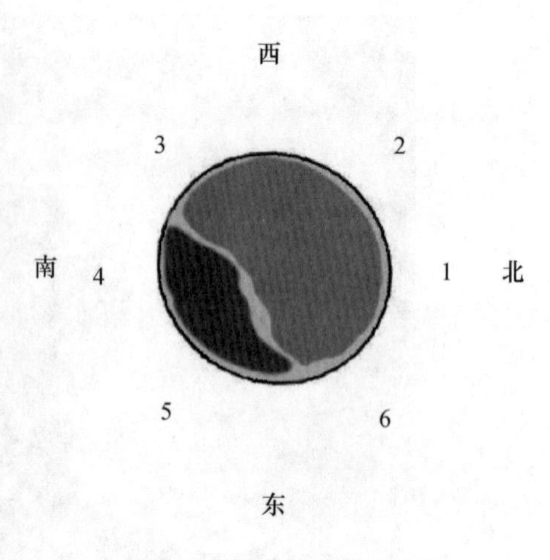

图5　内部腐朽状况示意图

6　探地雷达在古建地基基础检测中的应用

探地雷达是一种宽带高频电磁波信号探测介质分布的非破坏性探测仪器。本次研究使用瑞典MA-LA地球科学仪器公司制造的ProEx全数字式探地雷达（图6），它通过天线连续拖动的方式获得断面的扫描图像。雷达利用向地下发射高频电磁波，电磁波信号在物体内部传播时遇到不同介质的界面时，就会反射、透射和折射。本次研究选取恭王府后罩楼地基基础与天安门华表地基基础进行试验。

测试结果表明，探地雷达在对地基基础进行探测时，能迅速地判断地基基础是否存在空洞状况、土层下沉、土体不密实等状况（图7）。能较精确地反映基础内部脱空等病害的深度和长度区间。通过对后罩楼和天安门华表地基基础的雷达测试结果表明，古建筑木结构和墙体上的病害变化，与其地基基础的变化存在直接联系。以后罩楼东面楼墙面裂缝为例，其墙面裂缝两侧地下基础都有土体不密实和土层下降的情况（图8）。而华表地基基础的病害方位与华表顶部倾斜方向一致。

这说明对古建筑地基基础的检测，是十分有助于了解其结构变化的原因。这对古建筑维修和保护提供了很明确的基础数据。

图6　ProEx全数字式探地雷达及天线

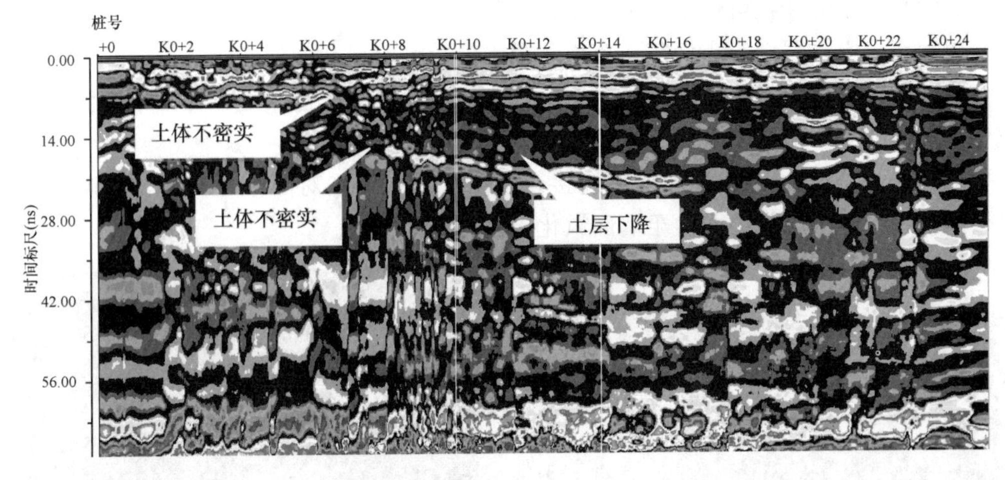

图 7　地质雷达图谱

图 8　地基缺陷处墙体裂缝

7　红外热成像仪在外墙灰层检测中的应用

本次研究使用美国 FLUKE 公司制作的 Ti32 红外热像仪，对古建筑外墙灰层进行了检测试验。

红外热像仪是利用红外探测器和光学成像物镜接受被测目标的红外辐射能量分布图形，反映到红外探测器的光敏元件上，从而获得红外热像图，这种热像图与物体表面的热分布场相对应。将物体发出的不可见红外能量转变为可见的热图像，热图像上面的不同颜色代表被测物体的不同温度。

本次选用的红外热像仪温度测量范围在零下 20℃至 600℃之间，可获得小于 0.05℃的高热灵敏度，是目前最先进的民用热像仪之一。本次试验时间选在雨后 30 小时的上午 8 点，检测对象为外墙外立面与外墙内立面。

试验结果显示，红外热像仪在外墙外立面的检测中能看到明显的温度变化，对外墙灰层空鼓、墙面潮湿敏感性强，但在外墙内立面的检测中无明显变化。

图 9 显示，外墙表面的温度变化与目测的外墙状况并未形成对应关系，红色高温区域位于可见空鼓层的上方，而蓝色低温区域处于连续空鼓部位，与左侧的表观状况一

致。为解释温度的变化可作出如下判断：

（1）可见空鼓层由于表面灰层疏松，受水分影响，温度偏低。

（2）空鼓层上方带状区域表面灰层完好，但灰层与墙体连接处存在细小空隙，由于空气的隔热作用，该区域表现为高温状态。

（3）A_0 区域与墙角、地面均无连接，表观状况与周围对照未见异常，可温度有明显下降，可判定该区域墙面由于墙面风化，渗水较为严重。

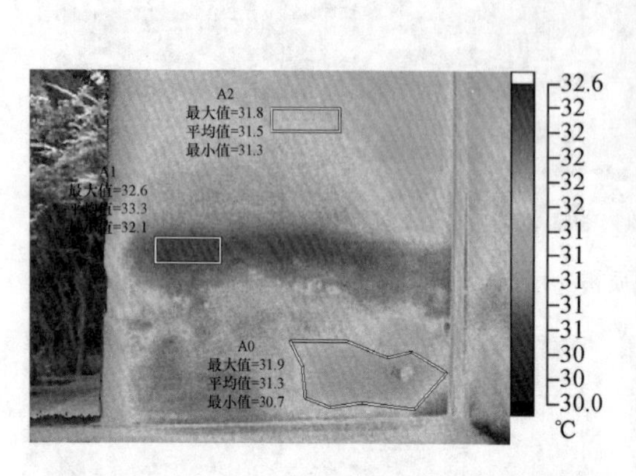

图 9　热成像图像与可见光图像对比

8　结构验算

由于在本次研究区域，砖材为二次结构，因此仅需对其进行抗倾覆验算。

古建筑的主要承重构件为木结构，木构架的计算模型可按照简支、铰接形式进行结构计算。

通过模型，建筑自重也能准确地计算，根据结构模过三维激光扫描及测量的数据，我们已得到精确的结构型、自重、承载力要求计算各构件的承载应力要求。那么只需要将承载应力要求与实际容许应力进行对比，判断结构的安全可靠性能。

关于构件的实际容许应力计算，我们可将木材视为完全弹性体，存在应力等于弹性模量乘以应变的对应关系，即 $\sigma=E*\varepsilon$。

在计算实际容许应力时我们需要考虑木材内部腐朽及老化的因素，可以将它分成两个方面，即局部腐朽及整体老化。

当木材老化时，弹性模量 E 也会随着发生变化，由于弹性模量和应力存在着正比关系，所以我们可以通过弹性模量 E 的衰减程度来确定容许应力。

$$E=\rho*v^2$$

式中，ρ 为材料密度；v 为声音在材料中的传播速度。

材料密度 ρ 受老化度的影响不大，可按照木材种类进行取值，在木材内部缺陷检测仪对木材检测时，我们已经得到了木材内的声时速度，可按照声音在老化区域（即图 4 所示的深灰色区域）传播速度的平均值进行取值。这样我们就得到木材的剩余弹性模量 E，另外结合新木的弹性模量 E_0 及新木的容许应力 σ_0，我们可得出木材现阶段容许应力的计算公式：

$$\sigma=\sigma_0 * E/E_0$$

上面所说的木材现阶段容许应力 σ 是指木材在非腐朽区域内的容许应力值。当木材产生局部腐朽时，腐朽区域不能算作计算面积之内，因此还要将容许应力 σ 转换成木材现阶段截面平均容许应力 σ'。

$$\sigma'=\sigma * S_1/S$$

式中，S 为截面面积；S_1 为有效截面面积，即截面未腐朽区域面积，可根据木材内部腐朽状况模型，计算图 4 中深灰部分的面积。

最终得出木材现阶段截面平均容许应力 σ' 的计算公式：

$$\sigma'=\rho * v^2 * \sigma_0 * S_1/(S * E_0)$$

用它和结构模型计算出来的承载应力进行对比，即可判断结构可靠性。

9　综述

本次研究工作应用了国内外多款最先进的技术，包括三维激光扫描技术、应力波技术、雷达技术、红外热成像技术，是国内第一次采用高科技手段对木结构古建筑检测技术的综合研究。通过本次研究，可得出对木结构古建筑进行安全鉴定的一般步骤。

（1）项目调查，外观检查。

（2）建立精确的建筑模型、结构模型。如果已有建筑模型，可以通过新模型与原有模型进行对照，判断建筑变形、沉降趋势，分析变形、沉降原因。

（3）木构件内部缺陷检测。采用雷达技术确定缺陷部位，然后采用应力波技术对缺陷部位进行腐朽度检测，得到内部腐朽的详细资料，并模拟腐朽图形。

（4）砖石内部缺陷检测。雨后采用红外热成像仪对墙体表面进行热成像扫描，判断墙体灰层空鼓、砖石表面风化状况。采用雷达对墙体内部进行扫描，判断内部空腔、异物、裂缝等情况。

（5）结构验算。根据结构模型和受力计算各构件的受力状况，根据有效截面面积、声时速度等计算构件容许承载能力，两者对照判断结构安全可靠度。

另外，本次研究中还存在一些技术缺陷尚待解决。

（1）隐蔽木材内部状况的检测方法。本次研究发现，对于嵌入墙内的木材无法采用声应力波进行检测，而雷达探测又不能准确判断内部状况，尚未得出更好的检测方法。

（2）应力波的检测效率。声应力波检测时为了保障测量精度，需要逐点量取两点间距，使得单个截面的检测就需要 40 分钟，单个构件（测量三个截面）的检测需要至少 2 个小时。应尽快开发三维技术，并实现传感器自动测距功能。

（3）应力波检测结论的实际参照。本次研究中，对于个别区域声时速度受到削弱的原因还不能准确地进行判断，有很大程度是依靠人为的理论推断。声应力波技术如果要在古建领域进行推广，需要对各树种、各种内部缺陷损毁状况建立数据库，有参照的对缺陷状况进行判断。

（4）风化程度的检测精度。采用热像仪对风化程度进行判断时，只能进行非常粗略的判断，需要对风化程度的检测提出更好的方法。

（5）结构验算的效率。目前根据精确模型进行结构验算时，需要逐构件进行验算，效率很低，容易出错，应开发一款建筑结构反算的软件，实现计算机的自动计算，提高效率，减少人为失误。

研究适应中国古建筑的检测方法，是一项长期且意义深远的工作。未来我国古建筑的检测工作要形成一个系统，形成一套可执行的规范，工作任重而道远，还需要我国文物工作者的不懈努力。

基于动态法的古建筑木构件损伤识别和有限元分析

王秀芳[1]　黄耀玮[2]　李继航[2]　李国华[2]　董　军[2]　丁克良[3]

（1 建筑结构与环境修复功能材料北京市重点实验室，北京建筑大学理学院 北京 102616，
2 北京建筑大学土木与交通工程学院 北京 102616，
3 北京建筑大学测绘与城市空间信息学院 北京 102616）

摘　要：中国古代木结构建筑历史悠久，在经历了几百年甚至上千年的风雨侵蚀后，使用的木料会发生腐朽、虫蛀、开裂等老化现象，从而引起木材物理力学性能的衰减，最终导致木构件发生残损，严重影响结构的使用，有些甚至导致结构的破坏。古建筑的损毁大多缘起于木构件的损毁，如何测评古建筑木结构的安全性，提出合理的修缮方案已成为普遍关注的问题。试验选用力锤激励法，对木构件的前二阶固有频率进行提取，通过分析固有频率产生的变化判断是否出现严重损伤。经过试验发现固有频率可以识别是否出现严重损伤。遂对木构件进行动态试验和有限元模拟分析，通过固有频率可以大致判定出损伤的出现，有裂缝缺陷的木构件的各阶固有频率均会降低，且随着裂缝深度、长度、宽度的增大，各阶固有频率的降低幅度也在加大。

关键词：古建筑；损伤识别；动态法；固有频率

Damage Identification and Finite Element Analysis of Wooden Components of Ancient Buildings Based on Dynamic Method

Wang Xiufang [1]　Huang Yaowei [2]　Li Jihang [2]　Li Guohua [2]
Dong Jun [2]　Ding Keliang [3]

(1 Beijing Key Laboratory of Functional Materials for Building Structures and Environmental Remediation, School of Science, Beijing University of Civil Engineering and Architecture, Beijing 102616;
2 School of Civil and Transportation Engineering, Beijing University of Civil Engineering and Architecture, Beijing 102616;
3 School of Geomatics and Urban Spatial Information, Beijing University of Civil Engineering and Architecture, Beijing 102616)

Abstract: Ancient Chinese wooden structure buildings have a long history. After hundreds or even thousands of years of wind and rain erosion, the wood used will be decayed, moth-eaten, cracked and other aging phenomena, which will cause the degradation of the physical and mechanical properties of the wood, and finally lead to the damage to the wooden components seriously affects the use of the structure, and some even lead to the destruction of the structure. Most of the damages of ancient buildings are caused by the damage of wooden components. How to evaluate the safety of wooden structures of ancient buildings and put forward a reasonable repair plan, it has become a common concern. The test uses the force hammer excitation method to extract the first two-order natural frequencies of the wood components, and judge whether serious damage occurs by analyzing the changes in the natural frequencies. After experimentation, it is found that the natural frequency can identify whether there is serious damage. Then the dynamic test and finite element simulation analysis were performed on the wooden components. The occurrence of damage can be roughly determined by the natural frequency. The natural frequencies of the wooden components with cracks and defects will all decrease, and as the crack depth, length, and width increase large, the reduction range of the natural frequency of each order is also increasing.

Keywords: ancient buildings; damage identification; dynamic method; natural frequency

1 引言

三千年前，最早的木构架体系在中国、埃及、希腊三大文明古国，已得到了广泛的推广和应用，并且具有优良的性能和美学价值。在经历了几百年甚至上千年的风雨侵蚀后，使用的木料会发生腐朽、虫蛀、开裂等老化现象，从而引起木材物理力学性能的衰减，最终导致木构件发生残损，严重影响结构的使用，有些甚至导致结构的破坏。古建筑的损毁大多缘起于木构件的损毁，如何测评古建筑木结构的安全性，提出合理的修缮方案已成为普遍关注的问题。国外研究人员首先将应力波技术应用于英国的实际工程，1965 年 Lee. I. D. G 检测了始建于 1865 年的英国大厦的木质屋顶。利用应力波检测器获得了横向和竖向应力波传递速度，并在实验室获得了残余力学强度。最后，得出了它们之间的关系[1]。应力波检测的可行性已得到实践的普遍认可。1982 年，Ross. R. J 等对足球场看台连接部位进行应力波检测[2]。1996 年，美国军方和 Forest Products Laboratory U. S. 对一艘 200 年前制作的木船开展了应力波探测。实验结果显示，使用应力波技术检测木材构件的局部损伤是切实可行的。应力波检测技术进入中国相对较晚，直到 2000 年，孟瑞华[3]的科研团队才打破了这一困境，研制了应力波时间测试仪，并获得了与现有成果相一致的应力波传播速度理论。2002 年，中国林业科学研究院的段新芳等人利用 FAKOPP 应力波探测器成功地探测了布达拉宫木材内部的腐烂和虫蛀情况[4]。2005 年，张文韶等台湾学者运用应力波检测方法对木结构的节点部位进行了识别，发现应力波检测方法能够成功区分古建筑构件节点的连接形[5]。

国外基于振动法的木材无损检测研究比国内研究早十多年，可以追溯到 20 世纪 70 年代。特别是日本和欧美学者对材料的无损检测进行了大量的基础性研究。采用振动法检测木材，制作了木材横向弹性模量计算机（中山义雄，1975；Pellerin 等，1975）[6]。通过扭转和弯曲复合振动测量了不同尺寸木材的剪切弹性模量和弯曲弹性模量（祖父江信夫，1991）[7]。比较静态弯曲法、超声波传播法、应力波法、纵波共振法和弯曲共振法测得的弯曲模量的差异（D W Haines[8]，1966；Robert J R，1996[9]）。采用振动方法对树墩进行测试，简化了试验模型（D Ouis，1997）；根据不同的支撑方式，研究了基于振动法的木材检测方法，得出不同长度值的计算公式（Joseph F Murphy，1997）[10]。在 21 世纪，用含水率检测器和横向振动法测量木材在纵向和径向方向上的水分分布（釜口明子，2000）[11]；利用弯曲振动和纵向振动来研究板材的不均匀性（外崎真理，2001）。基于横向振动法确定木材板材的缺陷和力学性能（Robert J Ross，2002）[12]。采用冲击共振法研究了不同含水率木材的力学性能，结果表明：用共振法测得的弹性模量表征木材的弹性模量更为理想（J. Ilic，2001，2003）[13]。

在木结构中梁、柱作为承重和传力构件十分重要。屋顶是我国古代建筑中最具特色的结构体系，横梁是用来承受其重量的。古人通常在木制建筑物的外表面涂上油，一是保护木骨架，二是对木骨架进行一定程度的装饰和美化。然而，古代工匠使用油画和其他方法来保护建筑物，在构件外部包裹一层厚厚的油脂装饰层，不利于我们对古建筑病害的观察，使一些构件极度腐朽、老化，但从外部找不到。为了避免这些隐患对古建筑健康的不利影响，本文采用动态激励法，对构件进行激励以获得固有频率，从而判断该构件是否发生严重损坏。

2　木构件动态响应试验

2.1　试验

为研究裂缝对木柱的振动特性的影响，在木柱试样上开凿了不同长度、不同深度的裂缝，用以分析木柱含有缺陷时的振动特性。在试件两端各留 20mm 做夹持使用，中部位置画中心线，并每隔 65mm 做一道标记，做切割使用。切割深度分为 25mm 以及 45mm 两种，不同深度，不同长度裂缝对应工况见表 1。

表 1　不同缺陷对应工况（单位：mm）

	工况 1	工况 2	工况 3	工况 4	工况 5	工况 6	工况 7	工况 8	工况 9	工况 10	工况 11	工况 12
裂缝深度	0	25	45	45	45	45	45	45	45	45	45	45
裂缝长度	0	650	65	130	195	260	325	390	455	520	585	650

在进行固有频率的试验时，必须提前确定并刻画出敲击点，并选择合适的测点位置放置加速度传感器。敲击点与传感器的位置直接影响了测量结果，如果传感器或者敲击点位置处于某一阶模态的波节处，则可能导致该阶固有频率在频域中幅值极低甚至无法测量到。根据模态试验的特性，一般关注低阶固有频率（取前四阶固有频率），前四阶固有频率所占权重大约占所有固有频率能量总和的 89.92%（以悬臂梁为例）。本次试

验激励点与加速度传感器接收位置对称放置，皆距离支座 250mm 处。加速度传感器通过双面胶与木构件相连。

2.2 试验结果分析

（1）不同深度裂缝对固有频率的影响

工况 2 与工况 12 为一组对照试验，裂缝长度均为 650mm，裂缝宽度均为 2mm，仅裂缝深度不同。工况 2 为 25mm，工况 12 为 45mm。通过把工况 2、工况 12、工况 1 进行对比得到结果，见表 2 和表 3。

表 2　不同裂缝深度对固有频率的影响

工况	一阶频率频率差（Y 方向）	一阶频率频率差（X 方向）	二阶频率频率差（Y 方向）	二阶频率频率差（X 方向）
工况 2	1.013	−17.951	2.659	−87.452
工况 12	−0.031	−266.004	1.470	−677.453

表 3　不同裂缝深度对固有频率的影响

工况	一阶频率频率变化率（Y 方向）	一阶频率频率变化率（X 方向）	二阶频率频率变化率（Y 方向）	二阶频率频率变化率（X 方向）
工况 2	−0.519%	−0.683%	−0.278%	−3.020%
工况 12	−0.007%	−56.800%	0.134%	−58.158%

（2）不同裂缝长度对固有频率的影响

工况 3～工况 12 为裂缝宽度相同、裂缝深度皆为 45mm，裂缝长度自 65～650mm 逐级递增的不同工况。把不同工况试验结果进行对比分析得到图 1。从图 1 可以发现，Y 方向的固有频率，随着裂缝长度的增加几乎不变，X-Y 截面的惯性矩基本不变，质量变化可以忽略不计，所以固有频率几乎不变。而 X 方向固有频率随着裂缝长度的增长，固有频率逐渐下降，最终下降几乎一半。虽然裂缝长度增加，固有频率有着显著的下降，但是只看固有频率，并不能确定损伤的位置，以及具体严重程度。

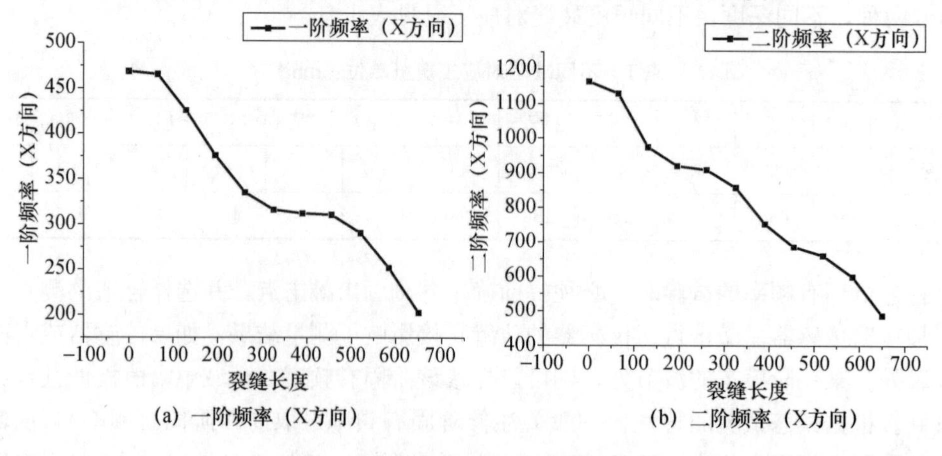

(a) 一阶频率（X方向）　(b) 二阶频率（X方向）

图 1　不同裂缝长度固有频率对比图

2.3 有限元分析

（1）试验与有限元模拟对比

与试验相比，有限元模拟所得结果基本一致。与试验结果相比，模拟所得频率略小于试验所得，但频率变化趋势基本一致，数值差异小于10％，符合预期，所以模拟结果可信，见表4。

表4　模拟工况与试验工况

模拟工况	一阶频率	二阶频率	三阶频率	四阶频率	试验工况	一阶频率	二阶频率	三阶频率	四阶频率
模工2	418	444	1115.7	1182.8	工况1	440.9	468.3	1098.8	1164.9
模工9	419	427	1118.4	1094	工况2	441.9	450.4	1101.4	1077.4
模工13	415.9	439.1	1112.6	1142	工况3	438.6	465.1	1095.7	1129.7
模工14	415.7	405.5	1113.9	995.5	工况4	438.6	425.2	1097.1	974.1
模工15	416.1	354.2	1115.2	936.3	工况5	439	375.5	1098.3	919.9
模工16	417	317.2	1116.2	932	工况6	439.8	334.7	1099.3	908.8
模工17	417.9	301.3	1116.4	868.3	工况7	440.8	315.8	1099.5	857.4
模工18	418.9	299.4	1116.2	768.1	工况8	441.8	311.9	1099.3	752.6
模工19	419.9	297.8	1116.9	714.7	工况9	442.8	310.3	1099.9	686.2
模工20	420.6	281.7	1118.8	710.6	工况10	443.6	290.1	1101.8	660.1
模工21	420.4	252	1120.2	677.3	工况11	443.4	251.6	1103.2	598.9
模工22	418	220.3	1117.2	601.9	工况12	440.9	202.3	1100.2	487.4

（2）裂缝长度对固有频率的影响

模拟工况13～模拟工况22为裂缝宽度皆为2mm，裂缝深度皆为45mm，裂缝长度自65mm至650mm逐级递加的不同工况。通过与对照组工况2进行对比分析，得到不同裂缝长度频率变化率。随着裂缝长度的增加，与裂缝所在平面垂直方向的固有频率，随着裂缝的增长，逐级增加，并且当裂缝贯穿整个截面的时候，与原始对照组相比固有频率下降超过一半。然而与裂缝所在平面平行方向的固有频率变化微乎其微。根据固有频率的公式我们可以知道，固有频率与被测物体的刚度矩阵成正相关，与被测物体的质量矩阵成负相关。随着裂缝的增长，分布质量的变化微乎其微可以忽略不计，与裂缝所在平面平行方向上的固有频率刚度几乎不变，在与裂缝所在平面垂直方向上，虽然分布质量变化也很小，但是刚度下降很快，在工况22裂缝贯穿整个截面的时候刚度下降超过50％，所以导致固有频率大大降低。如图2所示。

（3）不同裂缝宽度对固有频率的影响

工况23～工况32，为裂缝深度都为45mm（贯穿整个截面），长度皆为650mm（木构件全长），裂缝宽度自1mm至10mm逐级递增的工况，各工况与原始工况的频率变化率情况见表5，裂缝宽度与频率变化率关系图如图3所示。

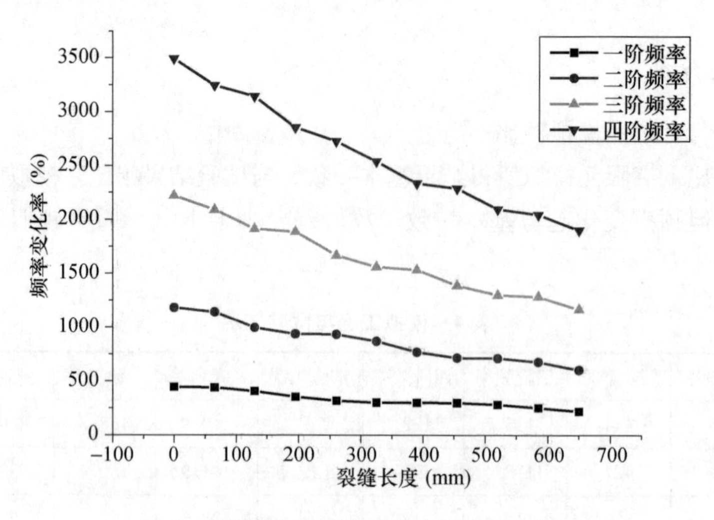

图 2 与裂缝所在平面垂直方向频率变化图

表 5 不同裂缝宽度下固有频率变化率（%）

工况	一阶频率	二阶频率	三阶频率	四阶频率
工况 23	−0.246	−49.175	−0.072	−47.881
工况 24	−0.007	−50.393	0.134	−49.109
工况 25	0.175	−51.580	0.287	−50.303
工况 26	0.404	−52.751	−0.206	−51.485
工况 27	0.622	−53.918	0.681	−52.665
工况 28	0.832	−55.066	0.860	−53.827
工况 29	1.064	−56.221	1.067	−54.998
工况 30	1.311	−57.365	1.282	−56.159
工况 31	1.560	−58.503	1.497	−57.314
工况 32	1.828	−59.636	1.739	−58.466

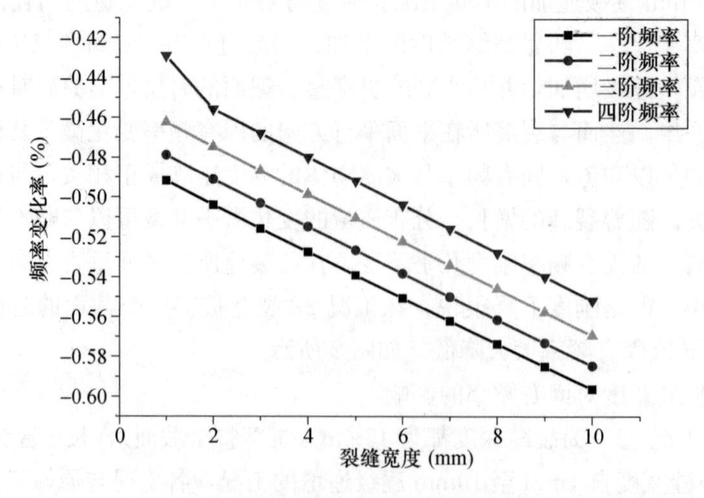

图 3 裂缝宽度与频率变化率关系图

从图 3 中可以看出，随着裂缝宽度的增加，与裂缝所在平面垂直方向的固有频率会逐渐减少，并且可以在图 3 中看出，随着裂缝宽度的增加，频率变化率下降趋势与裂缝宽度有非常好的线性关系，下降趋势几乎成直线，与裂缝平面平行方向的固有频率呈现上升趋势，也具有很好的线性规律。这是因为，随着裂缝宽度增加与裂缝截面垂直方向的截面惯性矩减少，且呈现线性规律，木构件弹性模量不变，分布质量下降也呈现线性规律，所以与裂缝所在平面垂直方向的固有频率呈现线性关系下降。

与之相对的与裂缝所在平面平行方向上惯性矩几乎不变，弹性模量也不发生改变，分布质量线性下降。根据固有频率的公式，我们可以得到，与裂缝所在平面平行方向的固有频率呈现线性增加。

3 结论

（1）随着裂缝深度的增加，木构件的固有频率有所下降，当裂缝贯穿截面时，频率下降最为明显，下降超过 50%。随着裂缝长度增加，木构件固有频率下降趋势基本呈现线性规律，最终下降超过 50%。与裂缝所在平面平行方向（Y 方向）的固有频率不随裂缝深度与长度变化而变化。固有频率可以大致判断木构件是否有严重损伤，并不能准确判断损伤出现位置。

（2）与无损时相比，含有裂缝缺陷的木构件的各阶固有频率均会降低，且随着裂缝深度、长度、宽度的增大，各阶固有频率的降低幅度也在加大。但是各阶固有频率变化程度并不相同，低阶固有频率随缺陷增大变化幅度较小，而高阶固有频率变化幅度则较大，当裂缝完全贯穿截面高度时，频率会有较大幅度下降。

（3）本文试验采用动态激励法，对木构件的前二阶固有频率进行提取，通过分析固有频率产生的变化判断木构件是否出现严重损伤。

致谢

本文由国家自然科学基金（51808025）、北京市社科基金项目资助（17LSC008）、北京高等学校高水平人才交叉培养“实培计划”资助项目和北京建筑大学科学研究基金项目资助（00331616046）。

参考文献

[1] Lee ID G. Ultrasonic pulse velocity testing considered as a safety measure for timber structures [C] //Proceedings of 2nd nonde 2 structive testing of wood symposium, 1965 April, Spokane, WA. Pullman, WA: Washington State University, 1965: 185-203.

[2] ROSS. R. J, PERLLERINR. R. F, VOLNY. N, et al. Non-destructive testing for assessing wood members in structures: A review [R] . Madison, USA: Department of Agriculture, Forest Service, Forest Products Laboratory, 1994.

[3] 孟瑞华，胡勤龙，刘毅 . 应力波时间仪的研制和应用 [J] . 南京化工大学学报，2000 (6):

55-57.

[4] 段新芳，王平，周冠武，等．应力波技术在古建筑木构件腐朽探测中的应用［J］．木材工业，2007，21（2）：10-12，22.

[5] 张纹韶，陈启仁，徐明福．运用力波非破坏方法分析全台传统穿斗式木接点形式之研究［J］．台湾建筑学会建筑学报，2004（50）：1-14.

[6] 中山义雄．振动法によろ木材はりの非破坏试验．木材学会志．1975，21（10）.

[7] 祖父江信夫．バソコンと市贩 A/D 变换ボードき用いたャング率自动计测シヌテムの开发．木材工业．1991，46（12）.

[8] D. W. Haines，J. M. Leban，C. Herbe. Determination of Young's modulus for Spruce，Fir and isotopic Material by The Resonance Flexure Method with Comparisons to Static Flexure and other Dynamic Method［J］. Wood Science and Technology. 1996. 30.

[9] Robert J Ross，Michael A R，and Kristin C. Schad. Determining in-place Modulus of Elasticity of Stress-Liminated Timber Decks Using NDE［C］. National Conference on Wood Transportation Structures，1996，12.

[10] Joseph F Murthy. Transverse Vibration of a Simply Supported Beam with Symmetric Overhang of Arbitrary Length［J］. Journey of Testing and Evaluation，1997，25（5）.

[11] 釜口明子，中尾哲也．横打击共振法によるスキ立木の心材含水率の测定．木材学会志．2001，47（3）.

[12] R. J Ross，X. Wang，M. O. Hunt，etc. Transverse Vibration Technique to Identify Deteriorated Wood Floor Systems［J］. A Publication for the Practicing Engineer，2002，26（4）.

[13] J. Ilic，Dynamic MOE of 55 SpeciesUsing Small Wood Beam［J］. Holz ALS Roh-und Werkstoff，2003，61（2）.

基于突变级数法的古代木结构建筑安全性评价

贾 强

（中华女子学院 北京 100101）

摘 要：中国古代建筑以木结构为主，由于建筑物在长期使用过程中受到环境等各方面干扰，其结构安全性受到极大的影响。为了对古代木结构建筑的安全性做出科学合理的评价，文章提出了基于突变级数法的古代木结构建筑安全性评价的新方法，即在突变理论的基础上，建立地基基础、上部承重结构及围护系统3个方面的安全性评价体系，并构建3个方面的26个评价指标。运用突变级数法对该评价指标体系进行多级评价，并结合工程实例进行验证，为工程检测人员提供参考。

关键词：古木结构建筑；突变级数法；安全性评价

Safety Evaluation of Ancient Wood Structural Buildings Based on Catastrophe Series Method

Jia Qiang

(China Women's University, Beijing 100101)

Absrtact: Ancient Chinese buildings are were mainly based on wooden structures. Because buildings are disturbed by environment and other aspects in the long-term using process, the safety of the structures is greatly affected. In order to evaluate the safety of ancient wooden structure buildings scientifically and reasonably, this study proposed a new method of safety evaluation of ancient wooden structure buildings based on catastrophe series method. On the basis of catastrophe theory, a safety evaluation system of foundation, upper bearing structure and enclosure system was established, which included 26 evaluation indexes. The catastrophe series method was used to carry out multi-level evaluation of the evaluation index system, and it was verified by an engineering example, which provides a reference for engineers and technicians.

Keyword: ancient wooden structures; catastrophe series method; safety evaluation

1 引言

古建筑文物作为展现中华灿烂文化的重要载体，在历史文化、艺术等方面都有很高的研究价值，近些年来，国家对古建筑的保护日益重视起来。中国古代建筑主要以木结构为主，与西方的石制建筑有所不同。由于木结构在长期使用过程中受到自然环境、昆虫侵蚀、人为破坏等方面影响，木质产生腐朽、虫蛀、变形等方面劣化，再加上榫卯连接的松动，建筑整体结构安全性受到极大的影响。因此，运用现代科学技术的手段，结合古建筑自身营造规则，定期对古建筑进行科学的安全性评估，之后针对评估结果，展开合理、必要的修缮工作具有重要意义。

关于对古代木结构建筑安全性评价，早在 92 版《古建筑木结构维护与加固规范》(GB 50165—1992)[1]中有介绍，规范主要采用残损点法对结构整体进行安全性评价，该种方法采用定性为主、定量为辅相结合的手段，对结构构件残损点进行逐个排查，最终确定建筑物的安全等级。北京文物局出台的《古建筑结构安全性鉴定技术规范　第 1 部分：木结构》(DB11/T 1190.1—2015)[2]北京市地方标准也较全面科学地阐述了古建筑木结构安全性评价的方法。古建筑研究领域的研究人员对于古代木结构建筑安全性评价也做了一些研究和探讨，郭晓东、徐帅[3-4]等先后运用层次分析及灰色白化权函数聚类分析两种方法对古代木结构建筑进行了安全性评价。马德云等[5]和申常克等[6]主要是依据现行规范标准，对古代木结构建筑的检测方法进行重点总结和阐述。秦本东[7]等则引入模糊理论，再结合层次分析法，对砖木石结构的古建筑安全性进行了分析。李辉山[8]运用可拓学中物元理论结合层次分析法建立砖木结构古建筑安全评价模型。以上的这些研究成果对于古代木结构建筑的安全性评价提供了一定的参考，但对影响结构安全的因素均需要解决其权重问题，并且计算烦琐，而突变级数法不需要计算各评价指标权重，而只需根据各评价指标重要性进行分层次排序即可，较好地解决上述问题。本文研究根据突变级数理论，建立古代木结构建筑安全性的评价模型，对其安全性等级进行评价。

2　突变级数分析法及其步骤

2.1　突变理论

(1) 突变理论的基本概念

突变理论是由 20 世纪 70 年代法国数学家勒内·托姆提出的，该理论是利用势函数来研究系统的突变状况，该势函数由表示系统行为状态的状态变量和影响系统行为状态的控制变量组成。该理论提出 7 个初等突变模型，常见初等突变模型为 4 个，分别为：折叠、尖点、燕尾和蝴蝶突变模型，其控制变量的个数均≤4 个，见表 1。

表 1　常用突变模型势函数及变量

突变模型	势函数	控制变量	状态变量
折叠突变	$V(x)=x^3+ax$	x	a
尖点突变	$V(x)=x^4+ax^2+bx$	x	a，b
燕尾突变	$V(x)=\frac{1}{5}x^5+\frac{1}{3}ax^2+\frac{1}{2}bx+cx$	x	a，b，c
蝴蝶突变	$V(x)=\frac{1}{6}x^6+\frac{1}{4}ax^4+\frac{1}{3}bx^3+\frac{1}{2}cx^2+dx$	x	a，b，c，d

（2）突变模型的归一公式

将突变模型中的势函数 $V(x)$ 分别进行一阶及二阶求导，之后联立求导形成的方程组消去 x，便形成突变理论中的分歧集方程。再将分歧集方程进行变换和推导，得到的控制变量与状态变量间某种关系就是归一公式。例如：

尖点突变的势函数 $V(x)=x^4+ax^2+bx$，求一阶及二阶导数得：

$$\dot{V}(\ddot{x})=4x^3+2ax+b=0,\ \ddot{V}(\ddot{x})=12x^2+2a=0$$

联立解得：$a=-6x^2$，$b=8x^3$，则 $x_a=\sqrt{\frac{-a}{6}}$，$x_b=\sqrt[3]{\frac{b}{8}}$，所得式中 x_a、x_b 即 a、b 对应的 x 的值。由于上式中控制变量和状态变量的取值范围不同，则需将控制变量和状态变量的取值范围统一到［0，1］范围内，即进行了归一化处理。

2.2 突变级数法评价步骤

（1）构建评价指标体系。根据评价的最终目的和突变级数的特点，将评价目标分解为多层次的树状指标结构，保证每层指标所对应下层子指标的个数应不大于 4 个，各层指标确定后，再对同级指标按照对总评价目标的重要程度进行排序，重要指标在前，次要指标在后。

（2）处理原始评价数值。将体系中各种类型的指标所对应的原始数值进行无量纲化处理。由于突变级数两个变量（状态、控制）的取值范围为［0，1］，因此无量纲化处理后的指标的数值应在［0，1］范围内。

（3）根据各层指标个数选定突变模型。根据表 1 中的四个常用初等突变模型的状态变量及控制变量的特点，对应各层指标选择合适的突变模型，如某个指标有 2 个子指标，则选择尖点突变模型；如有 3 个子指标，则选择燕尾突变模型。

（4）归一化处理计算综合评价值。根据步骤（2）确定的突变模型所对应的归一公式，通过对各级指标数据进行归一化处理，归一处理时，要遵循互补性与非互补的原则，即互补性指标，取指标归一计算后的平均数作为上层指标值；非互补性指标，则按“大中取小”的原则计算出归一值。各层指标逐层向上计算，得到综合评价值。

3 古代木结构建筑安全性评价模型的构建

3.1 确定安全性评价指标

古代木结构建筑体系按照各部分功能作用与受力特点分为地基基础、上部承重结构、围护系统 3 个部分组成。本评价指标主要根据相关规范及文献，结合咨询专家意见并符合“强柱弱梁、强节点弱构件”的原则进行归纳总结，按照各指标的相对重要程度进行了排序。如图 1 所示。

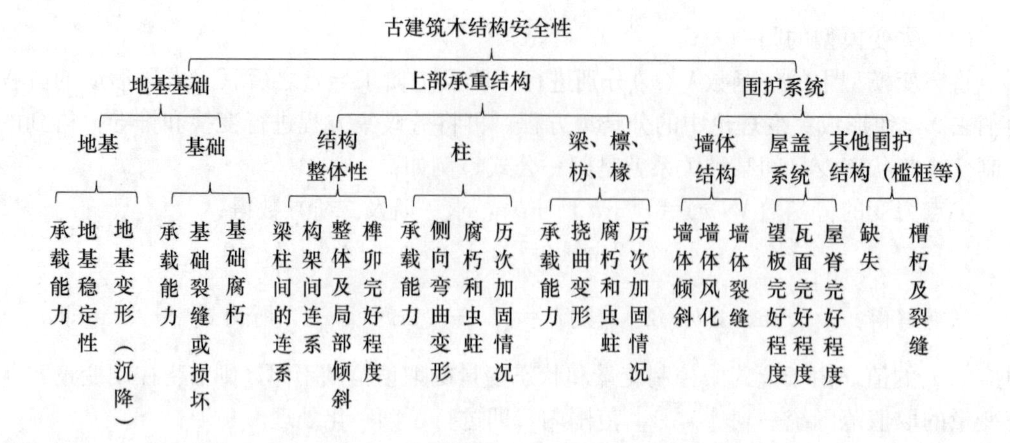

图1　古建筑木结构安全性评价指标

3.2　建立评价标准

将木结构的安全等级分为安全、较安全、较危险、危险，并与相关规范中 A、B、C、D 四个评价等级相对应，本文针对木结构的安全等级分别给定界限标准分别为：(1，0.8)，(0.8，0.6)，(0.6，0.4)，(0.4，0)。

本文中评价指标可以分为定量指标与定性指标。定量指标如承载能力、柱的侧向弯曲变形、梁等受弯构件挠曲变形等的评价标准可以根据相关规范及文献［4，7，8］中各个等级的量化值确定。定性指标根据相关规范关于各个等级语言的描述，按照上述安全等级的划分并给出相应界限取值范围。

4　工程实例

4.1　工程概况

贤良祠位于北京市西城区地安门大街，该祠堂为雍正八年间（1730 年）修建，距今近 300 年，祠堂为三进院落，现存文物古建筑较为完整，大门、仪门、正殿及配殿主要为单层木结构建筑。现以贤良祠后殿为例，经过现场勘察及检测，建筑物现状如下：

(1) 地基基础。该建筑物由于年久失修，房屋两侧山墙由于地基出现不均匀沉降，导致墙体多处出现裂缝，两侧山墙均有一条宽约 30mm、高 4.6m 的竖向贯通裂缝，基础埋深较浅，承载力薄弱。

(2) 上部承重结构。后殿上部大木架结构材质老化严重，构架间连接松弛、滑移，局部出现拔榫现象。檐柱及金柱共为 26 根，超过 80%的柱子腐朽严重，部分梁枋曾经用铁件做过加固，现有部分梁挠曲变形严重，有些存在约为 10mm 通缝。部分檩头腐朽，部分檩存在宽度约为 40mm 的裂缝。

(3) 围护结构。该建筑墙体由于地基不均匀沉降导致多处贯通裂缝。个别墙体出现倾斜，并且墙体风化严重，灰层大面积脱落，屋面瓦面破损严重，导致屋面漏雨，屋面出现不同程度的塌陷、变形，兽吻等脊件缺失严重。

4.2 评价指标值获取及计算

按照本文中构建的古代木结构建筑安全性评价指标，参与评价人员由5人组成，结合相关规范及现场检测情况综合考虑，对评价指标体系中的每个三级指标进行打分，然后对评估组人员的打分进行求均值，得到该指标的最终得分，然后将数值进行无量纲化处理，最后按照突变级数法则进行归一化求解，见表2、表3。

表2 二级评价指标计算表

二级指标	三级指标	三级指标值	突变类型	归一公式	二级指标值
地基	承载能力	0.653	燕尾突变非互补	$\left(x_1^{\frac{1}{2}},\ x_2^{\frac{1}{3}},\ x_3^{\frac{1}{4}}\right)$	0.808
	地基稳定性	0.852			
	地基变形（沉降）	0.454			
基础	承载能力	0.754	燕尾突变非互补	$\left(x_1^{\frac{1}{2}},\ x_2^{\frac{1}{3}},\ x_3^{\frac{1}{4}}\right)$	0.868
	基础裂缝或损坏	0.724			
	基础腐朽	0.775			
结构整体性	梁柱间的连接	0.311	蝴蝶突变互补	$\left(x_1^{\frac{1}{2}},\ x_2^{\frac{1}{3}},\ x_3^{\frac{1}{4}},\ x_4^{\frac{1}{5}}\right)$	0.743
	构架间的连接	0.413			
	整体及局部的倾斜	0.401			
	榫卯的完好程度	0.403			
柱	承载能力	0.471	蝴蝶突变非互补	$\left(x_1^{\frac{1}{2}},\ x_2^{\frac{1}{3}},\ x_3^{\frac{1}{4}},\ x_4^{\frac{1}{5}}\right)$	0.686
	侧向弯曲变形	0.615			
	腐朽及蛀虫	0.402			
	历次加固情况	0.622			
受弯构件（梁、枋、檩、椽）	承载能力	0.582	蝴蝶突变非互补	$\left(x_1^{\frac{1}{2}},\ x_2^{\frac{1}{3}},\ x_3^{\frac{1}{4}},\ x_4^{\frac{1}{5}}\right)$	0.763
	挠曲变形	0.415			
	腐朽及蛀虫	0.423			
	历次加固情况	0.653			
墙体结构	墙体倾斜	0.318	燕尾突变非互补	$\left(x_1^{\frac{1}{2}},\ x_2^{\frac{1}{3}},\ x_3^{\frac{1}{4}}\right)$	0.563
	墙体风化	0.463			
	墙体裂缝	0.412			
屋面系统	望板完好程度	0.215	燕尾突变非互补	$\left(x_1^{\frac{1}{2}},\ x_2^{\frac{1}{3}},\ x_3^{\frac{1}{4}}\right)$	0.463
	瓦面完好程度	0.433			
	屋脊完好程度	0.451			
其他围护结构（槛框等）	糟朽及裂缝	0.511	尖点突变非互补	$\left(x_1^{\frac{1}{2}},\ x_2^{\frac{1}{3}}\right)$	0.715
	缺失	0.614			

表3　一级指标及总目标计算表

一级指标	下级指标计算值	突变类型	计算值
地基基础	0.808，0.868	尖点突变　非互补	0.899
上部承重结构	0.743，0.686，0.763	燕尾突变　非互补	0.861
围护系统	0.563，0.463，0.715	燕尾突变　非互补	0.750
总目标	0.948，0.956，0.947	燕尾突变　非互补	0.930

4.3　安全性分析及评价

经过上述三层评价指标的计算得出总目标即贤良祠后殿的安全性评价得分为0.930，与文中设定的安全等级限制标准对应显示为安全，但事实上这个总评价值并不属于安全范围，由此看出突变级数法得出的综合评分值偏高，需要对其进行修正，本文采用了得分变换法[9]来进行修正，即取最底层指标对应的隶属度值均为x_i（$i=1, 2, \cdots, n$），经过突变级数法计算，得到综合评价值为y_i（$i=1, 2, \cdots, n$），当n足够大时，可建立y_i与x_i的变换对应关系表（表4）。

表4　y_i与x_i的变换对应关系表

x	0.100	0.200	0.300	0.400	0.500	0.600	0.700	0.800	0.900	1.000
y	0.749	0.818	0.860	0.895	0.917	0.938	0.956	0.972	0.987	1.000

从对应关系表中得知总目标评价值对应x值为0.4～0.6之间，根据本文中约定的古代木结构建筑的安全等级，最终该古代木结构建筑的安全等级为C_u，较危险，应进行加固修缮。

5　结语

突变级数法运用于古建筑木结构安全性评价很好地减少了由于指标权重的分配而引起的主观性的影响，该方法只需要按照评价指标的重要程度进行排序，更加客观地反映实际情况，采用定性与定量相结合进行评价，但评价计算值一般偏高，容易产生错误判断，还需要进行得分变换，为文物保护工程安全性评价提供参考。

参考文献

[1]《古建筑木结构维护和加固规范》编制组．古建筑木结构可靠性评定原则及若干界限值的确定问题［J］．四川建筑科学研究，1994，(1)：2-7.
[2] 北京市文物局．古建筑结构安全性鉴定技术规范　第1部分：木结构：DB11/T 1190.1—2015［S］．北京：北京市质量技术监督局，2015.
[3] 徐帅，郭小东，黄瑞乾，等．基于层次分析法的古建筑木结构安全性评估方法［J］．工业建筑，2016（12）：180-183.
[4] 郭小东，付体彪，徐帅．基于灰色白化权函数聚类法的木结构古建筑安全性评估［J］．北京工业

大学学报，2017，43（5）：780-785.
[5] 马德云，宋佳，左勇志，等．古建筑木结构安全性检测鉴定方法综述［J］．建筑结构，2017，47（S1）：983-986.
[6] 申克常，刘佳，李辉，等．古建筑木结构安全性检测内容及方法探讨［J］．建筑技术，2015（s2）：27-31.
[7] 秦本东，李泉，檀俊坤．基于模糊层次分析法的砖石木结构古建筑安全评价［J］．土木工程与管理学报，2017，34（5）：52-59.
[8] 李辉山，王思莹．基于多级可拓的砖木结构古建筑安全性评价［J］．工程管理学报，2019，33（2）：82-84.
[9] 施玉群，刘亚莲，何金平．关于突变评价法几个问题的进一步研究［J］．武汉大学学报（工学版），2003，36（4）：132-136.

北京某单檐六角亭文物建筑安全检测鉴定

刘子征[1]　李建新[1]　赵　锋[2]

（1 中冶建筑研究总院有限公司 北京 100088，
2 国家工业建构筑物质量安全监督检验中心 北京 100088）

摘　要：本文以北京某单檐六角亭文物建筑为对象，介绍了通过各种现代化无损或微损检测技术对其进行安全检测鉴定的方法，为同类文物建筑的安全检测鉴定提供了参考。
关键词：文物建筑；单檐六角亭；木结构；安全检测鉴定

Safety Inspection & Assessment of a Single-eave Hexagonal Pavilion，a Heritage Building in Beijing

Liu Zizheng[1]　Li Jianxin[1]　Zhao Feng[2]

(1 Central Research Institute of Building and Construction Co.，Ltd.，MCC Group，Beijing 100088；
2 National Test Center of Quality and Safety Supervision for Industrial Building and Structures，Beijing 100088)

Abstract：Taking a single-eave hexagonal pavilion in Beijing as an example，the article introduces the approaches to using various cutting-edge non-destructive or micro-damage detection technologies to do safety inspection & assessment of heritage buildings. It may serve as a reference for safety inspection & assessment of similar heritage buildings.
Keywords：heritage buildings；single-eave hexagonal pavilion；wood structure；safety inspection & assessment

1　引言

北京在历史上作为多朝古都，目前拥有着大量优秀历史文物建筑，这些文物建筑是中华文明的宝藏，是古代建筑者的智慧结晶，作为继承者，我们应该用心地保护好它们。目前一些文物建筑由于年代久远，历经多年的自然侵害和人为影响，出现了不同程度的损伤，为此亟需对其现状进行安全检测鉴定，为后续维护修缮提供可靠依据。

2　资料调查

根据文献及其他资料记载：该单檐六角亭始建于明永乐十八年（1420 年），原址在正阳门内兵部街鸿胪寺衙门内。光绪二十六年（1900 年）八国联军侵入北京时，清政府被迫将其移置于户部街之礼部衙门院中。清末，礼部改成典礼院。1912 年典礼院为盐务署占驻，将此亭移建中央公园。

该亭为木质结构，坐南朝北，整体为六角形，为单檐攒尖黄琉璃瓦屋面，金龙枋心旋子彩画，朱棂门窗，面北一方为隔扇门，其他五方为槛窗，后增设避雷装置。

3 现场检测

3.1 图纸测绘

因无历史测绘图纸资料，针对文物建筑构件布置繁杂，采用三维激光扫描技术，辅以简要测量工具进行了详细测绘，三维激光扫描和测绘成果如图 1 和图 2 所示。

图 1　三维激光扫描成果

3.2 地基基础检测

（1）台基基础布置：该亭建在两层台基之上，下层台基为砖砌，南北两面石阶；上层台基为石质。

（2）台基基础检查：台基整体无不均匀沉降导致变形开裂，下层台基普遍存在抹灰开裂破损；上层台基局部存在石材缺角、破损和开裂。

（3）地基基础无损检测：为详细了解地基基础情况，防止地基基础存在空洞、裂缝等隐患，本次采用地质雷达无损检测技术对地基基础进行检测，检测中采用天线频率为 250MHz。经检测，周边地面和下层台基下存在零星细微空洞，雷达检测结果如图 3 所示。

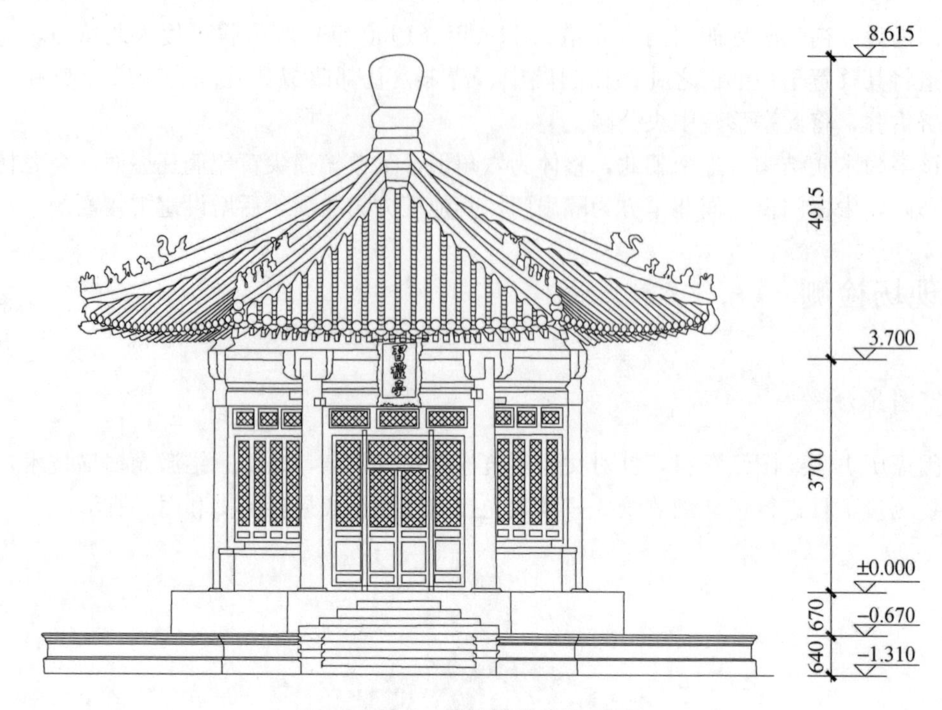

图 2　整体测绘成果

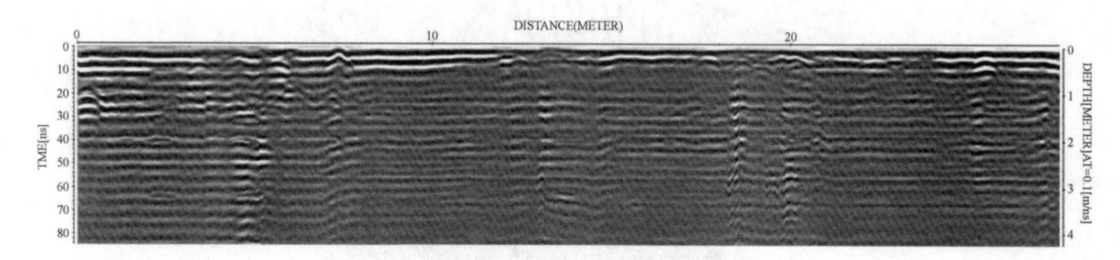

图 3　周边地面雷达检测结果

3.3　结构主体检测

（1）结构布置检查：结构形式为大式单檐六角攒尖亭[1]，主体由六根木柱支撑，立于柱顶石之上，柱头冠以搭交箍头大、小檐枋。檐枋上为平板枋，其上安装平身科和角科两种形式的斗拱，斗拱之上为上架木构件。

（2）构件损伤检查：构件存在的缺陷主要有木材干缩开裂、木材受潮腐朽、立柱抹灰表面霉点、油饰彩绘表面开裂脱落、砌筑砖表面轻微粉化等。

（3）构件含水率、挠曲检测：经检测木构件含水率在 6.6％～9.5％之间，含水率无较大变化，参考相关国家标准满足表层处不应大于 16％的要求[2]；木构件最大挠曲为 $L/576$，满足北京市相关地方标准不大于 $L^2/2100h$ 的要求[3]。

（4）构件应力波检测：在构件损伤检查的基础上，选择表观现状较差的两根立柱进行木材应力波检测，用以检测其内部的腐朽、空洞情况。经测，立柱存在表面腐朽，腐朽面积占总面积最大为 6％，满足北京市相关地表不大于 20％的要求[3]，某立柱应力波三维检测结果如图 4 所示。

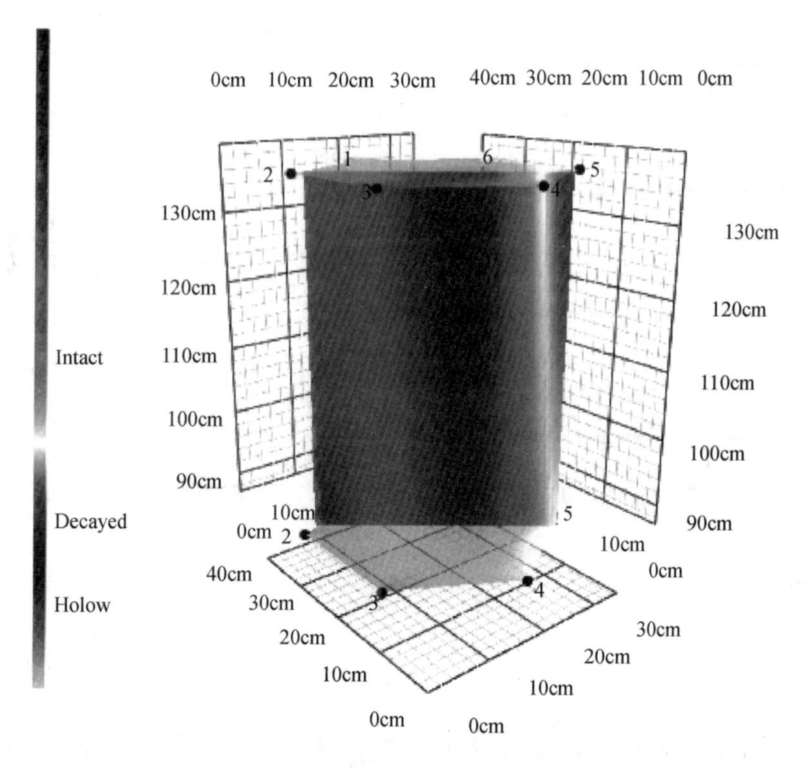

图 4　某立柱应力波三维检测结果

（5）木构架整体倾斜检测：经测所有木柱柱头均呈现出向结构中心偏移，最大偏移量为 $H/105$，符合古建中设置侧脚约 $H/100$ 的做法[4]。

（6）结构动力特性检测：通过对木构架整体动力特性检测得到实际自振频率，并与理论计算结果对比，从而分析是否存在隐蔽的内部损伤。参考《古建筑防工业振动技术规范》（GB/T 50452—2008）给出了古建筑木结构水平固有频率的经验计算公式[5]，计算得到按有围墙的单檐木结构第 1 阶固有频率为 3.51Hz，按无围墙的单檐木结构第 1 阶固有频率为 2.23Hz。采用超低频测振仪检测木构架动力特性水平方向第一阶固有频率为 2.56Hz，检测结果如图 5 所示。因该亭围护墙体较少，结构动力特性介于有围护墙和无围护墙之间，且接近于无围护墙，检测结果满足理论要求。

4　安全鉴定

根据各项参数的检测结果，该单檐六角亭整体性能现状良好，节点无受力损伤，主要问题为木构件的开裂、腐朽、受潮等。依据《古建筑结构安全性鉴定技术规范　第 1 部分：木结构》（DB11/T 1190.1—2015）评定为 B_{su} 级。

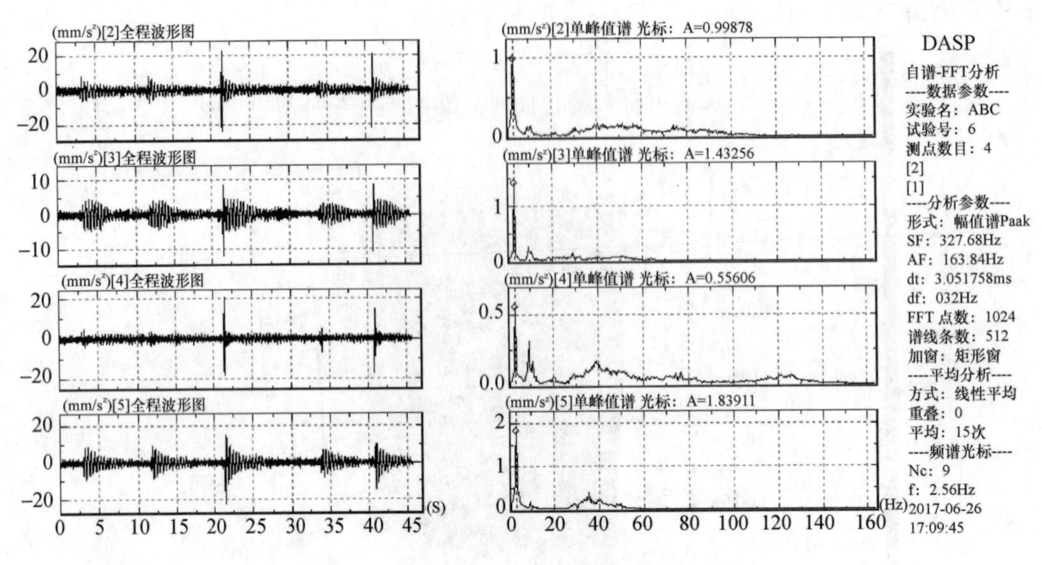

图 5　动力特性检测结果

5　结论

本文介绍了通过应用各种先进的无损、微损检测技术，如何实现对文物建筑进行检测分析，在不对其造成损伤情况下最大程度地了解结构安全现状，并依据相关技术标准对文物建筑的安全性进行鉴定，对同类文物建筑安全检测鉴定具有一定参考意义。

参考文献

[1] 马炳坚．六角亭构造技术（一）[J]．古建园林技术，1987，(4)：7-19.

[2] 国家技术监督局，中华人民共和国建设部．古建筑木结构维护与加固技术规范：GB 50165—1992 [S]．北京：中国建筑工业出版社，1992.

[3] 北京市质量技术监督局．古建筑结构安全性鉴定技术规范　第1部分：木结构：DB11/T 1190.1—2015 [S]．北京：中国建筑工业出版社，2015.

[4] 马炳坚．中国古建筑木作营造技术 [M]．北京：科学出版社，1991.

[5] 中华人民共和国住房和城乡建设部．古建筑防工业振动技术规范：GB/T 50452—2008 [S]．北京：中国建筑工业出版社，2008.

木拱廊桥的检测及安全评估

邵浦建[1]　王柏生[2]　叶灵鹏[2]

（1 浙江省文物考古研究所 杭州 310014，2 浙江大学建筑工程学院 杭州 310058）

摘　要：木拱廊桥是我国珍贵的文化遗产，体现了古代劳动人民精湛的技艺，承载了丰富的民俗文化。木拱廊桥的结构形式巧妙，若干短木通过榫卯连接成拱，再将两套拱系统编织在一起，形成大跨无柱木拱桥。在长期的自然因素以及人为因素的影响下，木拱廊桥出现桥体变形、构件开裂、腐朽等问题，对廊桥的安全性造成不同程度的影响。然而，目前对于木拱廊桥的安全性评估的研究十分缺乏。本文对泰顺北涧桥进行了现场勘查和检测，着重测量了其变形、损伤情况，根据现场的检测情况并通过有限元模型的分析对木拱廊桥的安全性进行了评估，指出当前北涧桥结构处在不安全状态，应进行加固修复。

关键词：木拱廊桥；损伤；变形；安全性评估

Inspection and Safety Assessment of Timber Arch Lounge Bridge

Shao Pujian[1]　Wang Baisheng[2]　Ye Lingpeng[2]

(1 Institute of Cultural Relics and Archaeology, Hangzhou 310014;
2 Department of Civil Engineering, Zhejiang University, Hangzhou 310058)

Abstract: The timber arch lounge bridge is a precious cultural heritage of our country, which reflects the exquisite craftsmanship of the builders and carries a rich folk culture. Short woods are connected to form two arches and then the two arches are woven together to form a large-span arch bridge, which shows that the structure of the arch bridge is ingenious. Because of human factors and natural factors, the bridge often has problems such as deformation, cracking and decay, which can adversely affect the safety of the bridge. However, there is currently a lack of research on the safety assessment of timber arch lounge bridges. In this paper, we have detected the Beijian Bridge and evaluated the safety of the bridge based on the detection results and analysis results.

Keywords: timber arch lounge bridge; damage; deformation; safety assessment

1　引言

在 20 世纪 80 年代，浙闽地区发现了木拱廊桥，其结构形似虹桥，最早可追溯到北宋时期。由于缺乏相关的保护与管理，加上部分廊桥所在地的经济基础薄弱，木拱廊桥数量不断减少。很多学者研究了木拱廊桥的文化、历史、建构技术以及受力特点等[1-5]，然而对木拱廊桥的检测及安全性评估的研究还十分缺乏。本文调查了泰顺北涧桥损伤及变形情况，对其进行变形观测。根据现场的检测数据以及变形观测数据，建立北涧桥的有限元模型，对其安全性进行评估。

2　北涧桥概况

北涧桥位于浙江省泰顺县泗溪镇，始建于清康熙十三年（1674 年），嘉庆八年（1803 年）修建，道光二十九年（1849 年）重修，之后又经过多次维修。北涧桥的拱跨约 30m，桥面离支座约 6.16m，桥屋 20 间，其中在廊桥上的桥屋 13 间。主拱由五节苗和三节苗编织而成，三节苗共 9 组，五节苗共 8 组，设置上、下剪刀撑以及马腿。三节苗苗杆的小头直径在 190～340mm 之间，大头直径在 225～500mm 之间，五节苗苗杆的小头直径在 145～250mm 之间，大头直径在 200～340mm 之间，三节苗大牛头尺寸约 300mm×420mm，五节苗上牛头尺寸约 300mm×400mm，下牛头约 220mm×250mm。

3　变形及损伤情况

3.1　变形情况

北涧桥主拱的平苗呈现明显的下挠形状，其中三节苗平苗下挠最大约 290mm，五节苗平苗下挠最大约 150mm，如图 1 所示。主拱整体上西高东低，西侧三节苗牛头比东侧三节苗牛头高 20～200mm。西侧牛头北高南低，东侧牛头南高北低，主拱存在扭曲变形。北涧桥廊柱整体往东倾斜，而且由西向东倾斜率逐渐增加，往东最大的倾斜率达到 107.8‰。由西往东第 2～3 榀、5～10 榀、16～19 榀屋架往南倾斜，倾斜率在 2.88‰～37.87‰之间；12～14 榀屋架往北倾斜，倾斜率在 3.53‰～20.36‰之间；4、15 榀屋架未发现明显的倾斜。

3.2　损伤情况

根据现场的调查情况可知，存在以下损伤问题：（1）三节苗平苗由北往南第 3 根平苗已经断裂，如图 2 所示；（2）西侧五节苗中部牛头断裂，如图 3 所示；（3）主要苗杆普遍存在收缩裂缝，部分构件的收缩裂缝为通长裂缝，裂缝宽度超过 20mm，如图 4 所示；（4）廊屋存在枋木拔榫的情况；（5）存在个别构件局部槽朽、虫蛀等问题，风雨板等围护构件存在腐朽、破损等问题。北涧桥三节苗、五节苗平苗的弯曲变形、平苗开裂、牛头断裂等可能是由于压重过大导致。主拱整体不对称变形则可能是由于压重不均匀、桥台变形、行人走动等各种因素长期综合作用导致。

图 1 三节苗平苗下挠

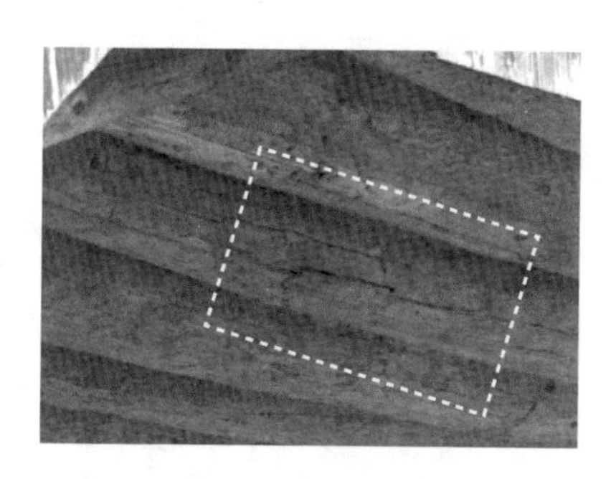

图 2 三节苗平苗断裂

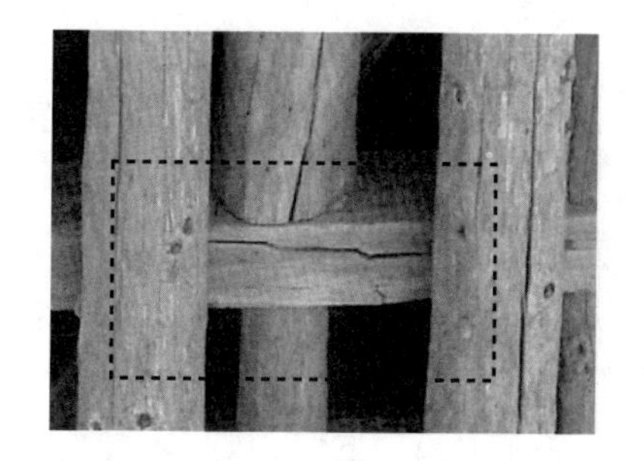

图 3 西侧五节苗中部牛头断裂

图 4 主拱构件收缩裂缝

3.3 变形观测

2018 年 3 月 11 日至 2019 年 3 月 16 日期间，我们对北涧桥主拱的竖向变形以及水平变形进行了 4 次观测，竖向测点布置在廊柱上，水平测点布置在牛头上，具体的测点布置如图 5、图 6 所示。累计竖向变形量在－5.69～－0.18mm 之间，变形很小，基本稳定。水平变形量在 1.06～27.76mm 之间，水平变形测量的误差较大，根据误差传递原理可计算得到水平变形量在两个方向上变形量的最大误差达到 10mm，因此，主拱水平变形也可认为基本稳定。

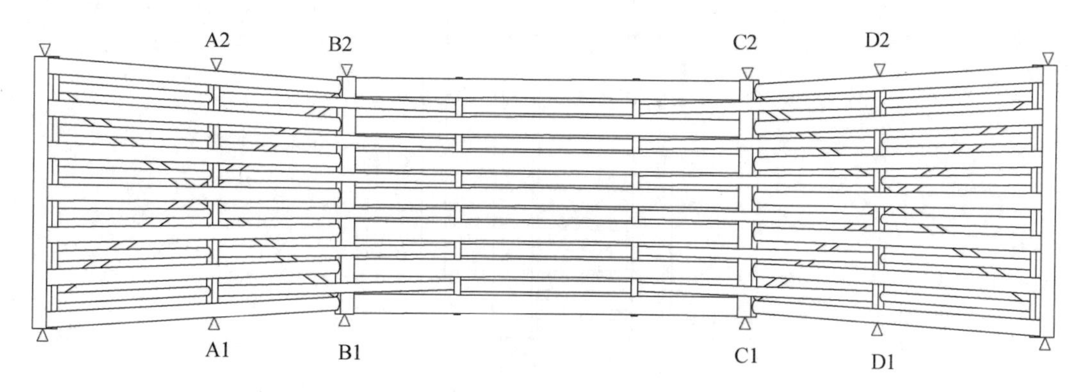

图 5 主拱水平测点布置示意图

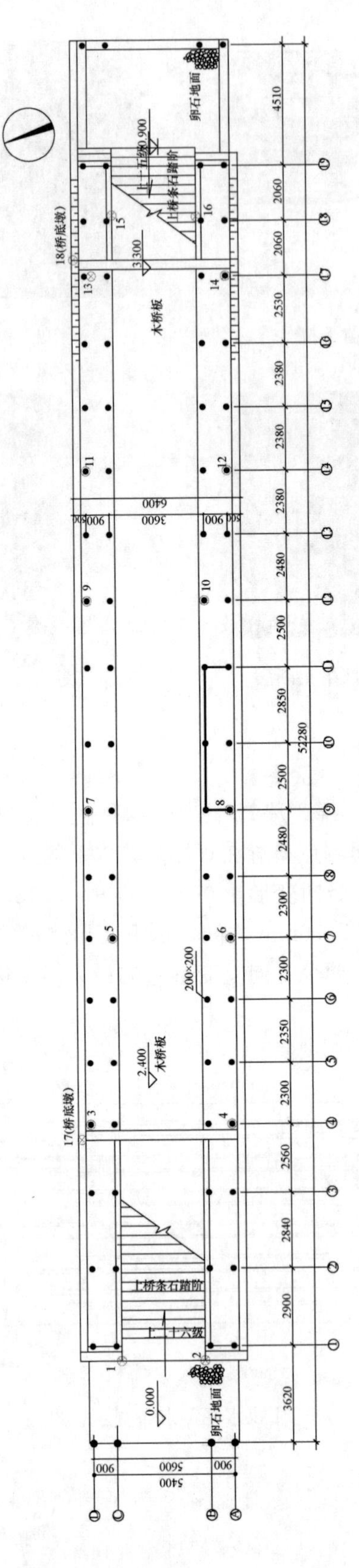

图6　主拱竖向变形测点布置示意图

4 有限元计算分析

根据现场的调查数据，运用 SAP2000 建立北涧桥主拱的有限元模型，同时考虑完好模型以及损伤模型，通过对比两者的内力及变形情况，说明北涧桥性能的变化。北涧桥主拱的损伤模型主要考虑平苗的下挠问题，完好模型及考虑损伤的模型如图 7、图 8 所示。

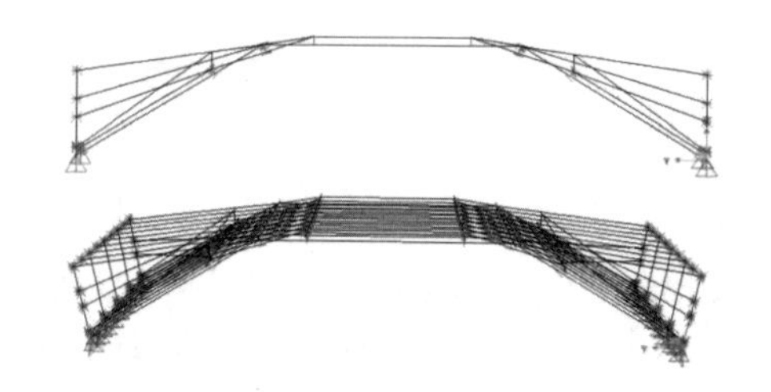

图 7 完好模型

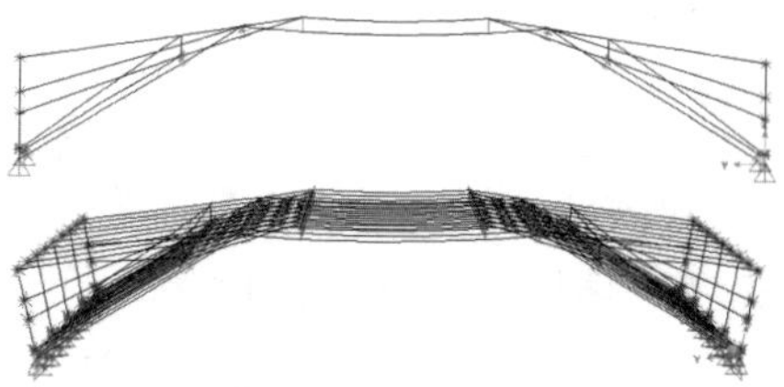

图 8 平苗下挠模型

在有限元模型中，考虑三节苗与五节苗构件之间的榫卯节点为半刚性连接，苗杆的材料特性按 TC11 强度等级取用，牛头木的材料特性按 TC13 强度等级取用，构件恒载由软件自动计算，廊屋恒载以 1.5kN/m^2 的均布荷载考虑，活载取 3.5kN/m^2。考虑活荷载整跨均布与半跨均布两种情况。

表 1 为损伤模型与完好模型在对称荷载及非对称荷载作用下的平苗构件的内力情况。根据表 1 的内力数据可知，在同样荷载作用下，损伤模型的三节苗平苗、五节苗平苗的弯矩最大值均大于完好模型。这主要是因为考虑了平苗的挠度后，会产生附加弯矩，导致损伤模型的弯矩比完好模型大。

表 1 损伤模型与完好模型内力值比较

荷载工况	模型	三节苗平苗内力最大值		五节苗平苗内力最大值	
		弯矩（kN·m）	轴力（kN）	弯矩（kN·m）	轴力（kN）
对称荷载	完好模型	14.5	57.9	12.1	48.7
	损伤模型	16.7	46.1	19.9	66.0
非对称荷载	完好模型	21.9	56.6	11.1	42.4
	损伤模型	25.9	80.6	18.1	47.8

5 结论

北涧桥当前存在的主要问题包括：

（1）主拱存在整体的不对称变形，整体上呈西高东低，而且沿着桥宽度方向高差不一，表现出一定的扭曲变形；

（2）北往南第 3 根三节苗平苗横向开裂，西侧五节苗中部牛头断裂；

（3）廊屋整体往东倾斜，存在一定的扭曲变形，存在枋木拔榫等问题；

（4）主拱构件普遍存在干缩裂缝，局部构件糟朽、虫蛀等问题。

根据变形观测结果可知，近一年北涧桥的变形基本稳定，表明北涧桥暂时还能满足日常使用要求。但是根据有限元分析可知，三节苗与五节苗平苗下挠严重导致相同荷载作用下平苗的弯矩增大，对主拱的承载不利；同时三节苗平苗开裂、西侧五节苗中部牛头断裂等情况存在较大的安全隐患。建议对北涧桥整体采取合理的加固处理措施，对开裂苗杆、断裂牛头木进行替换或加固。

参考文献

[1] 茅以升．中国古桥技术史［M］．北京：北京出版社，1986.

[2] 方拥．虹桥考［J］．建筑学报，1995（11）：55-60.

[3] 张鹰．闽浙木拱廊桥的建构技术解析［J］．福州大学学报（自然科学版），2011（06）：917-922.

[4] Chun Q，Van Balen K，Pan J，et al. Structural Performance and Repair Methodology of the Wenxing Lounge Bridge in China［J］. INTERNATIONAL JOURNAL OF ARCHITECTURAL HERITAGE，2015，9（6SI）：730-743. DOI：10.1080/15583058.2015.1041191.

[5] 王柏生，张亮，欧加加，等．景宁东坑下桥荷载试验［J］．古建园林技术，2014（2）：28-30，59.

木拱廊桥在洪水作用下的有限元分析
——以浙江省景宁县东坑下桥为例

张　璇[1]　王柏生[1]　邵浦建[2]　项莉芳[3]

（1 浙江大学建筑工程学院 杭州 310058，2 浙江省文物考古研究所 杭州 310014，
3 浙江省景宁畲族自治县文物和非遗保护中心 景宁 323500）

摘　要：木拱廊桥作为宝贵的桥梁文物，频繁受到山洪的侵害。近年来，已有研究多根据实际桥梁水毁案例，基于经验总结提出宏观维护策略，缺乏洪水荷载与廊桥结构受力的量化分析。本文提出一种木拱廊桥在洪水作用下的有限元分析方法：运用 FLUENT 计算流体力学软件模拟洪水作用下廊桥的受力，基于 SAP2000 有限元程序软件构建三维空间模型进行廊桥结构安全性能分析，分析不同洪水频率下的荷载分布规律，并进行廊桥抗洪安全性评估，为木拱廊桥预防洪水和安全监控提供参考依据。

关键词：木拱廊桥；洪水荷载；有限元分析

The Finite Element Analysis of Timber Arch Lounge Bridge under the Flood Load——Taking Ancient Lounge Bridge in Dongkeng Town，Jingning County，Zhejiang Province as an Example

Zhang Xuan[1]　Wang Baisheng[1]　Shao Pujian[2]　Xiang Lifang[3]

（1 College of Civil Engineering and Architecture，
Zhejiang University，Hangzhou 310058；
2 Zhejiang Provincial Cultural Relics Archaeological Research Institute，
Hangzhou 310014；
3 Zhejiang Jingning She Autonomous County Cultural Relics and
Inheritance Protection Center，Jingning 323500）

Abstract：As an invaluable bridge artifact，the timber arch lounge bridge is frequently attacked by flash floods. At present，the research on how the lounge bridge to against flood mainly proposes corresponding protection strategies based on the existing water damage cases. This paper proposes a finite element analysis method for the study of timber arch lounge bridge under the flood load：using FLUENT software to simulate the flood loads on bridge and constructing a three-dimensional model based on SAP2000 finite element program software for the safety performance analysis of the bridge structure. Therefore, the distribution law of flood loads and the safety assessment of the bridges under different frequency floods are obtained, which provides a reference for the prevention of flood and safety monitoring of timber arch lounge bridge.

Keywords: timber arch lounge bridge; flood load; the finite element analysis

1 引言

木拱廊桥作为中国传统木构桥梁中最具技术含量和美学价值的桥梁品种，具有宝贵的文物价值和文化承载。据史料记载，“桥罹难，皆因水患”，然而目前关于木拱廊桥的研究主要集中于建造技艺和结构体系，针对廊桥抗洪性能的研究较少，缺乏洪水荷载与廊桥结构受力的量化分析。本文以浙江省景宁县东坑下桥为典型案例，开展基于三维有限元仿真模拟的廊桥抗洪安全性能分析，为木拱廊桥预防洪水和安全监控提供参考。

2 洪水荷载三维计算模型

2.1 模型建立与简化

木拱廊桥可以分为上、中、下三层。为便于计算收敛简化三维模型，仅保留中层拱架的两套拱肋系统（“三节苗”和“五节苗”）建立仿真模型，如图1所示。桥梁全长21.75m，宽5.4m，取桥梁上下游共计65m形成的长方体区域为计算域，区域高度为16.5m。水流方向为X轴，重力方向为Y轴。

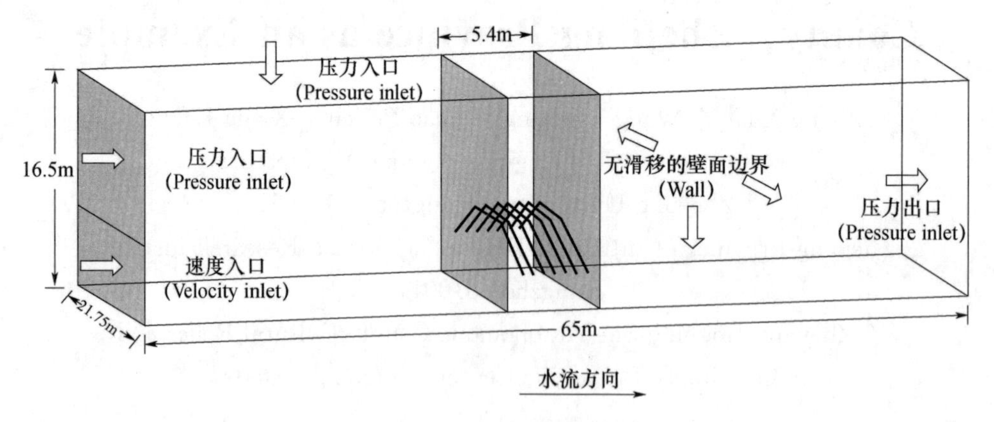

图1　几何仿真模型示意图

2.2 网格剖分和边界条件

为了保障网格质量、提升计算精度，将计算域分上游区、下游区和桥梁区。其中，上游和下游区域采用结构化网格，桥梁区域逐步加密，边界层细化处理并对苗杆周围边界层进行重点划分，如图 2 所示。总体网格数约 3480 万，经过质量检查，网格质量满足要求。

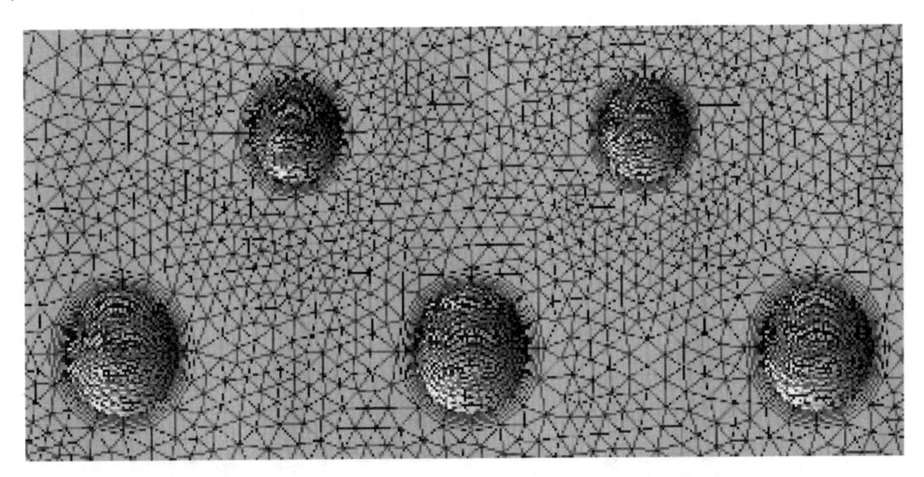

图 2　桥梁区域网格加密

流场入口分为洪水和空气入口，设计洪水位以下为洪水入口，采用速度入口；洪水位以上区域以及顶面为空气入口，采用压力入口；出口采用压力出口；计算域前后和底面边界以及苗杆壁面均采用无滑移的壁面边界。

2.3　压力分布规律

本文采用 Fluent19.2 软件进行模拟计算，获得流域 100 年一遇、200 年一遇和 500 年一遇设计洪水作用下的桥身压力分布情况。压力沿 XYZ 轴分解为水平力、竖向力和跨向力，其中 Z 向力的数值远小于 XY 向力，因而重点研究水平力和竖向力的分布规律。

1. 苗间的压力分布情况

基于不同洪水频率工况，沿 X、Y 方向对三节苗、五节苗系统中所有苗杆进行压力分布分析，结果如图 3 所示（苗杆迎水面至背水面按两个系统分别编号）。可以看出，三节苗的竖向力和五节苗的水平力、竖向力变化率较小，可看作均匀分布；三节苗的水平力呈现前 6 根杆基本均布而最后一根杆明显增大的趋势。由于廊桥苗杆沿水流方向呈近似三角形依次排布，圆柱绕流时，前一个圆柱的剪切层强度会受到斜后方圆柱的内侧剪切层挤压，使得前置位圆柱剪切层变得细长，导致圆柱后负压区缩小，上下游流体压差阻力减小。系统中只有三节苗的最后一根苗杆由于排在最后未受到任何影响，因而压差阻力最大。竖向力主要由负向力的竖向分力（图 4）和静水浮力组成，其中负向力是由于圆柱倾斜放置，导致上下表面动水负压作用面积不等所形成的。竖向力大小仅与倾斜角度、水位和来流速度有关，因而在杆件呈现均布的分布规律。

2. 单根苗杆压力沿水深分布情况

在苗杆上输出若干个随机点的压力值，选取不同水深位置的水平力和其对应的坐标 Y 值进行相关性分析，可得到单根苗水平力沿水深的分布情况。其中，100 年一遇洪水工况下三节苗系统 1、3、6 号苗杆的水平力分布如图 5 所示。

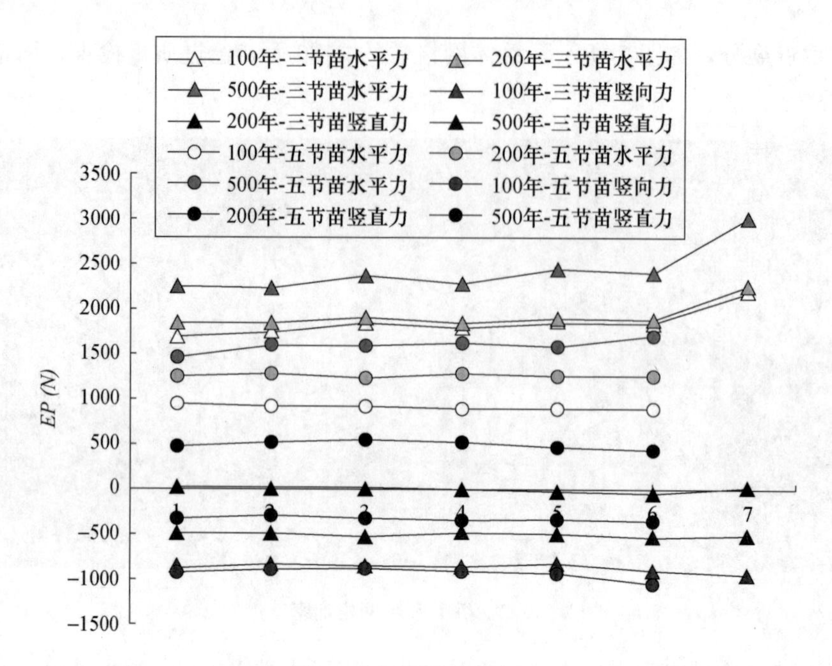

图 3　苗间的压力分布图

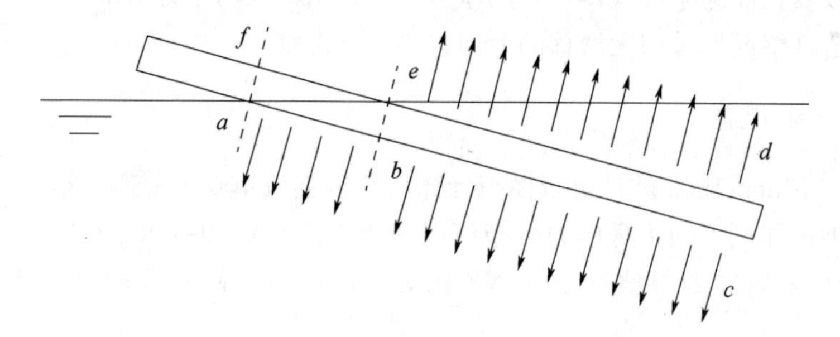

图 4　负向力形成机理图

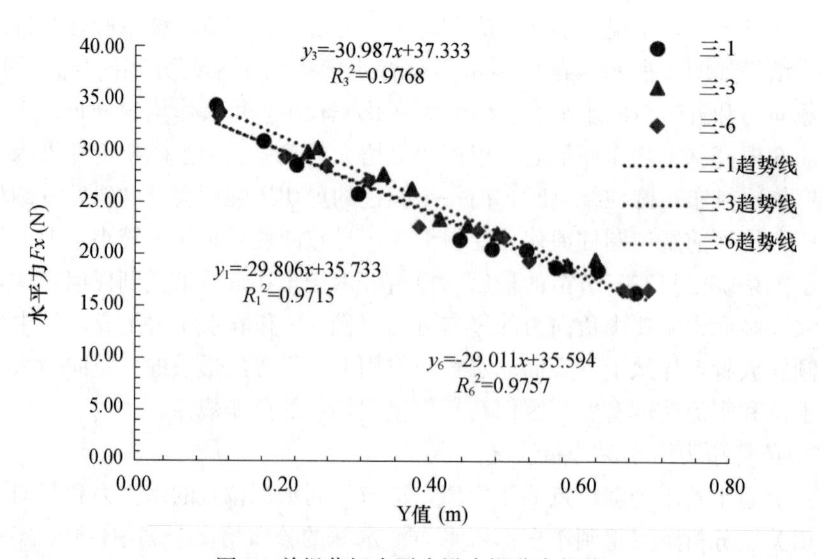

图 5　单根苗杆水平力沿水深分布规律

可以看出，趋势线线性可靠度较高且相近，与前文分析的水平力在苗间分布的情况一致，可认为单根苗上的水平力呈现沿水深线性分布的规律。竖向力分为浮力和负向力两部分分析。基于负向力产生机理（详见图 4），由于杆件直径很小，b、c、e、d 段所受的负压力近似抵消，b、c、d、e 部分杆件只受浮力作用；a、b、e、f 部分由 a、b 段产生的负压力分量和浮力共同作用。由于 a、b 点高差较小，可看作水位相同，负向力不变，因而负向力的竖直分量和浮力在作用区域均匀分布。

3　廊桥结构有限元计算模型

3.1　模型建立

本文选择 SAP2000 进行结构分析，以适应木拱廊桥的复杂结构和特殊力学特性。构件连接采用介于理想刚接和铰接的弹性连接模拟榫卯连接，三节苗节点转动刚度取为 1500kN·m/rad，五节苗为 1000kN·m/rad。牛头与苗杆采用仅能传递压力的缝单元模拟搭接。将廊屋自重转化为等效均布荷载作为初始状态，等效荷载取 1.5kN/m^2。计算工况为：100 年一遇、200 年一遇、500 一遇的洪水荷载。

3.2　结构安全性分析

木拱廊桥构件连接处、支座处、搭接处只承压不承拉，因此可通过分析以上位置处的受力变化来间接评估木拱廊桥结构的安全性能。

1. 支座反力

木拱廊桥两端拱脚位置是以水平横木为底座连接三、五节苗系统和将军柱，在横木处选取若干个点位设置铰接支座进行分析。结果显示三个工况均只在第一个支座点出现竖向和跨向的负值，其余均未出现。将所有工况下的支座反力最值进行比较（表 1），随着洪水的增强，桥身对桥台的水平力迅速增大，这对桥台的土体抗剪能力要求较高；同时，竖向力和跨向力都呈现出负向值（表征支座对结构作用拉曳力）快速增大而正向值（表征支座对结构作用支承力）缓慢增大的特点，说明水流的增强使得桥身迎水面在上抬，廊桥呈现向后倾翻的趋势。

表 1　不同频率设计洪水支座反力情况

洪水重现期	水平力（N）		竖向力（N）		跨向力（N）	
	负向最大值	正向最大值	负向最大值	正向最大值	负向最大值	正向最大值
100 年	−2641.64	113.63	999.32	19827.79	−1586.99	28098.48
200 年	−3193.52	0.00	−272.56	20498.86	−2498.26	28683.34
500 年	−4902.80	0.00	−4877.74	23615.72	−4920.23	29836.48

2. 轴向力

如图 6 所示为三节苗和五节苗系统苗杆的轴向力分布值，图中显示轴向力均为负值，即在目前的工况下杆件受压，系统内的苗杆连接处未出现拉力。随着洪水强度的增大，两个系统轴向力的变化不大，这说明苗杆连接处的稳固性主要依赖于廊屋自重加持，洪水的变化对其影响不大。

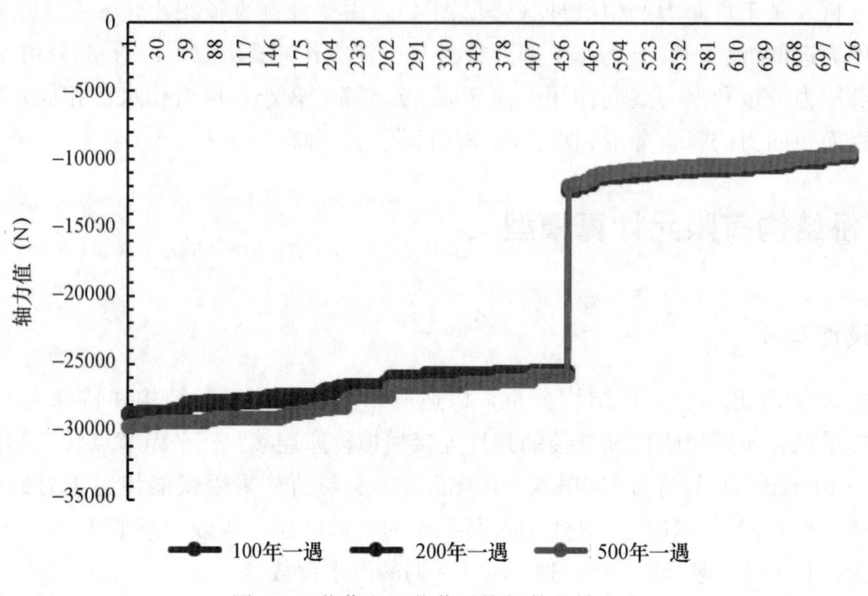

图 6　三节苗和五节苗系统杆件的轴向力

3. 搭接点受力

模型输出缝单元的结构力如图 7 所示（三个工况类似）。只有三节苗和五节苗上部牛头的缝单元产生压力，五节苗的中部牛头和底部牛头没有压力值，说明在当前工况下，这两处已经出现了构件脱离的不安全情况。

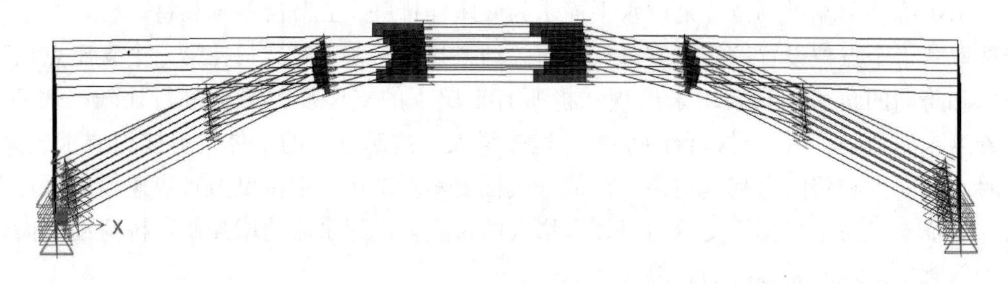

图 7　缝单元结构受力图

4　结论

本文提供了一种基于有限元模拟的洪水荷载分布和结构安全性能的分析方法，主要结论如下：（1）洪水荷载产生的水平作用力沿水流方向呈现前置位杆件均匀分布，最后一根苗杆明显增大的现象；沿水深方向呈上小下大的线性分布。竖直作用力沿水流方向均匀分布；水深方向上，浮力均匀作用于水面至拱脚处的全杆，方向竖直向上；负向力的竖直分量均匀作用于下表面过水而上表面没有水流的部分苗杆，方向竖直向下。（2）洪水来临时，最先出现结构脱离的是五节苗中部和下部牛头位置的搭接结构；其次是底部支座，拱脚处平苗易在迎水处翘起，使得廊桥整体向后倾倒。同时，在洪水强度不断增大的过程中，桥台基础会受到持续增长的剪切力，因而桥梁安全很大程度上取决于基础的稳固性。(3) 五节苗系统内的杆件榫接相对比较安全，在廊屋未受到毁坏时不易出现脱开的现象。

参考文献

[1] 欧加加．木拱廊桥受力机理的有限元分析［D］．杭州：浙江大学，2014.

[2] 杨枭枭，及春宁，陈威霖，等．三角形排列圆柱绕流尾流模式及其流体力特性［J］．水动力学研究与进展（A辑），2019，34（01）：69-76.

基于长期受荷试验数据的木材寿命区间预测模型分析方法

王忠铖　杨　娜

（北京交通大学土木建筑工程学院 北京 100044）

摘　要：木材剩余寿命预测研究是木结构保护工作的研究关键，且一般采用 Gerhards 累计损伤理论进行预测，然而基于该累计损伤理论预测的木材寿命也存在与实际结果差异较大的现象。对于木材寿命预测这一实际问题，单一曲线模型预测的试件破坏时间极有可能大于试件实际的破坏时间，因此预测结果在实际应用中是不安全的。针对这一问题，本文提出了一种基于长期受荷试验数据的木材寿命区间预测模型，该方法相对于传统的单一曲线预测模型能够更好地反映试验数据的分布特征，同时研究发现基于试验数据分位数拟合的预测模型较基于数据服从 T 分布假设拟合的预测模型能更完整地涵盖试验数据点。

关键词：木材；Gerhards 模型；寿命预测；区间预测模型

Analysis Method of Wood Life Interval Prediction Model Based on Long-term Load Test Data

Wang Zhongcheng　Yang Na

（School of Civil Engineering，Beijing Jiaotong University，Beijing 100044）

Abstract：The prediction of the remaining life of wood is the key to the study of wood structure protection，and Gerhards cumulative damage theory is generally used for prediction. However，the wood life predicted based on the cumulative damage theory is also quite different from the actual results. For the actual problem of wood life prediction，the failure time of the specimen predicted by the single curve model is very likely to be greater than the actual failure time of the specimen，which makes the predicted result to be unsafe in practical applications. To solve this problem，this paper proposes a wood life interval prediction model based on long-term load test data. Compared with the traditional single curve prediction model，this method can better reflect the distribution characteristics of the test data. At the same time，the study found that the predictive model fitted by quantiles can cover the experimental data more completely than the model fitted based on the assumption that the data obey the T-distribution.

Keywords：wood；Gerhards cumulative damage theory；life prediction；interval prediction model

1 引言

木材在荷载的长期作用下强度会降低，且施加的荷载越大，木材能经受的时期就越短[1]。1950—1980年期间，国外学者对木材长期强度进行了大量的试验研究并获得了丰富的基础数据资料[2,3]。1979年，Gerhards基于研究金属疲劳破坏的Miners准则[4]提出了一种线性累积损伤理论，用以解释木材在长期受荷中强度降低的现象[5]，这一理论的数学模型为指数形式：

$$\frac{\mathrm{d}\alpha}{\mathrm{d}t}=\exp\left[-A+B\frac{\sigma(t)}{\sigma_s}\right] \tag{1}$$

式中，$\sigma(t)$ 为外应力；σ_s为木材的短期试验强度；α 为损伤累积量，其变化范围为［0，1］，当$\alpha=0$时，表示结构无损伤，当$\alpha=1$时，表示结构失效；A 和 B 为拟合参数。

Gerhards模型形式简单，因此许多对木材长期受荷性能的研究均建立在这一模型的基础之上[6,7]。然而，对于木材寿命预测这一实际问题，单一曲线模型预测的试件破坏时间极有可能大于试件实际的破坏时间，因此预测结果在实际应用中是不安全的。针对这一问题，本文提出了一种基于长期受荷试验数据的木材寿命区间预测模型，以改进单一曲线模型的预测精度。

2 基于长期受荷试验数据的木材寿命区间预测模型

2.1 Gerhards模型的简化

Gerhards试验共有两类加载方式，即线性加载和恒定加载。对式（1）进行积分，可以推导出木材破坏时间 FD 与加载速度 k 或荷载等级 SL 的关系：

$$FD_r=\left[\ln\left(\frac{B\cdot k}{P}\right)+A\right]\frac{P}{B\cdot k} \tag{2}$$

$$FD_c=\exp(A-B\cdot SL) \tag{3}$$

式中，P 为单位换算系数；FD_r、FD_c分别为线性加载破坏时间和恒定加载破坏时间，单位为分钟。试验中恒定加载工况与木结构构件的实际受荷形式相近，对于此工况，Gerhards模型给出了木材从受荷开始直至破坏的时间与其所受的荷载等级之间的关系。本文对于长期受荷试验数据的拟合均采用Gerhards模型。

2.2 寿命区间预测模型分析方法

本文以基于Wood长期试验数据[2]的木材寿命区间预测模型为例进行说明。

对于Wood的木材长期受荷试验数据，分别记 SL 等于95%、90%、…、60%时为 SL-1、SL-2、…、SL-8。文献［8］指出同一档 SL 下所有试件破坏时间的对数 $\ln FD_c$

服从正态分布。基于此假设，在试验数据有限的情况下，$\ln FD_c$服从 T 分布[9]。则每档 SL 下所有$\ln FD_c$的 95%置信区间的上、下限值 $X_{i,u}$和 $X_{i,l}$可由下式计算：

$$X_{i,u(l)}=\overline{X}_i \pm \frac{S_i \cdot t_i}{\sqrt{N_i}} \quad (i=1，2，\cdots，8) \tag{4}$$

式中，$\overline{X}_i$为每档 SL 下 $\ln FD_c$的均值；S_i为标准差；N_i为数据量；t_i为双尾 T 分布的 t 值。其中 $i=1$，2，…，8，代表 SL-1～SL-8。上述统计量汇总于表 1。

表 1　Wood 长期恒定荷载试验数据的统计量

统计量	SL-1	SL-2	SL-3	SL-4	SL-5	SL-6	SL-7	SL-8
名义 SL_i	95%	90%	85%	80%	75%	70%	65%	60%
$\overline{SL}_i$	94.77%	90.37%	85.17%	80.03%	75.04%	70.02%	65.10%	60.03%
N_i	15	16	16	19	15	20	10	12
$\overline{X}_i$	2.69	4.69	4.63	8.22	9.85	11.71	13.20	13.52
S_i	0.78	1.56	1.65	1.81	1.89	1.17	0.93	0.81
t_i	2.14	2.13	2.13	2.10	2.14	2.09	2.26	2.20
$X_{i,u}$	3.12	5.52	5.51	9.09	10.90	12.26	13.86	14.04
$X_{i,l}$	2.26	3.85	3.75	7.34	8.80	11.16	12.54	13.00

由式（3）可知，木材在承受恒定荷载时 SL 与 FD_c存在以下关系，

$$SL=m-n \cdot \ln FD_c \tag{5}$$

式中，m 和 n 为待拟合参数。

将表 1 中每档 SL 下［$\overline{SL}_i$，10^（$\overline{X}_i$）］的点拟合为式（5）的形式，称此模型为均值模型。同理，分别对每组［$\overline{SL}_i$，10^（$X_{i,u}$）］和［$\overline{SL}_i$，10^（$X_{i,l}$）］拟合曲线，分别称为上限模型和下限模型（图 1）。以上三个模型均基于 $\ln FD_c$服从 T 分布的假设，因此统称为 T 分布模型。由于 FD_c是由 $\log FD$ 反算得到的，因此上、下限模型包络区间过度向均值模型靠拢，导致仍然有大量试验点落在区间之外。

作为对比，参考文献［1］中使用 5%分位值确定清材小试件强度标准值的方法，直接使用每档 SL 下试件失效时间 exp（$X_{i,j}$）的 5%分位值和 95%分位值进行参数拟合，其中 $i=1$，2，…，8；$j=1$，2，…，N_i。即分别使用每档 SL 下［$\overline{SL}_i$，95% percentile of exp（$X_{i,j}$）］和［$\overline{SL}_i$，5% percentile of exp（$X_{i,j}$）］拟合曲线，分别称为 95%模型和 5%模型。同理可以拟合出中值模型。以上三个模型均由分位数直接拟合而得，因此统称为分位数模型，如图 1 所示。以上两类模型中的参数 m、n 值统计于表 2 中。

由图 1 和表 2 可见，均值模型和中位数模型十分接近，这就说明 T 分布模型与分位数模型在相对于试验数据点的位置上是近乎“同心”的，只是包络宽度不同。

综上所述，使用寿命区间预测模型可以改进单一曲线模型的预测精度。同时，由于 95%、5%模型较上、下限模型能涵盖更多的试验数据点，因此本文建议对基于长期受荷试验数据的木材寿命区间预测模型的拟合采用分位数模型的计算和分析方法。

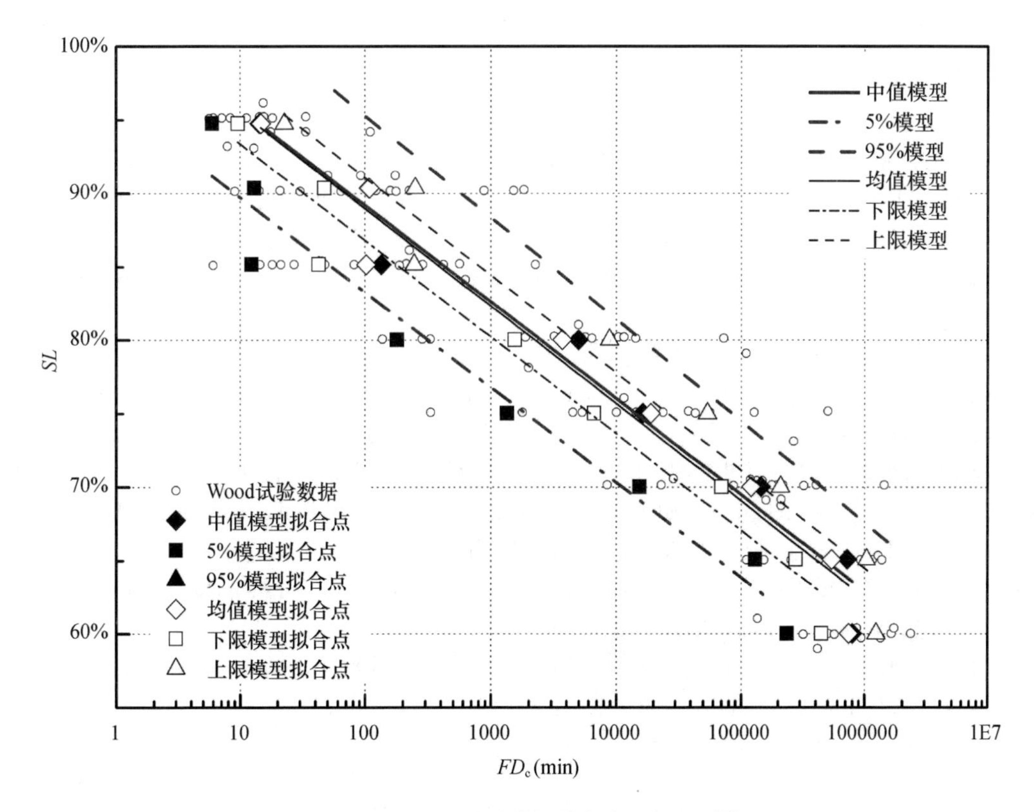

图 1　基于 Wood 试验数据的寿命区间预测模型

表 2　基于 Wood 试验数据的寿命区间预测模型的参数

模型总称	模型名称	模型参数		校正决定系数
		m	n	
T 分布模型	均值模型	1.0221	0.0288	0.962
	下限模型	0.9995	0.0286	0.962
	上限模型	1.0436	0.0289	0.956
分位数模型	中值模型	1.0232	0.0285	0.964
	5%模型	0.9620	0.0281	0.955
	95%模型	1.0914	0.0301	0.891

3　结论

通过本文分析发现，基于长期受荷试验数据的木材寿命区间预测模型较传统的单一曲线预测模型能够更好地反映试验数据的分布特征，在拟合模型时基于分位数拟合的预测模型较基于数据服从 T 分布假设拟合的预测模型能更完整地涵盖试验数据点。需要注意的是现有文献中木材长期受荷试验大多开展于隔绝环境因素影响的实验室条件，因而模型不具有预测实际环境中木结构构件寿命的能力，实际使用中的木材寿命预测问题必须引入环境影响因素或基于真实环境条件下的试验数据。

参考文献

[1] 龙卫国．木结构设计手册［M］．第三版．北京：中国建筑工业出版社，2005：20-22.

[2] Wood L. Relation of strength of wood to duration of load［R］. United States：Forest Products Laboratory，Madison，WI，Report No. 1916，1951.

[3] James W L. Static and dynamic strength and elastic properties of ponderosa and Loblolly pine［J］. Wood Science. 1968，1（1）：15-22.

[4] 亚伯·斯海维．结构与材料的疲劳［M］．第二版．北京：航空工业出版社，2014：237-262.

[5] Gerhards C C. Time-related effects of loading on wood strength：a linear cumulative damage theory［J］. Wood Science，1979，11（3）：139-144

[6] 李瑜．古建筑木构件基于累积损伤模型的剩余寿命评估［D］．武汉：武汉理工大学，2008.

[7] Qin S J，Yang N. Strength degradation and service life prediction of timber in ancient Tibetan building［J］. European Journal of Wood and Wood Products，2017（4）：1-17.

[8] Gerhards C C，Link C L. A cumulative damage model to predict load duration characteristics of lumber［J］. Wood and Fiber Science，1987，19（2）：147-164.

[9] Moore，David S. Introduction to the Practice of SATISTICS［M］. 7th International Edition. New York：W. H. Freeman and Company，2012：401.

古建筑木结构无损检测方法综述

刘欣媛　许　臣　梁宁博

（中冶建筑研究总院有限公司 北京 100088）

摘　要：本文针对当前古建筑中木质结构的无损检测技术方法进行了汇总对比，分析说明了各种检测方法的优劣性及存在的问题，为行业技术人员提供参考。

关键词：古建筑；木结构；无损检测

Summarizes the Non-destructive Testing Methods of Wood Structures of Ancient Buildings

Liu Xinyuan　Xu Chen　Liang Ningbo

（Central Research Insitute of Building and Construction Co.，Ltd.，Beijing 100088）

Abstract：Summarizes and compares the non-destructive testing methods of wood structures of ancient buildings，explained the advantages and disadvantages of various detection methods and the existing problems，which provides reference for technical personnel.

Keywords：ancient buildings；wood structures；non-destructive testing

1　引言

我国是一个历史悠久、幅员辽阔的国家，建筑结构形式多种多样，中国的古代建筑主要以木结构为主，木结构文物建筑形式独特，具有历史、艺术、人文以及美学上的价值，是古代历史文化遗产的重要组成部分。由于木结构本身的特性加上自然和历史原因，木构件极其容易产生缺陷和损坏，有些腐蚀是从外部开始的，而有些腐蚀则是从内部开始的，木构件的这种不可抗性是结构建筑中一个不可忽视的问题，它严重影响着整个建筑结构的外观和力学性能，影响建筑结构的安全。如何及时、有效地检测出木结构中的缺陷，使用何种有效的检测设备、检测方法一直是古建筑木结构从业人员面临的难题[1]。所以要想做好古建筑木结构的检测工作，保护好木结构古建筑，有必要对木结构的缺陷成因进行分析，并对木结构的无损检测方法进行研究。

2　木结构缺陷的成因

木结构是一种生物材料，是由木质素、各种纤维素和半纤维素等有机物组成的结构，在生长和使用过程中会产生构造缺陷、形状缺陷，易产生虫蛀和腐蚀。同时木构件局部长期受力，尤其是起主要承重作用的构件，会导致安全隐患。木材缺陷主要有木材节子、开裂、槽朽和蛀蚀几种现象[2]。

（1）木材节子

木材节子存在树干或者主枝木质部的枝条部分，虽然是树木生长过程中的正常现象，但在木材利用上是一大缺陷，对木材质量的影响非常大。

（2）木结构开裂

木结构开裂是由于木材在长期使用过程中，出现产生干缩和湿胀的现象，造成木材开裂，产生干缩裂缝。同时木结构古建筑中的主要构件例如梁、柱还承受着各种外力作用，在柱身和梁身会产生劈裂裂缝。

（3）木结构槽朽

木结构古建筑的部分构件，长期处在潮湿环境中，在真菌，例如木腐菌菌丝、变色菌、霉菌等作用下会产生糟朽。糟朽主要存在柱根、屋架支座、梁柱节点等处。

（4）蛀蚀

主要由于昆虫的蛀蚀，包括白蚁、木蠹虫、粉蠹虫等。虫蛀现象可能存在于木结构中任何部位，严重危害木结构建筑的安全。

3 木结构缺陷检测方法

古建筑木结构传统的检测手法以目测法、尺量法、敲击法为主、虽然操作简单，但是检测结果多依赖检测人员的经验。且传统的“看、摸、敲”方式无法准确地得出木结构内部残损情况、残损类型、残损等级等，难以对木材内部缺陷做出准确的判断。由于木结构的特殊历史意义和价值，近些年在对其进行检测时多采用无损检测技术。

国外的木结构无损检测技术早在20世纪50年代就开始研究，相对于国外的无损检测技术，我国木结构无损检测技术起步比较晚，但随着我国古建筑保护事业的发展，在木结构的检测中，逐步引进了一些国外先进的检测设备，如皮罗钉、应力波扫描仪、阻力仪等。木材的无损检测技术可以在不破坏木材的外观性状、内部结构和力学特性的条件下，对木材的内部的缺陷进行测定，并获得检测结果。下面就各种无损检测方法逐一进行分析。

3.1 皮罗钉

皮罗钉最早出现在瑞典，是专门用于电线杆安全检测的一种仪器，目前已广泛应用于古建筑木结构的检测中，其检测的原理是将一个直径2.5mm的钢钉以固定大小的力射入木材，以钉子射入木材的深度表示检测结果[3-4]。根据射入的深度值能定性判断木结构的腐蚀情况，但是不能定量评价木材腐蚀的变化情况，这就使皮罗钉的检测结果应用价值大打折扣。皮罗钉的检测值主要受木材密度和硬度两项指标影响，而其中的密度检测方法很多，且方便快捷。因此如果建立木材密度与皮罗钉检测值间的回归模型，就可以对皮罗钉检测结果进行定量评价。

3.2 应力波检测

应力波检测常用的仪器有应力波检测仪、三维应力波断层扫描仪。两者的工作原理类似，是通过传感器来对声波速度和振动波速的方法进行检测，该方法主要用于对木构件内部缺陷的检测。其使用方法是在木构件上布置一周传感器，依次敲击安装在木构件上的传感器，使之产生应力波，根据应力波的传播速度，经过系统分析处理，可显示木构件截面内部缺陷的图像（图 1）。三维应力波断层扫描仪是在应力波检测仪的基础上，通过同时、多点布置多个传感器，实现多方向多路径多截面的检测。二维平面截取的图像越多，最终显示的三维图像就越准确。

图 1　应力波检测木材内部缺陷

应力波检测方法可快速获取木结构检测截面的二维图形，内部缺陷较小时误差比较大，为了获取更加精确的检测结果可以增加截面测点，当内部缺陷面积大于整个测试截面面积的 1/4 时，应力波检测误差值逐渐减小[5]。

3.3 阻力仪检测

阻力仪的工作原理是利用微型钻针在电动机驱动下，以恒定速率钻入木材内部，在构件指定的路径上，通过系统采集钻针在木材中产生的阻力大小，显示出阻力曲线图像。这种检测方法可以根据阻力曲线，较为准确地检测出该路径上缺陷的大小，得出缺陷的平面图，分析出木材内部腐朽、裂缝以及节子等具体状况。目前微钻阻力仪主要用于木材内部的腐朽、裂缝等缺陷的判断。

阻抗仪对单路径下木结构内部缺陷能够准确判断缺陷位置以及缺陷类型。当内部缺陷较小时阻抗仪检测结果较为准确，但是当内部缺陷面积扩大后，阻抗仪检测误差将会变大[5]。

3.4 超声波检测

超声波无损检测技术是利用超声波脉冲从木结构的一端进入，经过穿透、反射、衰减、再被另一端的传感器接收，通过提取不同的超声波信号参数（传播时间、波速、能量峰值、频率等）并进行处理，实现对木质结构的检测[6]。不同的超声波参数，可用来检测木材表面缺陷、内部腐蚀以及弹性模量等，也可用于评价木制品的开裂和老化。

对大木结构做无损探伤，可以精确地测定构件损害部位、大小和损伤程度等。但是由于在实际操作中，发射端和接收端要和被测结构件紧密的贴合，需要用到耦合剂，这对于初次使用人员的熟练程度要求较高，同时由于超声波自身频率带宽的局限性，对不同种结构敏感度不一，这些缺点在某些情况下影响了测试的使用范围和准确度。

3.5 模态测试方法

模态测试方法又称动力测试方法，它是对结构进行模态测试，使用一弹性力锤对结构进行激励，使用振动加速度传感器也可以是非接触式声压传感器或是应变片进行响应测试，然后使用专用的模态分析软件进行结构传递特性分析，得到结构的固有频率、阻尼和振型动画。结构本身如果含有节子、开裂、腐蚀的情况会改变结构的模态参数（频率、阻尼和振型动画），进而判断结构是否有损伤的情况发生。模态测试技术这方面，北京东方所一直走在行业前沿，笔者曾多次对木质结构进行模态测试，获得了较好的模态结果。北京林业大学张厚江等[7]利用模态振动法对木材弹性模量进行了较深入的研究。模态测试对于大的损伤缺陷检测比较有效，但是小的损伤对结构动力参数影响较小。模态测试应用于结构损伤识别比较复杂，需要做更深入的研究。

4 结语

古建筑是中华文明的瑰宝，古建筑的保护越来越受到重视。古建筑木结构缺陷的检测，也随着科技水平的提高得到了不断地发展。因此在今后的工作中，应不断提高检测技术，采用多种方法联合检测，提高检测结果的精度和准确度。古建筑木结构检测，不仅局限于检测缺陷，更重要的是对于整体建筑的评估（图 2）。

（1）在检测设备方面，发展多角度、多方位探测的无损设备，便于高空悬挂和空间狭窄处等木构件检测；

（2）在检测技术上，采用多种方法联合检测，提高检测结果的精度和准确度；

（3）在检测理念上，不再局限于检测单一的缺陷，更侧重于整体建筑的评估。

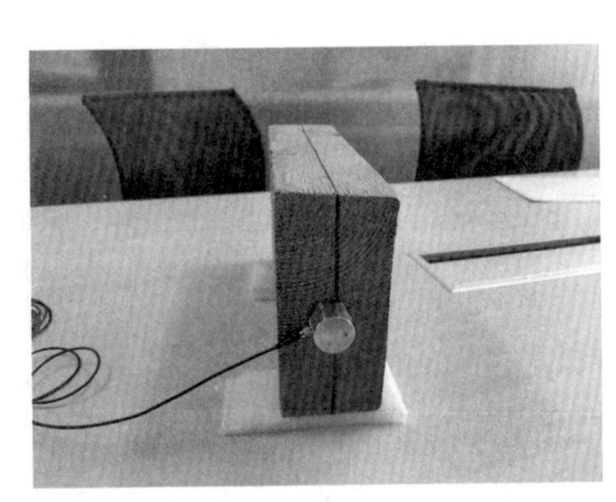

图 2　木结构固有频率测试

参考文献

[1] 徐帅，郭小东，黄瑞乾，等．基于层次分析法的古建筑木结构安全性评估方法［J］．工业建筑，2016，(12)．

[2] 黄荣凤，伍艳梅，李华，等．古建筑旧木材腐朽状况皮罗钉检测结果的定量分析［J］．林业科学 2010，46 (10)：114-118.

[3] 王耀国，郭小东，苏经宇，等．残损对木结构古建筑的影响及加固方法［J］．低温建筑技术，2015.

[4] 廖春晖，张厚江，黎冬青，等．古建筑木构件缺陷检测方法发展现状［J］．森林工程，2011.

[5] 常丽红，戴俭，钱威．基于 Shapley 值的古建筑木构件内部缺陷无损检测［J］．北京工业大学学报，2016.

[6] 王欣，申世杰．木材无损检测研究概况与发展趋势［J］．北京林业大学学报，2009，31 (1)：202-205.

[7] 张厚江，申世杰，崔英颖，等．振动方法测定木材弹性模量［J］．北京林业大学学报，2005，27 (6)：91-93.

三、砖石结构类

基于预防保护的石质文物建筑稳定性勘察

刘　音

（中兵勘察设计研究院有限公司 北京 100053）

摘　要：多佛塔为八角形密檐式石塔，共十三级，建于唐贞观四年（630 年），名曰多宝佛塔，坐落在山东省平阴县玫瑰乡刘店村南的翠屏山山顶。检测主要采用高密度电法、面波及背包钻对其基础进行勘察，采用全站仪对变形现状进行测绘，并利用无人机对其现状病害进行勘察，综合评价其安全稳定性。

关键词：高密度电法；面波；变形现状；病害勘察

Stability Survey of Stone Cultural Relics Based on Preventive Protection

Liu Yin

（China Ordnance Industry Survey and Geotechnical Institute Co.，Ltd，Beijing 100053）

Abstract：The Pagoda is an octagonal dense eaves stone tower with 13 levels. It was built in the fourth year of Zhenguan Tang（630 AD）. It is called the DuoFo Pagoda. It is located in Cuiping Mountain，south of Liudian Village，Rose Township，Pingyin County，Shandong Province Mountain top. The detection mainly uses high-density electrical method，surface wave and backpack drill to survey its foundation，uses a total station to survey the current deformation status，and uses an unmanned aerial vehicle to survey its current disease and comprehensively evaluate its safety and stability.

Keywords：high-density resistivity technique；transient surface wave exploration；deformation；disease prospecting

1　引言

平阴县地处泰山山脉西延余脉与鲁西平原的过渡地带，地势南高北低，中部隆起，属浅切割构造剥蚀低山丘陵区。多佛塔坐落在平阴县玫瑰镇翠屏山山顶（图 1），由于年久失修，塔体已出现不同程度的残损，存在安全隐患。

图 1　多佛塔现状

2　现场检测

2.1　地层岩性

本次勘察的钻探工作使用便携式背包钻机进行（图 2、图 3），将场地地层划分为两大层，分述如下：

图 2　钻探现场

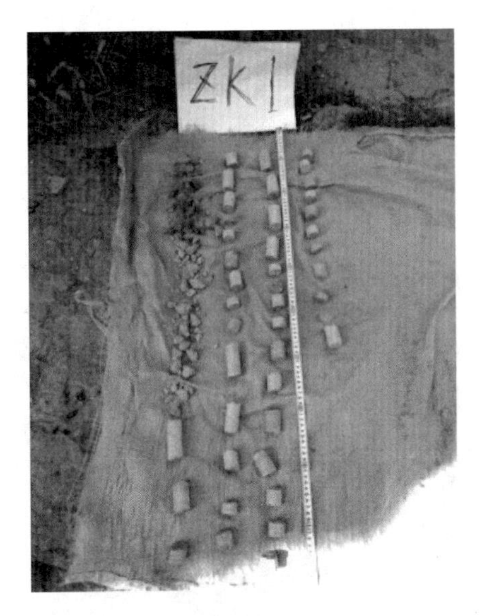

图 3　钻孔揭露的岩芯

（1）人工堆积层（Q_4mL）：①块石：杂色，块径约 0.30～0.60m，黏性土充填。本层厚度为 0.30～0.50m，层底标高为 229.18～229.48m。

（2）九龙群三山子组白云岩（$\in_3$-O_1jS）：②强风化白云岩：灰白色，原岩结构基本破坏，岩芯多呈碎块状。本层揭露厚度为 0.30～0.95m。$②_1$中等风化白云岩：灰白色，水平层理，层厚 0.02～0.10m。本层揭露厚度为 2.90～4.05m。

本次勘察在现场岩体采取原状岩样 4 块进行室内试验，饱和抗压强度为 6.00～38.87MPa，平均值为 25.76MPa，属较软岩。

依据《建筑地基基础设计规范》（GB 50007—2011）第 5.2.6 条，经计算，中等风化白云岩的承载力特征值为 3.00MPa，强风化白云岩的承载力特征值为 0.40MPa。

2.2　地表水及地下水条件

场地地下水类型主要为碳酸盐岩类裂隙岩溶水，本次勘察在钻探深度范围内均未见地下水。项目场地地下水位埋藏深度较深，可不考虑其对主要建筑材料的腐蚀性。

2.3　抗震设防烈度

场地地震动峰值加速度为 0.10g，场地抗震设防烈度为 7 度，设计地震分组为第二组，设计基本地震加速度值为 0.10g。

3　基础调查

3.1　探槽

探槽布置在塔体的西侧，探槽表明：外围加固的塔基直接坐落在强风化～中等风化白云岩上，埋深约 0.30～0.50m。

3.2 地球物理勘探

(1) 高密度电法及成果分析

现场共布置测线 4 条，每条测线分别使用温纳及施伦贝谢尔两种装置进行探测，成果分析见表 1。

表 1　高密度电法探测分析示意表

测线编号	成果分析	剖面图
G1—G1′	整条剖面视电阻率值变化较平稳，在剖面0～10m，深度－6～0m 出现异常，推测为坡积物～强风化的反映；在剖面 16～20m、深度－11～－9m 出现异常，推测为岩溶发育的反映	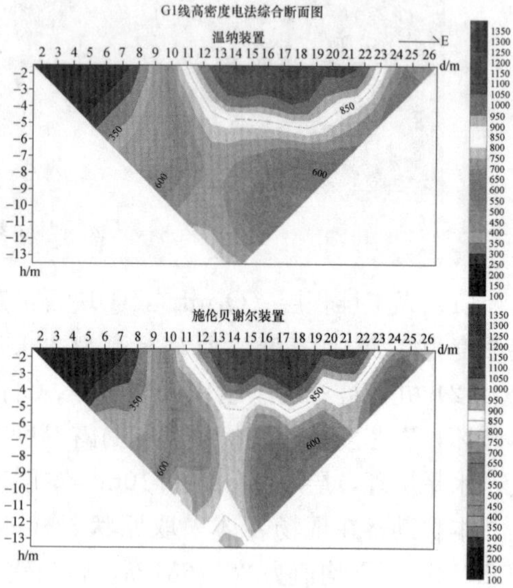
G2—G2′	整条剖面视电率值变化较平稳，在剖面 4～7m、深度－6～－3m 出现异常，推测为坡积物～强风化的反映；在剖面 12～14m、深度－6.5～－2m 出现异常，推测为岩溶发育的反映	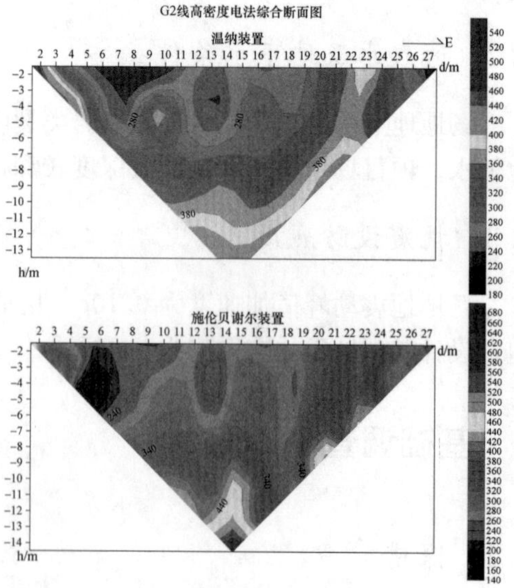

（2）面波及成果分析

采用SE2404EP综合工程探测仪采样，成果分析见表2。

表2　面波法探测分析一览表

测点编号	成果分析	频散图
M1	该点浅部V_s值为600～800m/s，0～1.3m为中等风化白云岩反映。在深度2m、4m处出现之字形拐点，推测为岩溶发育；2m以下波速值增长迅速，及4m以下为中等风化	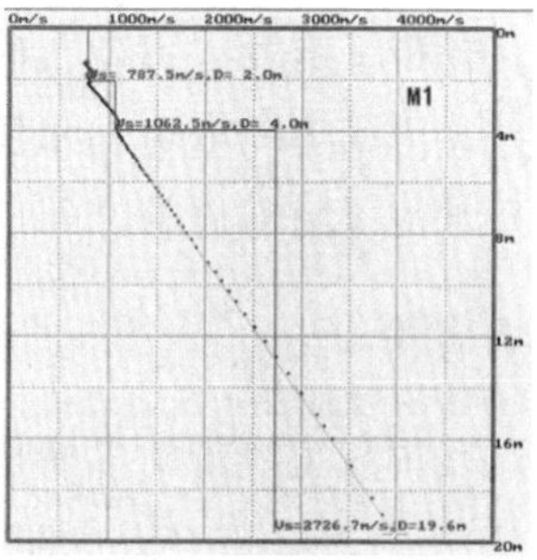

4　变形现状

4.1　高程现状测量

观测数据反映了多佛塔高程数据的分布规律（图4）。

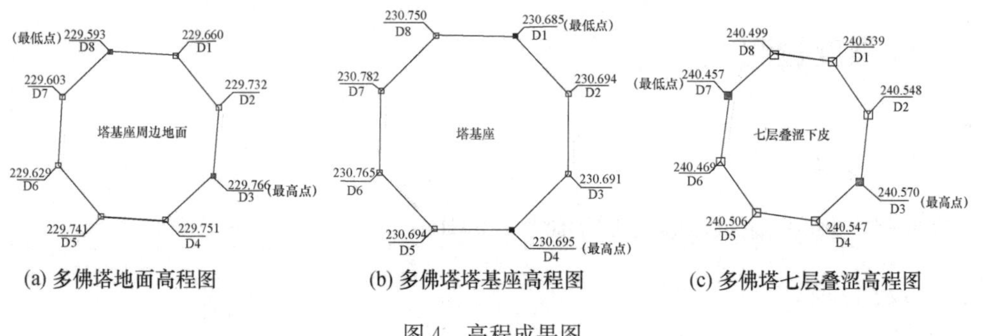

图4　高程成果图

4.2　倾斜现状测量

本体现状倾斜测量依据测量数据绘制多佛塔各立面倾斜示意图，塔心向西北方向偏移，偏移值为549.2mm。

5　现状病害勘察

5.1　现状残损、病害勘察

依据《石质文物病害分类与图示》（WW/T 0002—2007），多佛塔病害主要为以下7

大类 20 种：

（1）生物病害：植物病害、微生物病害、动物病害；

（2）机械损伤：断裂、残损、砌体压碎；

（3）表面风化：表面泛盐、表面粉化脱落、表层片状脱落、表面溶蚀、酥碱；

（4）裂隙：机械裂隙、风化裂隙、构造裂隙；

（5）移位：滑移、错位、倾斜；

（6）表面污染与变色：水锈结壳、人为干预；

（7）水泥类材料修补。

5.2 病害分析

通过残损病害统计对多佛塔病害进行分析（图 5）。

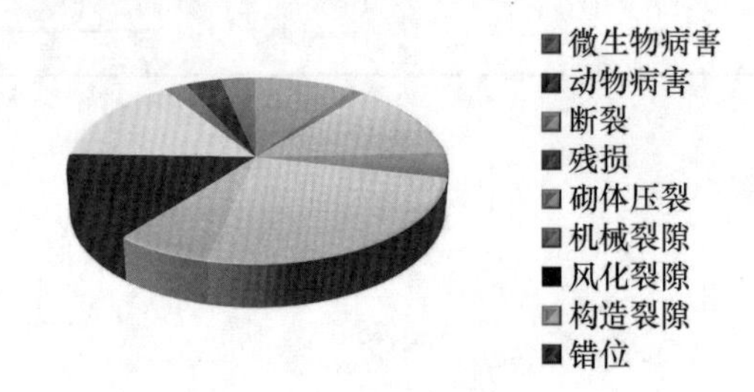

图 5　多佛塔综合病害分析图

6　本体强度检测

6.1 砌筑砂浆强度

经检测，砌筑砂浆抗压强度推定值为 1.5MPa。

6.2 石材强度

经检测，石材强度等级评定为 MU100。

7　结论

（1）项目场地地质构造简单，除下部岩溶发育外，不存在其他类型的地质灾害现象。

（2）多佛塔的主要病害为裂隙类病害，因年久失修，石块间的灰浆风化剥落，在荷载的长期作用下，使得塔身整体结构发生形变导致。

（3）多佛塔塔身向西北方向偏移角度为 1°4′47.4″，塔体偏移值为 329.2mm，塔心偏移值为 549.2mm。

（4）多佛塔塔身存在多处裂缝，最大宽度为 15.0mm，参照《民用建筑可靠性鉴定标准》(GB 50292—2015),毛石砌体构件安全性评级为 d_u 级。塔身整体最大倾斜率为 18.85‰,上部承重结构安全性等级评为 D_u 级。

综合分析,参考《民用建筑可靠性鉴定标准》(GB 50292—2015)第 9.1.2 条,该工程(鉴定单元)安全性等级评为 D_{su} 级,已严重影响整体承载,应尽快采取加固措施。

参考文献

[1] 王仕昌,绳怀海,毛福仁,等.平阴县环境地质与地质灾害防治探析 [J].山东国土资源,2012 (11):28-11.

东岳庙大殿砖石研究

邵涵春

（中冶建筑研究总院有限公司 北京 100088）

摘　要：据东岳庙内现存唯一一块碑记记载，西安东岳庙始建于大宋政和六年（1116年），距今已有九百余年历史。西安城也由京兆府城变为了西安府城，府城的基址规模在不断变化，东岳庙与西安城市地理的关系也在不断变化。但是东岳庙大殿的位置没有发生变化，因此它的砖石除了历史修缮，没有受到大程度损毁。砖石作为东岳庙大殿重要的材料之一，处于建筑的显要位置，记载了该建筑大量的历史信息，承载了重要的历史价值。因此从砖石入手，研究东岳庙的历史是可行的。

关键词：东岳庙大殿；砖石；形制；历史

Research on The Brick and Stone of The Main Construction in The Dongyue Temple

Shao Hanchun

（MCC Construction Research Institute Co.，Ltd，Beijing 100088）

Abstract：According to the only existing stele in the Dongyue Temple，Dongyue Temple in Xi'an was built in the sixth year of Zhenghe of the Song Dynasty（A. D1116），and has a history of more than 900years. Xi'an has also changed from Jingzhaofu to Xi'an. The scale of the Xi'an is constantly changing，and the location relationship between Dongyue Temple and Xi'an is also constantly changing. However，the location of the main construction in the Dongyue Temple has not changed，so its bricks and stones have not been damaged a lot except for historical repairs. As one of the important materials of the main construction in Dongyue Temple，bricks and stones is in a prominent position of the building，which records a lot of historical information of the building and carries important historical value. Therefore，starting with bricks and stones，it is feasible to study the history of Dongyue Temple.

Keywords：the main construction in the Dongyue Temple；brick and stone；style and structure；history

1　引言

据《咸宁长安两县续志》、《西安通览》、《明清西安词典》、《西安满族》等著作记载，北宋政和年间（1111—1118 年）陕西关中久旱无雨，道士于净中邀集父老百姓在东岳庙一带设立道场祈雨成功，连下及时雨，当年秋粮丰收。道士遂募化钱物，在当地修筑大殿一座，用以祭祀神灵。后世奉东岳为泰山神，所以叫东岳庙，自创建后历来为道教庙观。

长安城内东岳庙位于西安市东门内昌仁里，据记载始建于北宋政和六年（1116年），元代庙宇被毁，明弘治年间、万历十年及清光绪二十一年都有过扩建或修葺，是长安城内著名的道教庙宇之一。从其殿内残留的壁画、彩画仍可感受到它曾经的盛况。

东岳庙的砖石部分主要分为墙体铺砖、地面铺砖和柱础三个部分。主要从它们的砌筑工艺及残损情况研究它们所携带的历史信息。

2 东岳庙概况

2.1 南宋、金、元时期

陈聪在“西安东岳庙保护”论文中将南宋、金时期的东岳庙定为衰败时期，主要依据为庙院保留下来的重修庙宇的碑记所载，南宋、元时期观院被毁。但根据东岳庙现存的唯一一块碑记《弘治五年碑》中所述大宋政和六年（1116 年）始建，绍熙二年（1191 年）、中统四年（1263 年）、延祐六年（1319 年）、至正十五年（1355 年）亦各葺理之，绍熙二年为南宋时期，中统四年、延祐六年、至正十五年为元时期，均有庙宇修葺的记载，另有记载的庙中碑文（嘉靖二十一年碑记、万历三十年碑记、道光二十三年重修碑记、光绪二十一年重修碑记）无从查证。据此，南宋、金、元时期的东岳庙应并未被毁，反而多有修葺，但除此碑记外再无其他文献为其南宋、金、元时期的历史提供佐证或提供更详细的修缮细节。因此应将这一时期定为西安东岳庙模糊时期。

值得一提的是，西安东岳庙所处的京兆府在南宋时期处于战乱之地，南宋政权与金国对陕地的实际控制有诸多变化，总体来说，南宋政权仅仅在绍兴十一年（1141 年）之前的短短十四年内拥有对京兆府的管辖权，绍兴和议之后，南宋向金称臣并将陕西秦大散关以北之地割让给金国。因此《弘治五年碑》中所记“绍熙二年”（1191 年）京兆府应为金国管辖，实际年号应为金明昌二年（1191 年），碑中使用南宋年号记载应是明朝立碑时认为金朝为外族入侵，故而用南宋本族年号记载。

2.2 明代扩城运动对东岳庙的影响

明洪武二年（1369 年）三月，大将军徐达进兵攻占奉元路，改奉元路为西安府。洪武三年（1370 年），朱元璋封次子朱樉为秦王。同年在西安府城内东北隅开始营建秦王府。秦王府时称“王城”，后讹为“皇城”，明洪武七年（1374 年）至十年（1377 年）新修了城垣，分别向北、向东扩建。扩建后的明西安府城周 40 里，为矩形。

明西安府城的扩城修建是西安城市地理历史上的关键节点，扩城后除东南城角保留元奉元路城的格局外，其余三角均进行了重修，特别是东侧城墙的界限恰好将西安东岳庙包进了城池内部。

对于这一巧合问题，通过查看可寻到的明代地图并未发现在相应区标有东岳庙的注记，而此时东岳庙并未遭到损毁，相反进入了发展时期，因此考虑东岳庙的位置并非明扩城运动时对城池扩建界限的标志点或主要考虑因素。其扩城的尺度应为根据城中秦王府相对城池位置而决定，即将秦王府置于扩城后的城中偏东位置（参考明南京城），因此相对固定的秦王府位置直接决定了相对固定的扩城尺度，而与东岳庙关系不大。

扩城之后，东岳庙与西安城（城郭）的关系发生了改变，由城外变为了城内（图1），这是西安东岳庙与城市地理关系的转折点。同时也澄清一个问题，即并非西安在用地紧张的城池内修建东岳庙，而是东岳庙存在在先，“入城”在后。

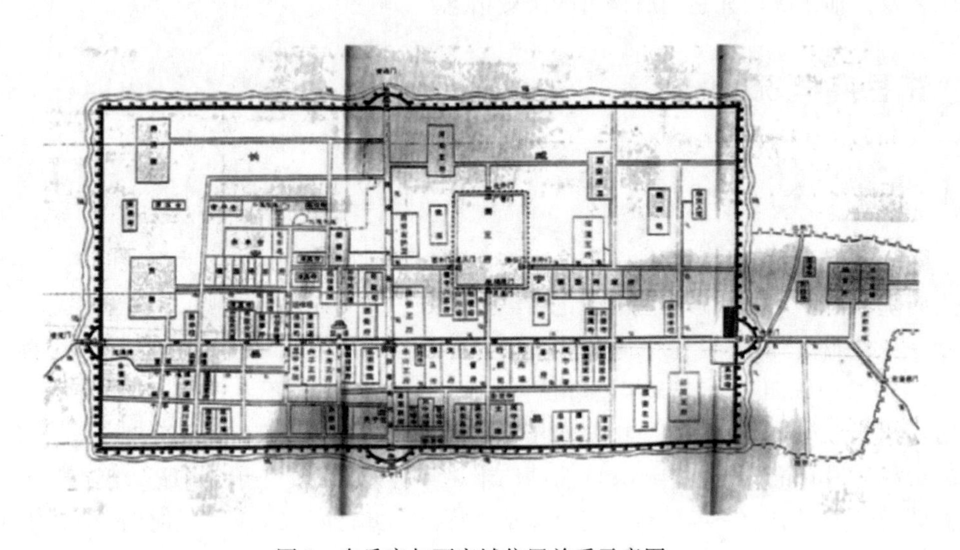

图 1　东岳庙与西安城位置关系示意图

2.3　清满城建设对东岳庙的影响

清代西安城（城郭）仍沿用明的城垣，但在清顺治二年（1645 年）正月，清军攻入西安城当年即开始在城东北修建一座满族驻防城，于四年后顺治六年（1649 年）竣工，称为满城。康熙二十二年（1683 年），清政府向西安增驻左翼八旗汉军，在城东南修建了汉军驻防城，称为南城。乾隆四十五年（1780 年）汉军出旗，奏明南城仍归汉城，隶咸宁县，南城沦为废城。

据孔正一《暗掖半世纪——西安东岳庙》所述，满城与南城的修建对西安城内的格局产生了巨大影响，东岳庙在这一时期位于满城范围内，外人不得入内，只有庙会、节庆时偶尔对公众开放，在当时曾是满人贵族子弟相亲之所，此习俗流传了许多年。

而参考多份不同年代的清代西安历史地图均可以发现，此时位于满城内的东岳庙庙域内有两条东西向路穿过，打破了东岳庙既有的连续院落。特别以清光绪十九年（1893年）官方组织测绘的《1893 陕西省城图》最为清晰，可见北侧东西向路穿院而过，图上路北侧区域有“三圣宫”字样，南侧东西向路穿院而过，图上路南侧区域有正白厢白字样两路之间有东岳庙字样，且南侧东西向路走向与现状昌仁里路走向相仿，应为现状昌仁里路的前身。推知此两条东西向路的出现应与满城内部格局建设需求有关。

由此可知，在清代时期，西安东岳庙因被纳入满城，庙宇建筑本身得到了完好的保护，功能有所发展，但庙宇格局也因满城内部格局影响而发生了一定的改变。

3 东岳庙概况

3.1 铺地

东岳庙大殿用的是糙墁地面的作法，特点是：砖料不需砍磨加工，地面砖的接缝较宽，砖与砖相邻处的高低差和地面的平整度都不如细墁地面那样讲究，相比之下，显得粗糙一些。

石活地面在古代主要见于南方地区和园林的道路，北方城市只见于少数作法讲究的宅院前。但是西安东岳庙的室内砖墁地却用了不少于四种排列形式，还是常用于不同样式建筑的：既有小式建筑的条砖十字缝，也有多用于宫殿建筑的城砖陡板十字缝（图2）。可以看出该建筑的等级较高以及建造东岳庙大殿时，对它的重视。

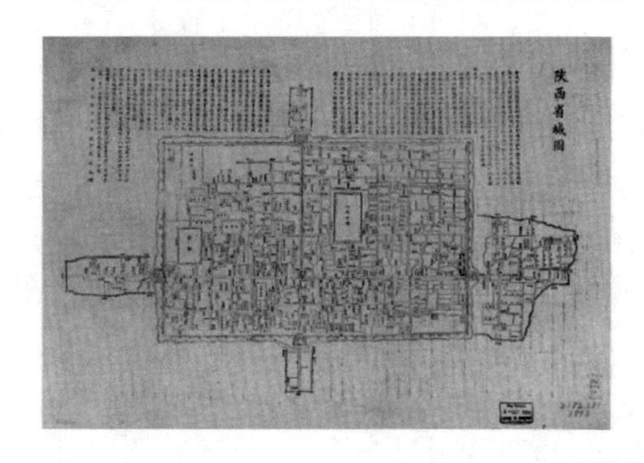

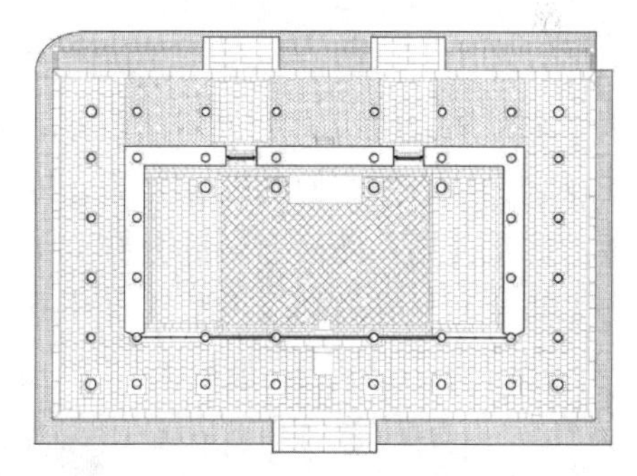

图2 大殿铺地

散水也不同于一般清式的做法，是立砌的青砖围在外面一圈，是明代常用做法。推测为明代修缮，后代延用明代做法。

通槛垫：位于金柱顶与金柱顶之间，主要用于承托门槛。又叫合间通槛垫，即为一整块通长的槛垫石。古建中的槛垫石大多数都是通槛垫。

过门石：在一些重要的宫殿建筑中，常放置过门石，以示高贵。过门石可只在明间设置，也可同时在次间设置。

拜石：拜石也叫如意石，放在槛垫石的里侧，是参拜的位置标志，用于庙宇或重要的宫殿。

但东岳庙大殿的槛垫石并不是一整块，而是由4块铺成，可能是地方做法。东岳庙有类似拜石的石活，但与一般拜石位置不同，位于过门石里侧，是两种做法的组合，应属地方做法（图3）。

东岳庙槛垫石位置不在门槛正下方，与门槛错开；过门石也在门槛位置相对外侧。其与常规做法不同，因此推测可能是门和门槛在后期修缮中位置有所改变。

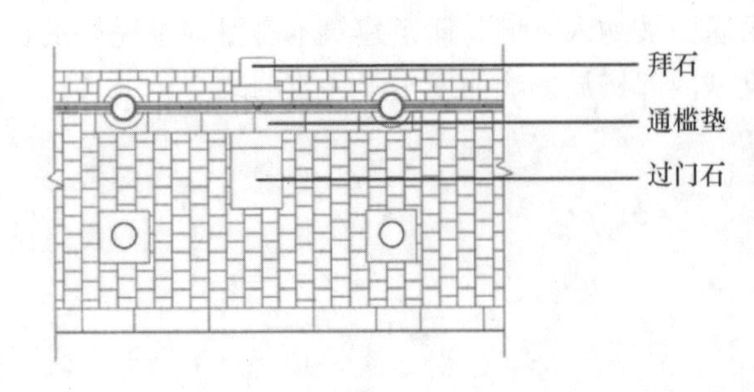

图3　大殿前后门铺地

3.2　墙体立面砖的排布

(1) 现状概述

东岳庙大殿南立面只有东西角有小面槛墙，其余北、东、南三个立面均为整面砖墙，均只有一种排列方式（图4～图6）。墙面自建庙起不断维修过，因此破损较轻，不影响整体建筑的稳定性。现场可以从墙面不同种类、材质的砖缝并存在较重填补痕迹以及砖出现三种以上不同尺寸得出大殿墙面历史上曾有修缮过的结论。

由于东岳庙大殿历史上曾有过修缮，所以砖墙损坏程度明显低于同时期的寝殿建筑。仅在北、东、西三面的下部有部分砖缝灰浆脱落。由于东岳庙历史上曾作为昌仁里小学教学日常使用，墙面上半部分有大量人为污迹，包括粉笔字及遮盖涂抹板报痕迹。由于历史修缮不当导致的墙面整体有较重砖缝填补痕迹，并溢出砖缝覆盖大量砖体。

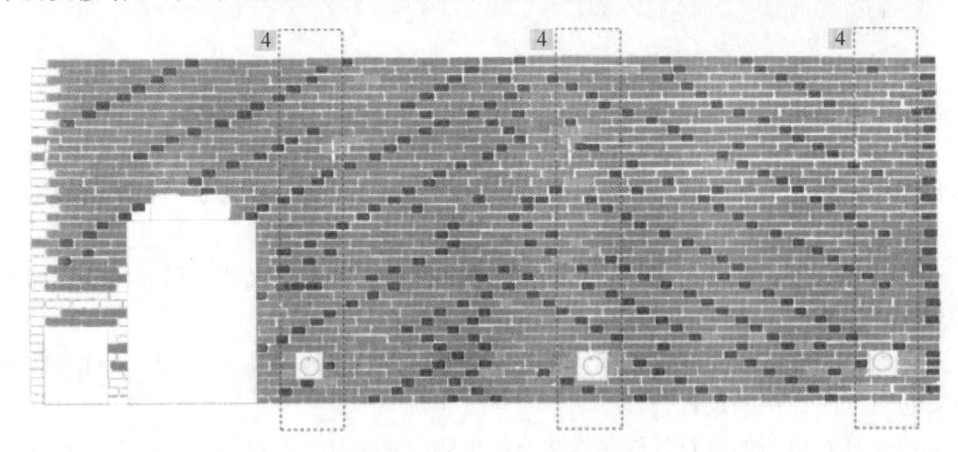

图4　西立面

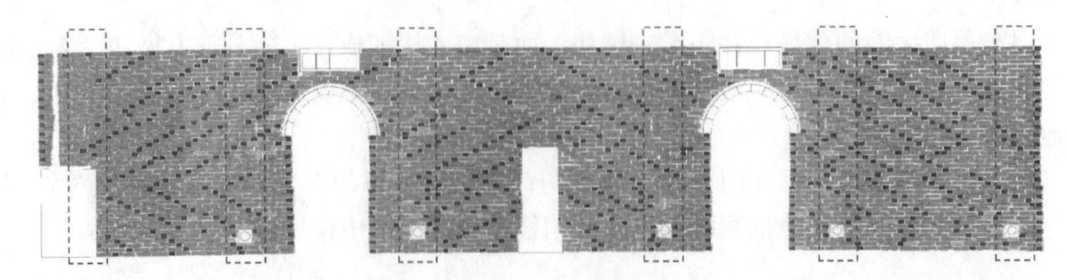

图5　北立面

图 6　南立面东西槛墙

（2）砖的排列、组砌

从东西立面砖的排布可以看出砌砖的时候有对称的意识，丁的排布从两边向中心聚拢，不同于普遍砌法。墙两端的砖大多是符合顺丁尺寸的整砖且排列较为规律，中间丁砖较多且排布较杂乱，甚至出现“找儿”（宽度小于丁砖的砖）。推测砖墙的砖排列方式是由两端起手向中心赶排。这种排列方式可以确保两端为“好活”，但中间有可能出现“破活”。

东岳庙大殿砖的排列并不严格遵从几顺一丁的排砖方法。从一顺一丁至四顺一丁都有出现，但大体上都是三顺一丁。主要规律是丁砖的排布由下至上呈斜线分布。顺丁的排布基本都是为了保证丁砖的排布规律，在墙体两端由下至上大体上是一顺一丁依次递增至四顺一丁的排列。

（3）历史修缮

南立面的东西两个槛墙规律类似，皆是三行满顺一行顺丁结合，但不符合建筑砖墙砌筑的普遍规律，故推测可能是后期修缮导致。

3.3　台基立面

（1）台基残损

台基残损较砖墙的清晰、明显（图 7）。台基虽然后期修缮过，但它保留了一些历史痕迹，比如南立面台阶两侧的砖明显与其他砖大小、颜色不一样，且与其他砖之间有明显裂缝、错位，因此推断它为最后一次台基大修前的砖。台基整体上最明显的问题就是表面泛碱，其次也有很多有表面粉化剥落的问题。

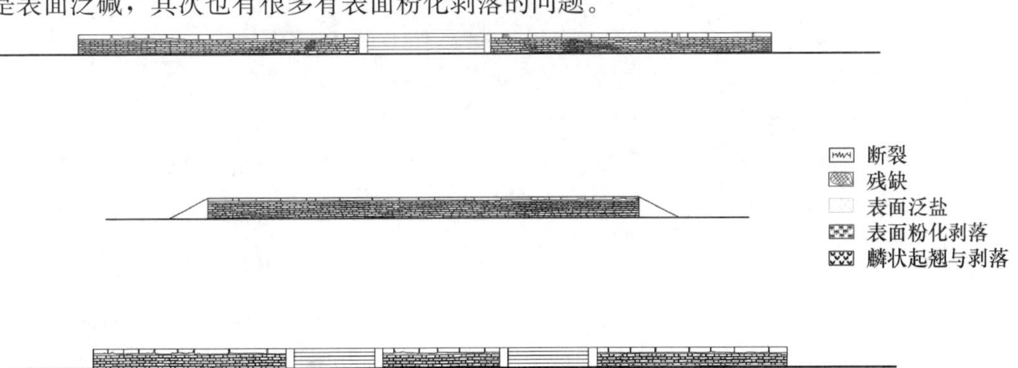

图 7　台基残损

台基上有大量潮湿的深色印记并有较多表面泛盐的问题，是由于地下水导致墙体吸水析出盐结晶。不同的是大殿墙体几乎没有潮湿泛盐的问题出现，推测是台基的高度正好是排出湿气所需的高度，导致潮气大部分被台基的砖体吸收并析出盐分，免除墙体受到湿气损害。

（2）修缮建议

建议采用敷贴法，使用排盐灰浆，其原理是灰浆中的水进入基层，使砖石中的盐活化，被活化的盐随水分的蒸发而向表面迁移，在灰浆层中结晶，剔除掉灰浆后，盐分也被排除。填补断裂以及部分严重缺损的区域，以保持结构稳定性。其余部分为保证最小干预原则，可保留现状。

3.4　柱础

（1）现状概述

东岳庙大殿柱础按纹样分类可分为三种，植物纹、动物纹和无纹样。植物类只有一种莲花纹样；动物类有龙纹和虎纹，其中龙纹又可分为两种——龙的形态和二龙之间球的型态不同；无纹样柱础之间形状的大小上也有区别，可能为后期修补过的原因。无纹样柱础素平，其余柱础雕刻手法均为压地隐起华。

（2）柱础等级

在轴测图上标出各种纹样柱础的分布位置，按照它们的分布特点可以总结出它们的分布规律以及等级区别。由于无纹样柱础可能为后天修过，故不计入规律的总结。从图8中可以勘看出动物纹样等级总体高于植物纹样，植物纹样分布于建筑侧面与后面，且尺寸是四种柱础里最小的（表1）；动物纹样均位于大殿正面及内部，位置明显，按照柱础尺寸可总结出第二种等显较高。

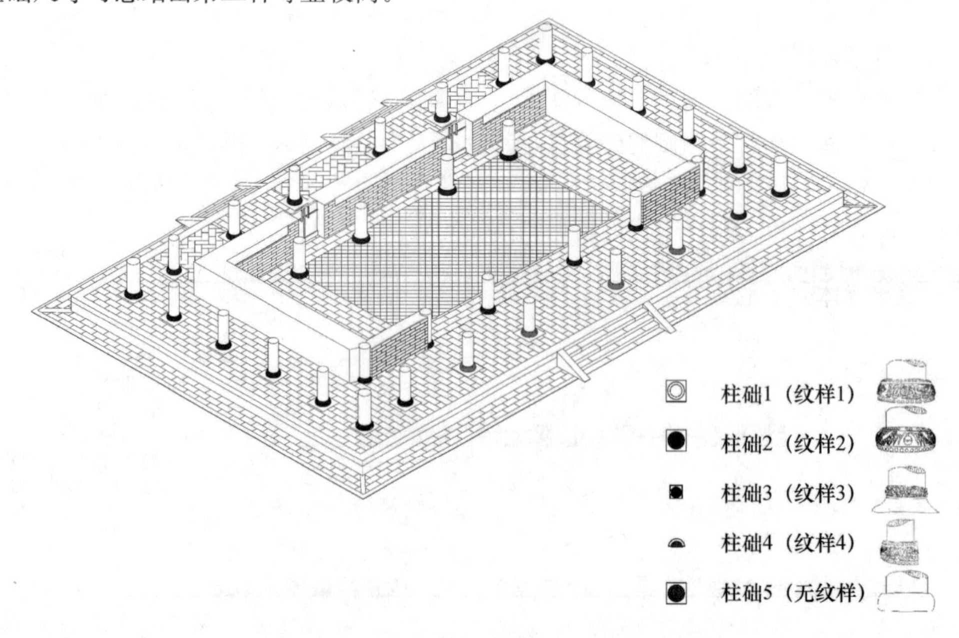

图8　柱础分布

表1 柱础对应柱径（mm）

测量对象		柱1	柱2	柱3	柱4	柱5	柱6	平均值
檐柱（北立面）	底部柱径	505	515	504	500	514	512	508.33
	顶部柱径	445	469	468	447	467	452	458.00
	清标准收分	3	3	3	3	3	3	—
檐柱（南立面）	底部柱径	509	512	510	503	511	507	508.67
	顶部柱径	546	558	563	542	557	553	553.17
	清标准收分	1	1	1	1	1	1	—
檐柱（东立面）	底部柱径	440	455	438	446	—	—	444.75
	顶部柱径	425	418	422	419	—	—	421.00
	清标准收分	3	3	3	3	—	—	—
檐柱（西立面）	底部柱径	436	438	451	445	—	—	442.5
	顶部柱径	526	523	519	516	—	—	521
	清标准收分	3	3	3	3	—	—	—
角檐柱	底部柱径	590	587	584	543	—	—	576.00
	顶部柱径	532	518	520	522	—	—	523.00
	清标准收分	2	2	5	5	—	—	—
金柱	底部柱径	506	516	505	510	500	507	509.25
	顶部柱径	441	457	465	447	459	465	452.50
	清标准收分	2、4	2、4	2、4	2、4	—	—	—
内金柱	底部柱径	596	589	599	610	—	—	598.33
	顶部柱径	535	529	532	529	—	—	531.00
	清标准收分	2	2	2	2	—	—	—

（3）柱础造型

柱础一、柱础二、柱础四的造型属于同一种类型（图9）：鼓式柱础，又称鼓磴式、算盘珠式柱础，其造型似一面鼓，多见于明代后，是民间非常受欢迎的一种柱础样式。鼓式柱础不像莲花覆盆式一样有着深厚的文化内涵，也从未得到统治者的提倡，它受欢迎有其自身深远的道理。这种样式非常符合人们潜意识里的对柱础形象的心理期待。柱础是长条状物体柱子的终结节点，也是柱子与地面的交接之处，为了表示终结，表示柱子与地面的交接要一个膨胀的圆形形象的具有质感的物体来强调。再考虑稳定性的表达，鼓状是最好的选择。

柱础三的造型属于民间做法，不是大众的传统做法，类似于鼓镜式柱础与覆盆式柱础的结合（图10）。其上半部分类似于覆盆式柱础，柱础的露明部分加工为枭线线脚，柱础呈盘状隆起，就像是倒扣的盆子，多与莲花型纹合用。在宋代属于低等的柱础形式，后于元代流行，其下半部分接近鼓镜式柱础。鼓镜式柱础一般不加雕饰，曲线类似于抛物线，以古镜上面做定点，徐徐收杀至边缘。其形制起源于明初，是覆盆式柱础的变形。因此推断该柱础可能是宋末明初制造，或是家族传承工艺，地方特色保留了这种特殊的形制。

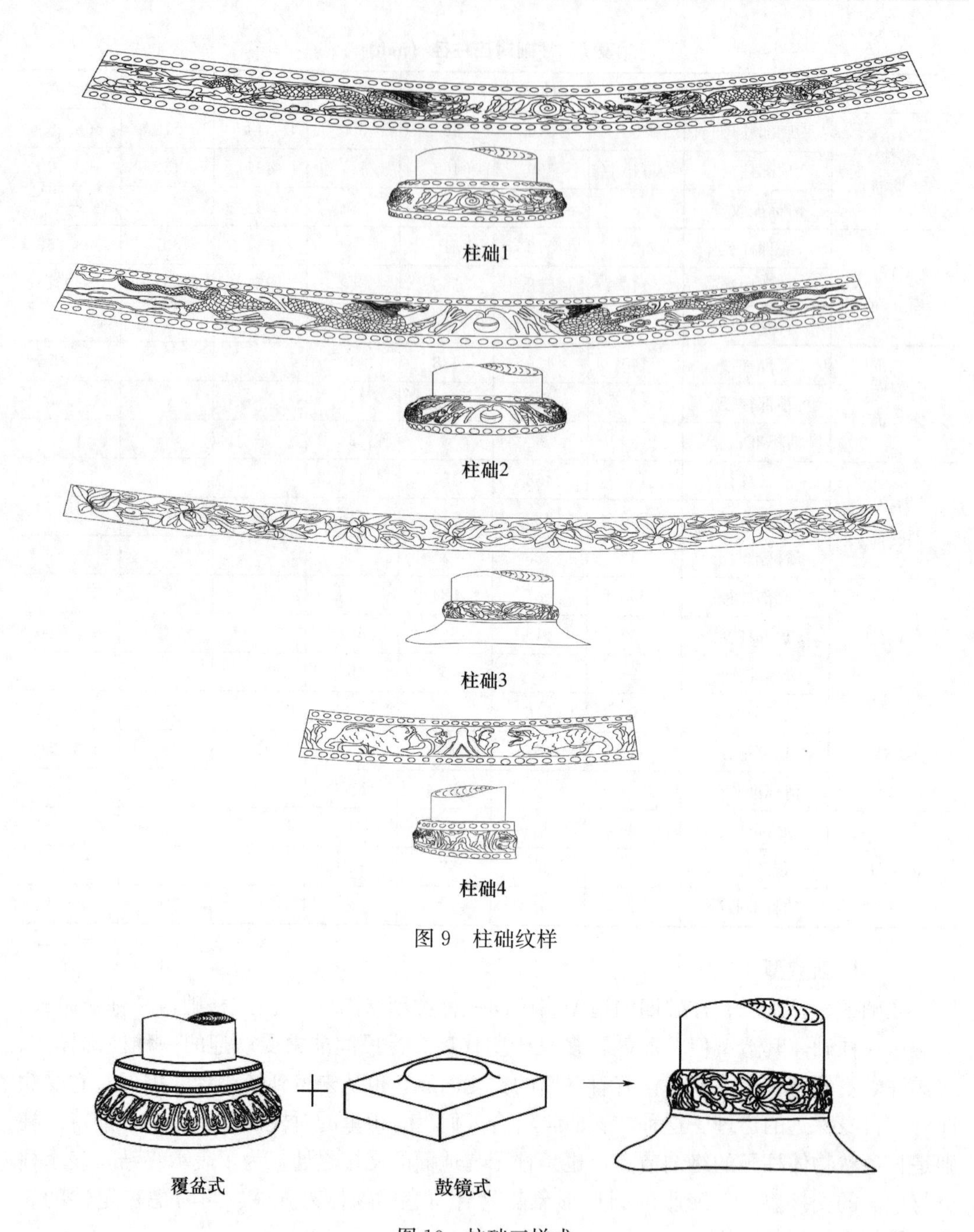

图9　柱础纹样

图10　柱础三样式

柱础五是圆柱形柱础，形状与柱身相同，表面素平不加雕饰，可能为后期修替换而成。

（4）柱础纹样

柱础一：以一绣球状球形纹样为中心，两侧各有一条龙，两条龙神态不一样，姿态相同。一龙张着嘴做吐气状，另一龙闭着嘴面对绣球，两条龙周身都环绕着丰富云团，云团较杂乱。

柱础二：与柱础一相似，不同点在于整体纹样较第一种简单，线条清晰。中心绣球样纹样较之简化许多，龙头也相对简单，龙身形态也不同，两龙各一只爪伸向绣球。周围云团较少，且纹样清晰规整。

柱础三：不同于大部分顶视的莲花纹样，是侧视的莲花，边上草纹类似于卷草纹。整体纹样类似于宝相花。

柱础四：由于该纹样全部位于南侧金柱内侧，只有半个柱础，故纹样较其他较短。中心为山形纹样，两侧各一兽纹，与柱础一、二的龙纹类似，两个兽纹形态不同，嘴一张一闭，周围有少量草纹。其整体纹样类似于“麒麟卧松”。

柱础五：周身素平，无纹样。

4 结论

本文对东岳庙的历史及砖石砌筑工艺进行了研究，东岳庙始建于宋，历代都有修缮。在它的砖石材料上都有留下历史信息及历史修缮的痕迹，使我们能够了解它几百年来的变化。由于东岳庙砖石经历史修缮，所以残损程度较轻，建议最小干预原则进行修缮。

参考文献

[1] 陈聪．西安东岳庙保护［D］．西安：西安建筑科技大学，2007.

[2] 孔正一．暗掖半世纪——西安东岳庙［C］．第四届“东岳论坛”国际学术研讨会论文集．2008：353-357.

[3] 刘大可．中国古建筑瓦石营法［M］．北京：中国建筑工业出版社，1993.

古干砌石拱桥的安全评估

王柏生　叶灵鹏
（浙江大学建筑工程学院 杭州 310058）

摘　要： 玉成桥为单孔椭圆拱干砌石拱桥，建于清道光十六年，为浙江省省级文物保护单位。因发现玉成桥的主桥跨中有明显沉降，拱券顶部呈下沉趋势，桥底面还有石块掉落，迫切需要分析古桥的安全情况。通过现场对玉成桥的调查、检测，获得古桥几何尺寸的现状，了解古桥存在的问题及病害主要有：主拱下挠、侧向倾斜、裂缝、石块脱落、石块损伤等；在此基础上，采用有限元数值模拟，对存在的问题及病害的成因、危害及其发展趋势进行分析，最后对古桥的安全性进行评估。
关键词： 干砌石拱桥；病害；裂缝；安全性评估

Safety Assessment of Stone Arch Bridge without Cementing Material

Wang BaiSheng　Ye Lingpeng
(Department of Civil Engineering, Zhejiang University, Hangzhou 310058)

Abstract: Yucheng Bridge is a single-hole elliptical arch stone arch bridge without cementing material. It was built in the 16th year of Qing Dynasty's Emperor Daoguang and is a provincial-level cultural relic protection unit in Zhejiang Province. Yucheng Bridge was found to have obvious settlement and the top of the arch showed a downward trend. Moreover, some stones on the bottom of the bridge had fallen. It is urgent to analyze the safety of the ancient bridge. Through the investigation and detection of Yucheng Bridge on site, the geometry and the damages are obtained. The damages include deflection, lateral inclination, crack, stone falling off, stone damage, etc. Numerical simulation is used to analyze the reasons of the existing damages and development trends of the damages based on the investigation results and detection results. Finally, the safety of the ancient bridges is evaluated.
Keywords: stone arch bridge without cementing material; damage; crack; safety assessment

1　引言

玉成桥（图1）坐落于浙江省嵊州市谷来镇一村碑头自然村西北面东江上，为单孔椭圆拱石拱桥，南北向横跨东江，清道光十六年（1836 年）建。桥全长 41.47m，桥面宽 4.72m，南端引桥坡道与桥身呈“L”形；北引桥系主桥向北延伸。桥拱块石干砌，净跨 12.50m，拱矢高 6.30m，拱顶平坦，拱石上刻有“道光十六年举坑马正炫建”题记。2005 年 3 月 16 日被公布为浙江省省级文物保护单位。

图 1　玉成桥

因发现玉成桥的主桥跨中有明显沉降，拱券顶部呈下沉趋势，桥底面还有石块掉落。虽然目前部分学者对石拱桥安全评估有一定的研究[1-3]，但是石拱桥安全性评估涉及各种不同因素的共同作用，具体情况需要具体的分析。为分析评估玉成桥的危险性，受委托作者课题组对玉成桥进行检测、分析与评估。

2　几何尺寸现场测量

根据现场的调查，可以认为玉成桥拱券北侧底部露出河床的两层石块和南侧底部露出河床的三层石块为拱券基础，两基础顶面的水平距离为 11800mm，左右基础顶面存在 135mm 的高差。以南北基础顶面连线为基准，测量主拱券的下侧到该基准线的距离为 3915mm，主拱券自身的高度，因石块大小不一很难确定一个值，大致为 600～700mm 之间。俯视方向上，主拱券的底部稍宽于主拱券的顶部。其具体的主拱券尺寸详见图 2。

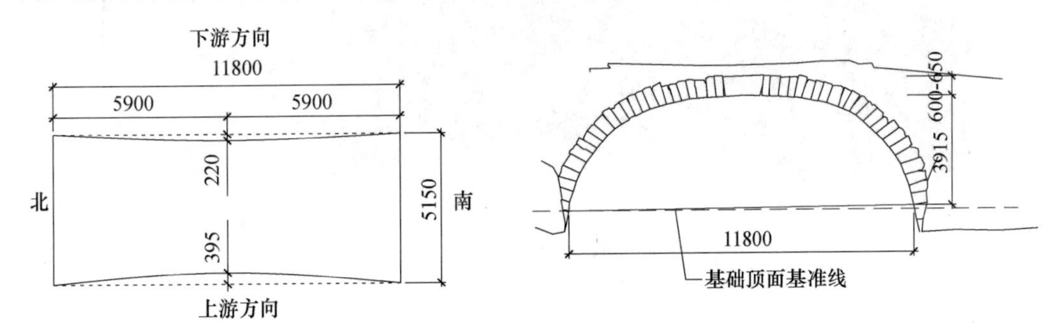

图 2　主拱券实际测量尺寸

3 问题勘察

现场调查发现主拱桥跨中（即拱券顶部）明显下沉，从桥面上测量可以发现跨中比桥面中央平台两端连线低 11cm 左右，如图 3 所示。

图 3 主拱跨中的下沉照片

拱顶区域砌石与砌石接触面的下部脱开，上部压紧，中部有下沉的趋势，且已经有石块掉落，详见图 4。现场随机测量了几处脱开的缝的深度，范围在 28～34cm 之间。主拱券中间的铭牌石与其相邻的两块石块之间也非常明显地呈下部脱开、上部压紧的状态，详见图 5。

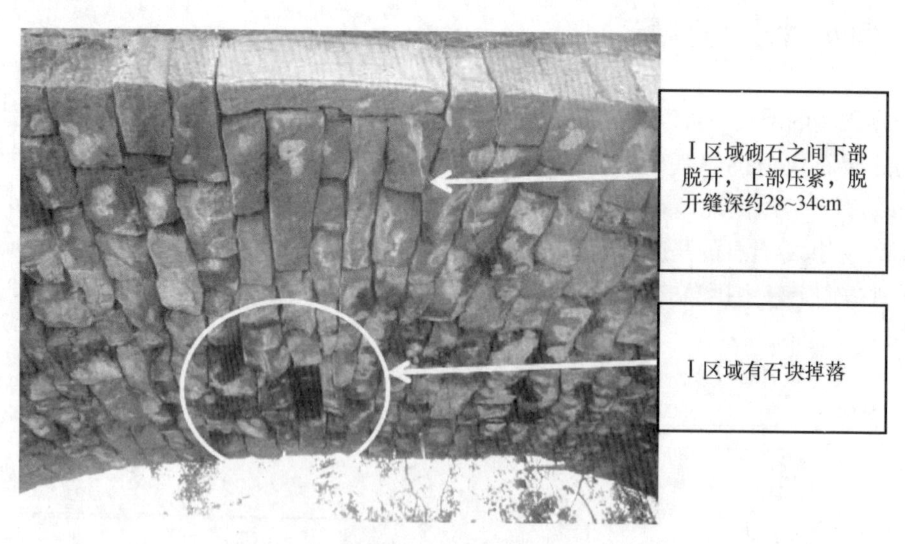

图 4 拱顶区域砌石块相互接触情况

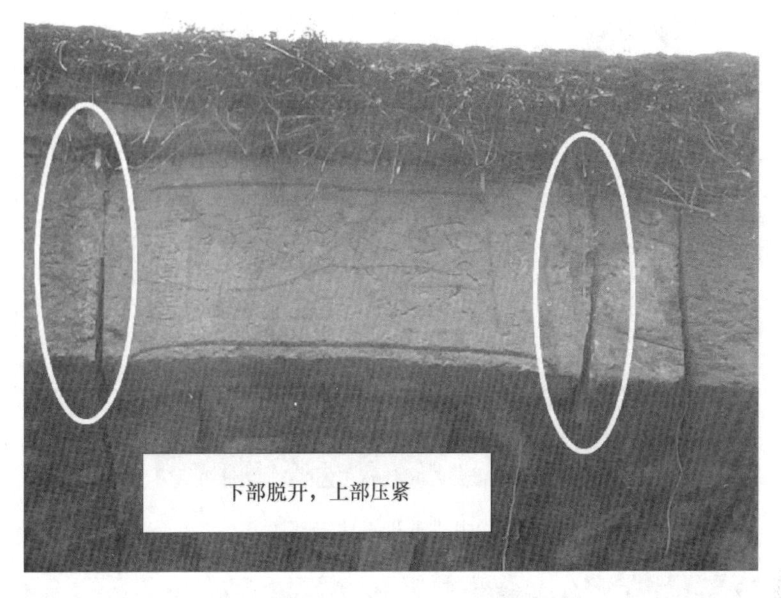

图 5　铭牌石与边上砌石块接触情况

Ⅰ拱券约 1/4、3/4 跨区域则刚好与Ⅰ区域相反，砌石与砌石接触面的上部脱开，下部压紧。南侧拱券（Ⅱ区域）从铭牌石边上开始往南数第 11 块与第 12 块砌石之间的接触面上部脱开（开裂）的高度达 55cm，下部受压区的高度为 15cm，且第 11 块砌石底部被压开裂，详见图 6；北侧拱券（Ⅲ区域）从铭牌石往北数第 11 块砌石与第 12 块砌石之间的接触面上部脱开（裂缝）的高度达到 37cm，受压部分长度为 33cm，第 12 块砌石受压局部碎裂，详见图 7。南侧拱脚区域发现砌石块之间有明显的阶梯形的裂缝，如图 8 所示。另外，现场检查还发现整个主拱券上很多石块存在裂缝，有些石块存在风化破损现象。

图 6　主拱券砌石块上部脱开

图 7　主拱券砌石块上部脱开

图 8　Ⅳ区域桥底面阶梯形裂缝分布示意图

4　有限元数值模拟分析

根据现场的调查检测数据，采用 SAP2000 有限元软件对主拱券进行建模。首先确定拱桥变形前的拱券模型，假设目前的拱券顶部相比于初始拱券顶部下挠 10cm，然后根据实测数据用椭圆曲线拟合拱券线形。为了解拱桥的内力分布与变形情况，主拱券采用梁单元模拟，材料参数：密度为 $2.67g/cm^3$，弹性模量为 $10000N/mm^2$，泊松比为 0.3。

根据现场的调查发现主拱券跨中区域下部存在脱开现象，可以认为该处已形成塑性铰，同样在南、北两侧的 1/4、3/4 跨区域存在砌石之间的接触面上部明显脱开情况，也可以认为已形成塑性铰。所以模型采用拱座为固定支座、而拱券有三个铰模拟。由于实际上主拱券下部是受到一定水平约束的，所以在这些拱券部位的水平方向设置了弹性支座（图 9）。

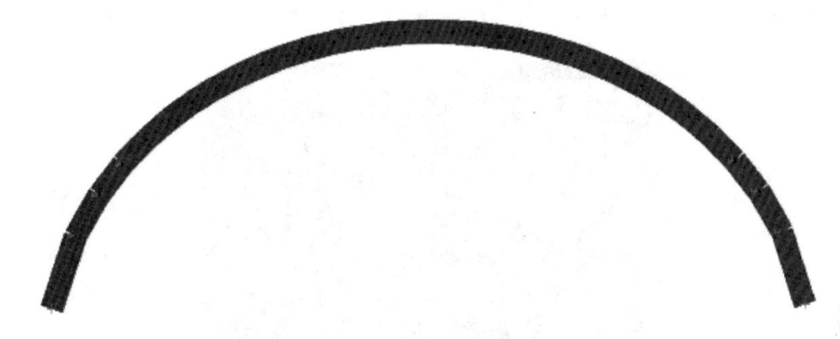

图 9　主拱券模型

恒载下计算得到拱券的变形趋势如图 10 所示，可以看出恒载下的变形趋势与目前主拱券的实际形状很相似，说明前述的数值模拟分析存在一定的合理性。

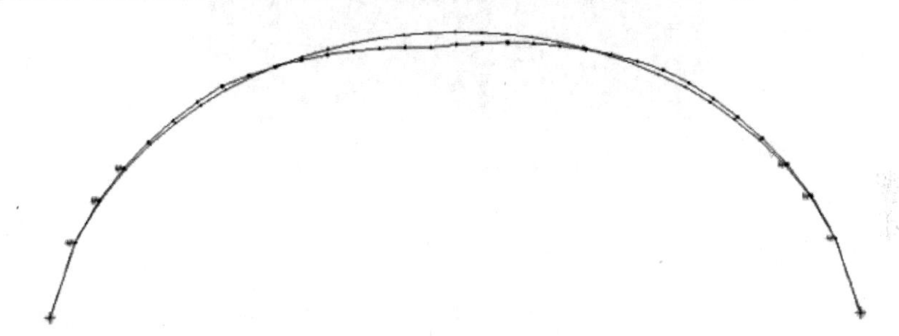

图 10　模型恒载作用下变形趋势

5　病害成因及危害性分析

根据上面的调查以及计算模拟分析，下面对现场调查得到的病害问题进行一个全面的分析。

图 8 中主拱券存在的阶梯型裂缝，可能是由于砌石之间的接触面原本就凹凸不平，容易产生应力集中，而各石块接触面之间的紧密性并不完全一致，随着拱桥的长期使用以及风化作用，在轴压力较大的拱券下部，间隙大的慢慢减小，石块之间不紧密的渐渐密实，导致该各部分的石块变形并不一致，是变形的差异形成了现在的阶梯状的裂缝。还有一种可能的原因是基础也存在一定程度的不均匀沉降。这种裂缝有一定长度的连贯，主拱券区域存在多处裂缝，其主要危害是对主拱券的整体性造成较大影响，同时也削弱了主拱券的承载能力。

根据现场的石块采样以及观察，发现该石拱桥用的石块存在着自然裂隙纹理（图11），而该裂隙处是石块最薄弱的地方，长期拉力作用下会剥离脱落。脱落石块的位置在拱券跨中区域。根据力学分析，在竖向荷载作用下，拱券跨中截面下部呈受拉状态（恒载作用下的弯矩图与此相符合），而干砌石块之间不能承受拉力，因此会相互脱开，脱开的砌石块若存在水平方向的裂隙，在长期自重作用下，脱开部分的石块就可能会从原石块上剥离掉落，如图12所示。从另一角度看，跨中拱券底面石块脱落其实是拱券跨中部位形成塑性铰的一种表现（或症状）。出现塑性铰的危害在于，一个拱券若出现3个以上的塑性铰，就会变成机构，而失去继续承载的能力，即可能倒塌。

图11　石块存在自然裂隙纹理

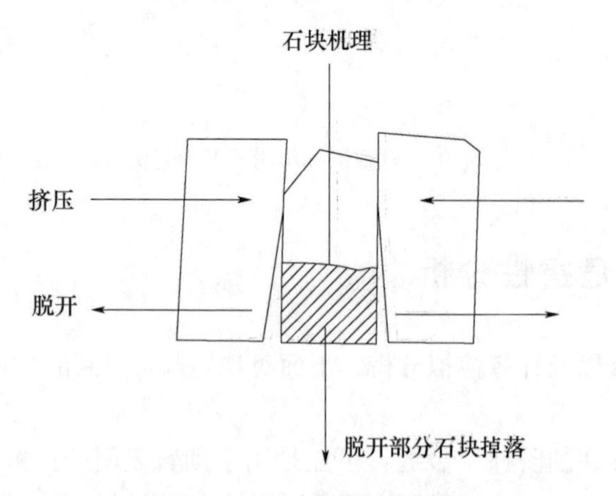

图12　石块掉落原理示意图

要了解拱桥病害的发展趋势，需要长时间定期或不定期的监测或巡查，本次评估缺乏长期数据，通过对比2004年和2008年的少量照片，也能看出，近期拱券中的部分砌石病害（裂缝、破损等）有些许的变化或发展。

6 结论与建议

通过以上勘察、检测、数值模拟分析可以认为，目前玉成桥主要存在以下问题：

（1）主拱券跨中部位有明显下沉现象，跨中底面有石块掉落情况，这些迹象说明主拱券在跨中部位已形成塑性铰；

（2）主拱券 1/4、3/4 跨两部位存在石块上部拉开、石块下部压碎现象，同样说明该部位已形成塑性铰；

（3）主拱券拱脚部位（南侧）出现明显的阶梯形连贯裂缝，削弱了主拱券的整体性；

（4）主拱券存在向下游倾斜情况；

（5）主拱券部分砌石存在裂缝、破损、风化现象。

鉴于存在以上问题，并有发展的趋势，综合分析评估后认为，目前玉成桥的安全性已没有保障，即存在很大的风险。建议停止使用，并尽快采取科学合理的保护处理措施，确保石拱桥的长期安全。

注：本论文的安全评估工作受到嵊州市文物管理处的经费支持，特此感谢！另：目前玉成桥已修复完成，安全隐患已消除。

参考文献

[1] 贺国银，周建庭，刘璐．在役石拱桥实用安全性鉴定技术［J］．重庆交通大学学报（自然科学版），2009，28（3）：525-527，613.

[2] 王睿．石拱桥的现场检测和安全性评定研究［D］．河南：郑州大学，2016.

[3] 汪劲丰，林建平，徐荣桥．基于黏聚区域模型的石拱券承载力分析方法研究［J］．计算力学学报，2013（6）：841-848.

古塔结构无损检测与缺陷识别

胡程鹤　梁宁博　白晓彬　许　臣

（中冶建筑研究总院有限公司 北京 100088）

摘　要：本文以某省重点文物保护单位楼阁式古塔为例，探讨古塔结构的无损检测与缺陷识别技术。该古塔为砖壁木檐砖木混合结构，塔体采用砖砌体结构，附属结构为木结构。为了解结构和构件的缺陷情况，采用无损或微损的检测技术，包括地质雷达、红外热成像、应力波多通道三维成像树木评估系统、三维激光扫描、振动测试仪等，对该塔体展开一系列的检测工作。相关无损/微损检测与识别技术为古塔结构安全性鉴定工作提供参考。

关键词：古塔；无损检测；缺陷识别

Nondestructive Testing and Defect Identification of Ancient Tower

Hu Chenghe　Liang Ningbo　Bai Xiaobin　Xu Chen

（Central Research Institute of Building and ConstructionCo.，Ltd，Beijing 100088）

Abstract：Take an attic tower as an example，the nondestructive testing and defect identification are discussed. The ancient tower is an mixed structure，which includes masonry structure and timber structure. In order to understand the defect of the structure，nondestructive or micro-dilapidation testing are used including ground penetrating radar，infrared thermal imaging，stress wave multi-channel three-dimensional imaging tree evaluation system，3D laser scanning，vibration tester. The related non-destructive/micro-destructive testing and identification technologies provide a reference for the safety evaluation of ancient tower structures.

Keywords：ancient tower；nondestructive testing；defect identification

1　古塔结构概况

某古塔建筑造型为楼阁式古塔，为砖壁木檐砖木混合结构，为省重点文物保护单位（图 1）。该古塔的塔体高耸、塔檐飞悬，具有唐代塔的典型特征。塔体采用青砖砌筑，塔体外壁为八角形，内壁呈方形，且方形内壁每层转向 45 度重叠向上。在二至七层的内壁四面开拱门。在第六层和第七层中心处出现塔内金柱，金柱与塔刹底部连接。外部塔檐、塔刹、平座、塔内金柱均为木结构。依据其构造特征和结构受力性能，将结构体系分为塔体结构（砖塔身）和附属结构（塔刹、塔檐、平座、内部金柱）两个组成部分。

图1　某古塔建筑造型

2　常用检测技术

该塔的主体结构为砖砌体结构，材料为青砖和灰浆；附属结构为木结构。为了掌握该塔的塔体结构现状，展开对塔体的结构缺陷检测。考虑到文物保护的需要，古塔结构的缺陷检测须采用无损或微损的方法。

古塔无损检测常用设备包括地质雷达、红外热成像、应力波多通道三维成像树木评估系统、三维激光扫描、远距离大型建构筑物表面缺陷及裂缝检测系统、非金属超声波检测仪、贯入式砂浆强度检测仪、测砖回弹仪、木材水分计、微钻阻力仪、振动测试仪等。

3　地基检测

在地基检测中，常用探地雷达展开地基缺陷的定性检查，同时也可作为塔体内部材料层次划分与内部构造探测的良好辅助技术。探地雷达是一种对地下的或物体内的不可见的目标或界面进行定位的电磁技术。雷达测试是古建筑隐蔽部位检测的有效手段（图 2）。

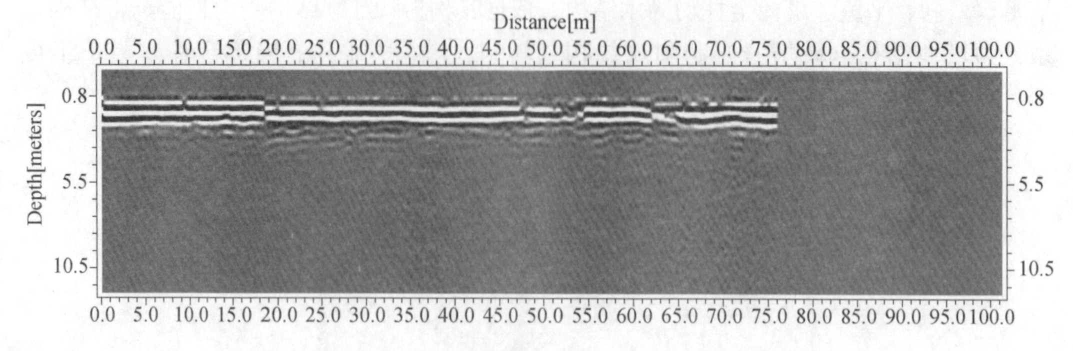

图 2　探地雷达测试结果

4　上部结构检测

4.1　整体及构件变形检测

为掌握塔体整体变形和构件变形情况，采用三维激光扫描技术进行结构变形检测（图 3、图 4）。对于结构整体变形是否满足要求，通常根据《建筑地基基础设计规范》（GB 50007—2011）和《中国古代建筑保护与维修》等相关内容，并结合塔体的实际情况进行判定。依据相关研究成果[1-3]，如下方法可以作为塔体变形限值参考使用：当塔体的地基承载力满足要求时，砖砌体的危险程度，应以砌体重心的垂直线偏出原重心线的距离与砌体底面直径的比例为依据。设塔体底面直径为 D，偏心距为 L。当 $L=0.17D$ 时，塔体结构将达到失稳临界状态。

图 3　塔扫描点云展开云图-整体

图 4　塔扫描点云展开云图-构件

4.2　砖石无损检测

对于砖石结构检测，可以结合红外热成像（图 5）、远距离大型建构筑物表面缺陷及裂缝检测系统、非金属超声波检测仪、贯入式砂浆强度检测仪、测砖回弹仪等设备展开对结构缺陷的检测。

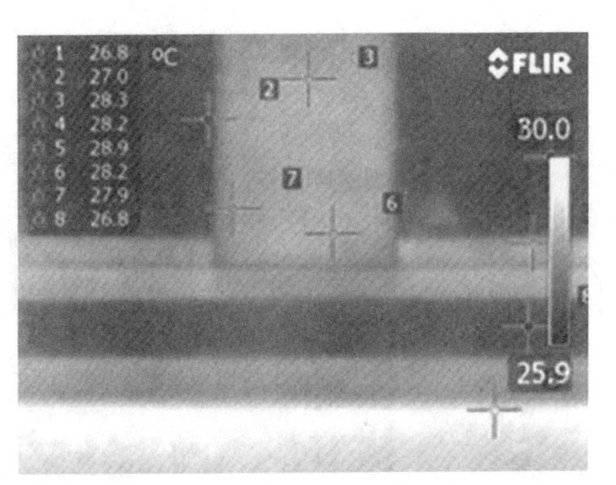

图 5　一层局部红外热成像图

4.3　木构件无损检测

该塔的附属结构为木结构，包括塔刹、塔檐、平座和内部金柱等部分。木构件的缺陷检测常用设备包括应力波多通道三维成像树木评估系统、木材水分计、微钻阻力仪。以该塔的内部金柱为例，采用应力波多通道三维成像树木评估系统对内部缺陷进行检测（图 6）。

4.4　结构动力测试

为了明确古塔结构的力学特性以及保证古文物建筑结构的安全，可以通过振动测试获得结构刚度分布以及结构固有频率等动力特性（图 7）。由于结构比较庞大，人工激励很难将其激励起来，故常选取环境激励法。基于古塔结构的动力特性，可以采用损伤前后结构的低阶模态信息差异进行损伤定位和损伤程度评估[4-5]。

图 6　应力波检测木柱缺陷

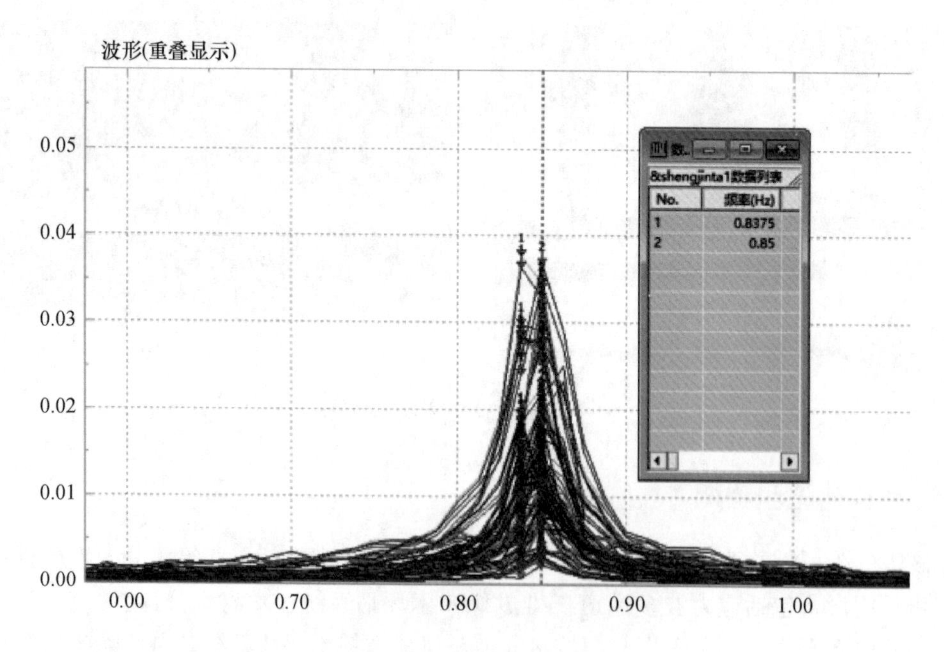

图 7　结构前两阶固有频率

5　结论

本文以某省重点文物保护单位楼阁式古塔为例，探讨古塔结构缺陷的无损检测与识别技术。该古塔为砖壁木檐砖木混合结构，塔体采用砖砌体结构，附属结构为木结构。

（1）采用探地雷达技术可以实现对古塔地基状态及缺陷的无损检测，是地基状态的重要判断依据。

（2）通过三维激光扫描可以实现对于整体结构和构件的变形检测；振动测试可以获得结构刚度分布以及结构固有频率等动力特性；采用损伤前后结构的低阶模态信息差异可以对结构进行损伤定位和损伤程度评估。

（3）通过红外热成像、应力波多通道三维成像树木评估系统等技术手段，可以实现对于砖砌体结构和木结构的无损/微损检测及缺陷识别。

参考文献

[1] 石方，万小莉，费毕刚．某古塔安全性检测鉴定［J］．建筑结构，2019（4）：997-1002.

[2] 戴轶苏，曹双寅，王茂龙．倾斜古塔结构的安全性与稳定性分析［J］．特种结构，2002（12）：23-25.

[3] 刘世杰，郭成成，王穗辉，等．基于多层中轴点拟合的古塔变形检测［J］．同济大学学报（自然科学版），2018（3）：401-405.

[4] 范岩旻，李森曦，彭冬，等．古塔结构整体性损伤检测的微动测试技术应用研究［J］．应用力学学报，2016（2）：61-66.

[5] 祁英涛．中国古代建筑保护与维修［M］．北京：文物出版社，1986.

西安钟楼结构弹性波波速及振动检测结果分析

张清三

（西安市钟鼓楼博物馆 西安 710003）

摘　要：近年来西安市钟鼓楼博物馆一直致力于西安钟楼、鼓楼的文物本体监测。本次弹性波波速测试采用 ZBL-U520A 型非金属超声波无损检测仪，对西安钟楼进行结构弹性波波速测试，同时对钟楼台基和木结构重要测试控制点的振动响应进行测试。完成了多工况下振动响应监测，包括：地铁运行＋路面交通综合工况、地铁停运后路面交通工况。测试结果均满足国家文物局要求和《古建筑防工业振动技术规范》（GB/T 50452—2008）容许振动标准的要求。

关键词：钟楼；振动；无损检测

Analysis of Structural Elastic Wave Velocity and Vibration Response of Xi'an Bell Tower

Zhang Qingsan

（Xi'an Bell & Drum Towers Museum，Xi'an 710003）

Abstract：In recent years，Xi'an Bell & Drum Towers Museum has been dedicated to the monitoring of itself buildings. The ZBL-U520A nonmetallic ultrasonic nondestructive testing instrument was used in this elastic wave velocity test，which tested the structural elastic wave velocity of Bell Tower and the vibration response of Bell Tower's foundation and the important timber structure as well. This vibration response monitoring was completed under multiple working conditions，such as the metro running and traffic jam，the traffic situation after the metro outage. These tests meet the requirements of State Cultural Heritage Bureau ask for and also the *Technical Specification for Preservation against Industrial Vibration of Ancient Buildings*（GB/T 50452—2008）.

Keywords：Bell Tower；Vibration；Monitoring

1　引言

根据西安地铁线路规划，2 号线和 6 号线在全国重点文物保护单位——交汇绕行通过，同时西安地铁 2 号线开通运营已 8 年有余，轨道的不平顺以及钟楼周边的路面状况和交通流量都发生了很大变化。这些因素均有可能引起钟楼振动响应的变化；另外根据国家文物局“文物保函〔2013〕153号”文件要求：将监测地铁运营对文物的影响作为日常工作，尤其应进一步做好二号线地铁运营对钟楼的长期振动监测工作。为确保文物安全，在地铁二号线运营期间，对西安钟楼进行长期监测是十分必要和迫切的。

本文将主要对钟楼楼体与台基结构进行弹性波波速测试以及重要测试控制点的振动响应两个方面进行研究分析，为钟楼长期保护提供重要参考依据。

2 弹性波波速测试测点布置

根据《古建筑防工业振动技术规范》（GB/T 50452—2008）附录A的规定，分别对钟楼台基和钟楼本体木构进行弹性波波速测试。测点选择原则如下：

（1）对于砖石结构，测点布置在承重墙底部和顶部，以及分化、开裂、鼓凸处，每层测点不少于10点。

（2）对于木结构，测点布置在靠近柱底、主梁两端和跨中以及柱和主梁上有木节、裂缝、腐朽和虫蛀处，测点总数不少于柱子和主梁总数的20%。

（3）弹性波测试采用平测法测试（即发射换能器和接受换能器均布置在构件同一平面内）。木结构测距介于400～600mm之间，砖石结构测距介于200～250mm之间。

本次弹性波波速测试完成的工作量及时间见表1。

表1 弹性波波速测试工作量及时间表

测试对象		测试时间	测试数量（点）	备注
钟楼	木结构	2018.07.24	60	占所有柱子和主梁总数的60%
	台基		60	—

3 振动监测测点布置

（1）钟楼测点布置

钟楼共布置10个测点。1号测点为钟楼台基东北角底，2号测点为钟楼台基东北角顶，3号测点为钟楼一层内东北柱底，4号测点为钟楼二层内东北柱底，5号测点为钟楼顶层东北柱顶，6号测点为钟楼台基西南角底，7号测点为钟楼台基西南角顶，8号测点为钟楼一层内西南角底，9号测点为钟楼二层内西南柱底，10号测点为钟楼顶层西南角柱顶。测点布置详见图1。每个测点测量x、y、z三个方向的速度时程信号，规定：x向为水平向东，y向为水平向北，z向为竖向。

（2）拾振器安装

钟楼台基、券门处的拾振器牢固安装在平坦、坚实的砖地面上；木结构上的拾振器牢固固定在被测构件上，拾振器安装在靠近柱子的承重梁或柱子旁的地板处。使用高黏性橡皮泥粘结拾振器和被测构件，在保证连接牢固同时又尽量避免所粘贴的橡皮泥过厚，防止振动信号在传递过程中产生不必要的衰减。现场监测照片如图2和图3所示。

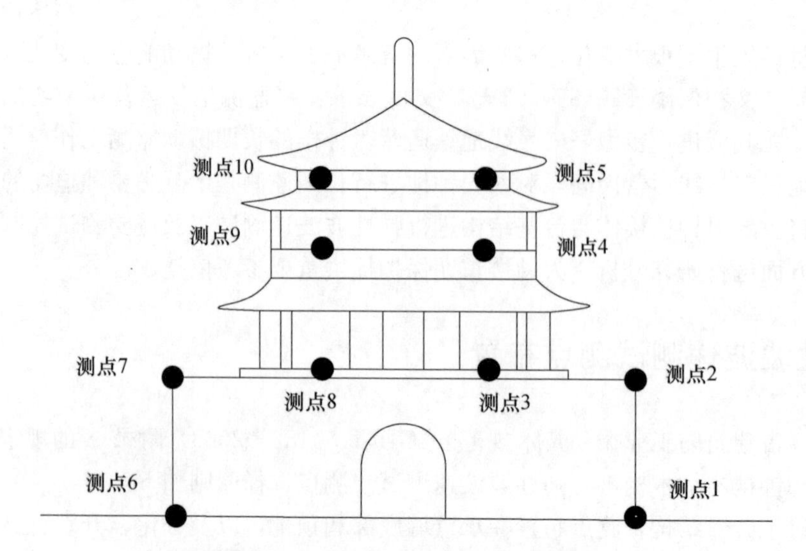

图1 钟楼振动监测测点布置示意图

图2 拾振器安装监测

图3 木结构振动监测

4 监测工况及监测时间

通过现场调查，测试区段路面交通情况一般规律为7：00～23：00为路面交通高峰期，车辆通过速度较慢，在本时间段内测得各点在地铁运行＋路面交通工况下的振动响应值。测试期间，地铁二号线在各段的最晚停运时间为23：40，此时路面交通车辆仍较多，持续到凌晨2点路面车辆变少，在该时间内测得地铁停运后路面交通工况下的振动响应值。

为了确保本次振动监测结果的准确性和科学性，在监测前做好协调准备、设备仪器准备、传感器安装及调试准备，在确保监测系统运行正常，监测数据正确后方可进行正式的监测工作。

5 弹性波波速测试结果

采用纵波换能器进行平测法测试，每个测点改变发射电压，记录接收信号的时程曲线，读取声时、首波幅值和周期值。读取两次声时，取其平均值为本测距的声时，对于异常的点读取三次声时。测距除以平均声时为该测点的弹性波传播速度，所有测点的平均传播速度即为该古建筑结构的弹性波传播速度。各结构的弹性波波速测试结果统计见表2。本现场测试时间为2019年04月23日～2019年04月25日。

表2 弹性波波速测试结果统计表

测试对象		测试数量（点）	最大值（m/s）	最小值（m/s）	平均值（m/s）	标准差	变异系数
钟楼	台基砖结构	60	1720	1310	1501	88	0.059
	木结构	60	6150	4200	5210	176	0.034

6 钟楼振动监测结果及分析

本次振动监测时间为2018.07.23～2018.07.25。分析钟楼各测点现场实测信号的时程和频谱曲线图，统计钟楼木结构、台基在各工况下最大振动速度值，见表3和表4。

表3 钟楼木结构振动速度最大值统计表

工况	测点编号	位置	速度幅值最大值（mm/s）		
			X	Y	Z
路面交通＋地铁运行	3、8	柱底	0.065	0.066	0.058
	4、9	柱中	0.153	0.158	0.065
	5、10	柱顶	0.090	0.100	0.080

续表

工况	测点编号	位置	速度幅值最大值（mm/s）		
			X	Y	Z
地铁停运后路面交通	3、8	柱底	0.036	0.035	0.032
	4、9	柱中	0.080	0.091	0.029
	5、10	柱顶	0.073	0.055	0.026

表 4　钟楼台基振动速度最大值统计表

工况	测点编号	位置	速度幅值最大值（mm/s）		
			X	Y	Z
路面交通＋地铁运行	1、6	台基底	0.028	0.023	0.070
	2、7	台基顶	0.064	0.054	0.069
地铁停运后路面交通	1、6	台基底	0.015	0.014	0.037
	2、7	台基顶	0.035	0.032	0.040

为了更加清晰地分析不同的振动源在钟楼产生的振动响应大小并判断振动速度响应幅值是否满足振动容许标准的要求，将统计数据绘制成不同工况下 X、Y、Z 向的振动速度幅值比较图。

（1）钟楼木结构在地铁运行和路面交通共同作用工况下时，水平向振动速度最大幅值为 0.158mm/s，垂直向振动速度最大幅值为 0.080mm/s；在地铁停运后路面交通工况下，水平向振动速度最大幅值为 0.091mm/s，垂直向振动速度最大幅值为 0.032mm/s。

（2）钟楼台基在地铁运行和路面交通共同作用工况下时，水平向振动速度最大幅值为 0.064mm/s，垂直向振动速度最大幅值为 0.070mm/s；在地铁停运后路面交通工况下，水平向振动速度最大幅值为 0.035mm/s，垂直向振动速度最大幅值为 0.040mm/s。

7　监测结果与相关标准及规定比较

为了形象地分析不同监测时间数据的差异及变化规律，统计各期我馆完成的振动测试工作中各测点、各工况下振动速度数据，得出最大振动速度幅值，具体见表 5 和表 6，并与相关的容许振动标准相比。

振动监测结果的评判标准主要依据以下规定和规范：

（1）国家文物局在“关于《西安市城市快速轨道交通二号线通过钟楼及城墙文物保护方案》（陕文物字［2006］266 号）的批复”（文物保函［2007］99 号，2007 年 2 月 5 日）中要求：“因地铁振动引起的钟楼、城墙（路面）的垂直振动速度允许最大值建议控制在 0.15～0.20mm/s”。

（2）根据《古建筑防工业振动技术规范》（GB/T 50452—2008）规定及弹性波波速测试结果，钟楼台基的容许振动速度为 0.15mm/s（水平向）。

表5　地铁运行+路面交通工况下最大振动速度幅值统计表

监测对象		监测时间		最大振动速度幅值（mm/s）	
				水平向	垂直向
钟楼	木结构	以往数据	2011.12	0.131	0.070
			2012.04	0.190	0.094
			2013.12	0.139	0.080
			2014.03	0.152	0.077
			2016.03	0.129	0.101
			2016.11	0.155	0.089
		本期	2018.07	0.158	0.080
	台基砖结构	以往数据	2011.12	0.060	0.059
			2012.04	0.067	0.066
			2013.12	0.065	0.062
			2014.03	0.067	0.066
			2016.03	0.052	0.064
			2016.11	0.047	0.059
		本期	2018.07	0.064	0.070

表6　地铁停运后路面交通工况下最大振动速度幅值统计表

监测对象		监测时间		最大振动速度幅值（mm/s）	
				水平向	垂直向
钟楼	木结构	以往数据	2011.12	0.113	0.052
			2012.04	0.123	0.038
			2013.12	0.076	0.059
			2014.03	0.072	0.051
			2016.03	0.085	0.055
			2016.11	0.094	0.051
		本期	2018.07	0.091	0.032
	台基砖结构	以往数据	2011.12	0.044	0.049
			2012.04	0.048	0.046
			2013.12	0.056	0.058
			2014.03	0.028	0.034
			2016.03	0.021	0.035
			2016.11	0.032	0.045
		本期	2018.07	0.035	0.040

将次振动监测结果与振动容许标准相对比，地铁停运后路面交通工况下、地铁运行+路面交通的综合工况下，钟楼的垂直向振动速度满足国家文物局的要求，钟楼点水平向振动速度满足《古建筑防工业振动技术规范》（GB/T 50452—2008）的要求。

8 振动监测结论

2018年7月对地铁二号线钟楼进行的第一期振动监测，完成了多工况下的振动响应监测，包括：地铁运行＋路面交通综合工况、地铁停运后路面交通工况。监测结论如下：

（1）从弹性波波速测试结果确定的各测试对象振动容许标准分别为：钟楼台基结构的容许振动速度为0.15mm/s（水平向），钟楼木结构的容许振动速度为0.20mm/s（水平向）。

（2）地铁运行＋路面交通综合工况下，本次测得的振动速度幅值见表7。

表7 地铁运行＋路面交通综合工况下振动速度增幅表

监测对象		第一期	
		水平向（mm/s）	垂直向（mm/s）
钟楼	木结构	0.158	0.080
	台基	0.064	0.070

测试结果均满足国家文物局要求和《古建筑防工业振动技术规范》（GB/T 50452—2008）容许振动标准的要求。

（3）地铁停运后路面交通工况下，本次测得的振动速度幅值见表8。

表8 地铁停运后路面交通工况下振动速度幅值表

监测对象		第一期	
		水平向（mm/s）	垂直向（mm/s）
钟楼	木结构	0.091	0.032
	台基	0.035	0.040

测试结果均满足国家文物局要求和《古建筑防工业振动技术规范》（GB/T 50452—2008）容许振动标准的要求。

参考文献

[1] 中华人民共和国住房和城乡建设部．古建筑防工业振动技术规范：GB/T 50452—2008［S］．北京：中国建筑工业出版社．2009.

[2] 中华人民共和国住房和城乡建设部．建筑变形测量规范：JGJ 8—2016［S］．北京：中国建筑工业出版社．2016.

[3] 陕西省住房和城乡建设厅，陕西省质量技术监督局．西安城市轨道交通工程监测技术规范：DBJ61/T 98—2015［S］．

西安城墙病害监测四色预警阈值研究

李俊连[1]　刘　海[2]　高　衡[2]　李嘉毅[1]　李　欢[1]

（1 机械工业勘察设计研究院有限公司 西安 710043，2 西安城墙管理委员会 西安 710002）

摘　要：为制定西安城墙科学可行的预防性保护预警依据，本文从三种途径入手：汇总并归纳分析城墙实测数据，分析其变形规律；采用数值模拟，计算城墙墙体的极限变形限制；参考相关规范、工程实例，最终经过综合分析得出了城墙墙体绿、黄、橙、红四个级别下的四色安全预警阈值。

关键词：西安城墙；变形监测；数值模拟；四色分级预警

Study on Four-Color Warning Thresholds of Deformation Monitoring on the Xi'an City Wall

Li Jun-lian[1]　Liu Hai[2]　Gao Heng[2]　Li Jiayi[1]　Li Huan[1]

（1 China Jikan Research Institute of Engineering Ivestigations and Design，Co.，Ltd，Xi'an 710043；

2 Management Committee of Xi'an City Wall，Xi'an 710002）

Abstract：In order to establish scientific and feasible prewarning value of Xi'an City Wall，which were obtained from three ways in this paper. The measured data of city wall are analyzed to find its deformation law；Numerical simulation is used to calculate the limit deformation of Xi'an City Wall. Related specifications and engineering examples are refered. Finally，the four-color warning thresholds of green，yellow，orange and red are obtained through comprehensive analysis.

Keywords：Xi'an City Wall；deformation monitoring；numerical modeling；the four-color warning thresholds.

1　引言

西安城墙全长13.74km，由于其独特的线性分布赋存环境，使其很容易受到周边环境变化的影响，历史上每一次环境变迁，都在城墙墙体上留有烙印，才导致今时今日西安城墙墙体存在的各种局部沉降、臌胀位移、裂缝等病害。如何有效监测其隐患，不使墙体产生突发坍塌等安全事故，目前国内没有标准，西安城墙的预警标准更是一片空白。

在我国，早在20世纪70年代末，苏州云岩寺塔便已经逐步建立起比较科学的监测系统，对塔身的沉降、位移、裂缝变化进行跟踪监测，监测结果直接形成了80年代的保险加固工程[1]。平遥古城墙坍塌事故后，相关学者和部门对平遥古城墙预警体系的建立做了大量的研究工作。如敖迎阳[2]以平遥城墙裂缝的产生作为切入点，并对几种常见外包砖的受力裂缝进行了有限元计算分析，最终确定在何种条件下将出现裂缝。徐华[3]对平遥古城墙通过现状调查和计算分析两方面，制订了平遥古城墙健康监测初步方案。

为制订适用于西安城墙的监测预警体系，本文拟从以下三方面入手：首先对现掌握的大量的城墙实测数据进行归纳分析，掌握目前病害变形现状规律；其次对城墙做有限元数值模拟计算，得出城墙受力极限平衡状态时的变形阈值；第三参考相关规范、工程实例限值；最终，综合判断得出城墙墙体安全预警阈值。在后期使用过程中，结合西安城墙日常巡查及监测预警反馈情况，最终得到最适合西安城墙的监测预警阈值。

2　城墙实测数据分析

机械工业勘察设计研究院有限公司自1996年开始，对西安城墙各马面段墙体基础沉降、海墁沉降、墙体裂缝等病害进行持续观测，但由于城墙马面数目众多，日常只针对有病害表象特征严重的马面部位进行监测。本次将所有监测数据进行汇总分析[4]，表1中列出较典型19、43号马面分析数据。

表1　西安城墙典型马面沉降统计表

	监测时间	累计最大沉降量(mm)	最大沉降速率(mm/d)	裂缝宽度变化最大值(mm)	最大局部倾斜
19号马面基础	2007.10—2014.12	S≤5	−0.002	3	0.00013
	2014.12—2016.06	5<S≤70	−0.13	38	0.0064
	2016.06—2016.10	70<S≤86	−0.075	45	0.0069
43号马面海墁	2007.11—2008.10	≤5	−0.013	1	0.0005
	2008.10—2013.09	5<S≤15	−0.005	5	0.002
	2013.09—2016.12	15<S≤30	−0.004	6	0.0024

因篇幅所限，统计已测的所有城墙墙体沉降变形资料，可以得出：当基础产生小于5mm沉降量时，墙体裂缝宽度变化较小；基础产生5～15mm沉降时，墙体裂缝宽度大多变宽，宽度增大约2～5mm；基础产生15～30mm沉降量时，墙体裂缝宽度变化约4～6mm。当海墁沉降量大于30mm时，海墁裂缝宽度增大约4～10mm。由于城墙保存状态不一，沉降与裂缝宽度的线性相关性离散性大，但总体规律是：沉降量越大，墙体裂缝宽度增大越多，裂缝数量增多，其安全性相应降低。

3 受力分析计算

3.1 墙体破坏标准

根据以往试验数据[4]，城砖的抗拉强度实测为 0.8～1.3MPa，抗压强度为 10～18MPa；砌体间粘结灰浆抗拉强度为 0.2～0.4MPa，抗压强度为 10～18MPa。根据城墙多年勘察、监测经验，墙体一般是受拉开裂。当墙体裂缝长度 $L \leqslant 2$m，裂缝宽度 $d \leqslant 2$mm，裂缝沿砖缝发育，抗拉强度在 0.2～0.3MPa；裂缝长度 $2\text{m} < L \leqslant 6$m，裂缝宽度 $2\text{mm} < d \leqslant 5$mm，裂缝多沿砖缝发育，个别砖裂开，其抗拉强度在 0.3～0.4MPa；当墙体裂缝长度 $6\text{m} < L \leqslant 10$m，裂缝宽度 $5\text{mm} < d \leqslant 10$mm，裂缝将多层整砖裂开，其抗拉强度在 0.4～0.8MPa；当墙体裂缝长度 $10\text{m} < L \leqslant 12$m，形成上下贯通的等墙高裂缝，且宽度 $d \geqslant 10$mm，受到抗拉强度大于 0.8MPa。

3.2 有限元模型计算

采用建立一个标准马面单元的整体有限元模型，将“砖砌体＋垫石＋夯土＋地层”分层模拟，有限元模型如图 1 所示。

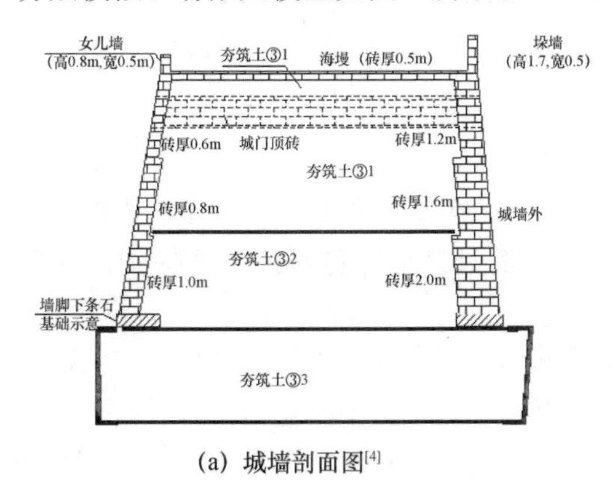

(a) 城墙剖面图[4]

(b) 有限元模型

图 1 城墙马面有限元模型

3.3 不同沉降工况下的受力分析

为模拟城墙的沉降变形特征，对城墙基础、海墁分别施加不同范围和大小的变形。因西安城墙修筑至今已有沉降量无从考证，病害现状不一，按理想的模型计算其破坏极限值偏大，对计算极限安全阈值进行 0.5 的系数折减，折减后的安全等级划分见表 2。

表 2 折减后城墙墙体安全等级划分

安全等级[4]		Ⅰ级（破损轻微）	Ⅱ级（破损较轻）	Ⅲ级（破损严重）	Ⅳ级（破损较重）
基础	沉降量（mm）	<－17.5	－17.5～－45	－45～－62.5	>－62.5
	局部倾斜	<0.001	0.001～0.002	0.002～0.0025	>0.0025
海墁	沉降量（mm）	<－17.5	－17.5～－50	－50～－80	>－80

4 监测分级预警体系的建立

西安城墙从明洪武年间初建，不断经历自然灾害和人为灾害，又屡次经历了历朝历代的维修，在破坏与维修的不断轮回后，与初建时期已大不相同，且层层叠加的文化层更使墙体的差异性极大。为此对其病害预警宜按马面分段进行，或根据病害发育部位分段进行。结合规范、现场实测值、数值分析确立城墙沉降量的预警阈值。为便于后期使用，对于同等级用颜色说明其等级，定义为“四色分级预警体系”，“绿色”代表安全；“黄色”代表较安全；“橙色”代表较危险；“红色”代表危险。其具体数值见表3。

表3 四色预警体系预警阈值

预警级别	绿色	黄色	橙色	红色
基础累计沉降量（mm）	<15	15～30	30～40	≥40
海墁累计沉降量（mm）	<15	15～30	30～40	≥40
沉降速率 v（mm/d）	<0.02	0.02～0.04	0.04～0.08	≥0.08
基础裂缝宽度变化量（mm）	0～2	2～4	4～6	6～8
海墁裂缝宽度变化量（mm）	0～3	3～6	6～8	≥8

5 结论

（1）通过实测数据的分析，结合数值计算、规范和经验，得到西安城墙病害四色预警阈值。提出了分级预警的理念，使监测数据真正用起来，起到预防性保护的预警作用。

（2）西安城墙所处地质条件复杂，现存病害较多，保存状况不一，具体阈值的确定方法是科学合理的，但具体数值需要在日常巡视和监测基础上不断总结，科学调整。

（3）四色预警尝试性的探索监测数据进行安全预警的可行性，因为未考虑各马面病害现状差异性，需要后期继续完善，且未考虑城楼、箭楼、敌楼等特殊区域，仅针对墙体的变形监测预警阈值，后期也需要继续完善。

参考文献

[1] 肖金亮．中国历史建筑保护科学体系的建立与方法论研究［D］．北京：清华大学，2009.
[2] 敖迎阳．平遥古城墙裂缝成因分析及处理对策［D］．北京：北京交通大学，2008.
[3] 徐华．山西平遥古城城墙结构承载力影响因素分析［D］．北京：北京交通大学，2008.
[4] 郑建国，李俊连，钱春宇．西安城墙现状与保护［M］．西安：西安交通大学出版社，2018.

振动测试在石质文物安全性评估中的应用

刘崇焱[1,2]　刘欣媛[1,2]

（1 中冶建筑研究总院有限公司 北京 100088，
2 国家工业建构筑物质量安全监督检验中心 北京 100088）

摘　要：随着全球环境污染的日益加剧，石质文物病害问题日益严重，特别是结构裂隙甚至已经威胁到石质文物的安全状态。由于石质文物的特殊性，应尽量避免有损检测，而应该采用无损检测的方式。通过理论振动特性和实测振动特性的对比，可以定性的判定石质文物的安全状态；结合其他检测方法，可以定量的判定石质文物的安全状态。

关键词：石质文物；裂隙；振动测试；安全状态

Application of Vibration Test in the Safety Evaluation of The Ancient Stone Objects

Liu Chongyan[1,2]　Liu Xinyuan[1,2]

（1 Central Research Institute of Building and Construction Co.，Ltd.，MCC Group，Beijing 100088；
2 National Test Center of Quality and Safety Supervision for Industrial Building and Structures，Beijing 100088）

Abstract：With the increasing environmental pollution in the world，the disease of stone cultural relics is becoming more and more serious，especially the structural cracks have even threatened the safety of stone cultural relics. Because of the particularity of stone cultural relics，damage detection should be avoided as far as possible，and non-destructive testing should be adopted. By comparing the theoretical vibration characteristics with the measured vibration characteristics，the safety state of stone cultural relics can be qualitatively determined，and the safety state of stone cultural relics can be quantitatively determined by combining other detection methods.

Keywords：stone cultural relics；cracks；vibration testing；safety status

1　引言

石质文物在各类文物中占有较大的比例，从石器时代的岩画和石质生产工具、石器，到历代的石窟造像、经幢石塔、石牌坊、石桥、石碑、石雕、石刻和各类石质古建筑等。随着全球环境污染的日益加剧，石质文物病害问题，尤其是裂隙问题，已经越来越引起人们的重视。为了定性评判石质文物的安全状态，特尝试实测石质文物的振动特性，并和理论振动特性进行对比分析，试图对石质文物进行定性的安全状态评判。

2 石质文物常见病害

在实际中，常见的石质文物病害有生物病害、机械伤害、表面风化、裂隙（图1）、空鼓、表面污染与变色、颜料病害[1]，其中裂隙［机械裂隙（应力裂隙）、浅表性裂隙（风化裂隙，如图2所示）、构造裂隙（原生裂隙）、或混合裂隙］对于石质文物本体的影响较为致命，可能对石质文物的安全性造成极大的伤害，或者坍塌。

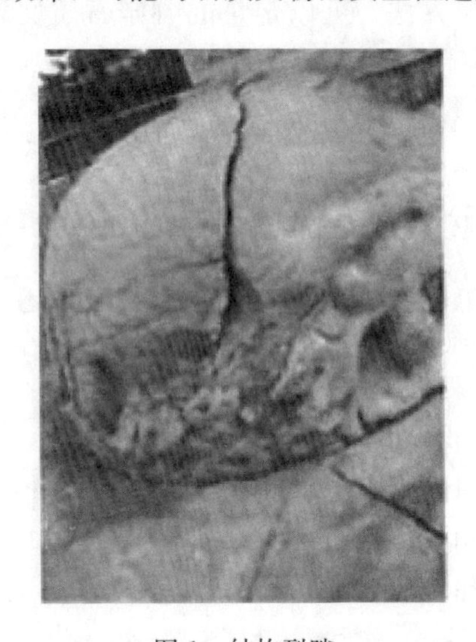

图1　结构裂隙

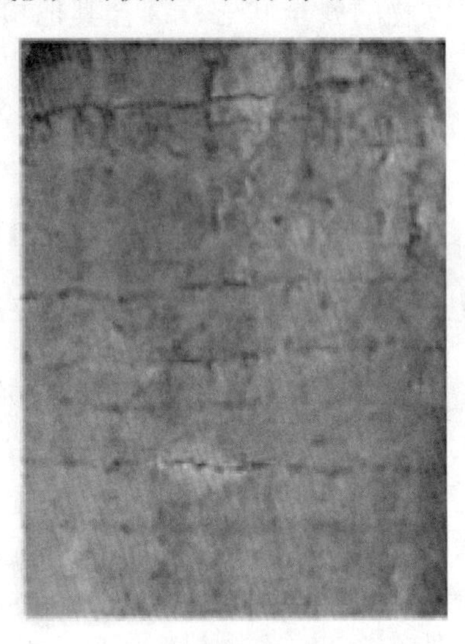

图2　风化裂隙

由于石质文物的特殊性，通常情况下不允许进行有损检测。如何在无损状态下定性地评判石质文物的安全性成为亟待解决的问题。

3 振动测试原理描述

振动是宇宙普遍存在的一种现象，总体分为宏观振动（如地震、海啸）和微观振动（如基本粒子的热运动、布朗运动）。一些振动拥有比较固定的波长和频率，一些振动则没有固定的波长和频率。振动原理广泛应用于音乐、建筑、医疗、制造、建材、探测、军事等行业，有许多细小的分支。

根据结构动力学知识[2,3]，频率与$\sqrt{K}$成正比，与$\sqrt{M}$成反比。

对于某一特定的石质文物，其质量与质量分布是固定的，通过现代化测绘技术（如三维激光扫描技术等）可以很好地测绘出石质文物的几何外形尺寸，通过几何外形尺寸，可以得到其相关的质量及质量分布。

通过测绘石质文物的几何外形尺寸，可以通过有限元计算分析，对其进行理论模态的计算分析，从而得出理论的自振特性，包括各部分的应力应变状态。

石质文物的整体刚度与截面形状、内部缺陷、支撑位置等因素息息相关。当石质文物完好时，尤其是无结构性裂隙时，石质文物宜按整体考虑；当石质文物出现裂隙，尤其是结构性裂隙时，石质文物的整体刚度必然削弱，且会导致石质文物刚度重新分配。

基于上述原理，在石质文物表面合理的布置传感器，设置合理的参数，通过一定的激励，可以得到石质文物的振动特性，如频率、振型（特别是高阶振型）等信息，通过这些信息，可以反映出石质文物的健康状态。

通过对比理论振动特性和实测振动特性，可以定性地判定出结构的安全状态。同时结合其他检测手段，可以较为准确地判定石质文物的安全状态。

此方法亦可用于检验石质文物修缮（特指修复结构性裂隙）质量的一种方法，原理与上述相同。

4　相关评判标准

在振动测试领域，有一系列的规范标准，如《建筑工程容许振动标准》（GB 50868—2013）、《古建筑防工业振动技术规范》（GB/T 50452—2008）、《机械工业环境保护设计规范》（JBJ 16—2000）、《城市区域环境振动标准》（GB 10070—1988）等，这些规范极大地推进了振动测试的发展，这些规范规定了振动对不同建筑的影响限值及检测方法，但未明确对于建筑物损伤的判定。笔者认为，这可能是由于建筑物构件及连接节点较多，振动易沿各种杆件传播，弄清楚细部损伤较为困难。

石质文物结构形式较为单一，通过合理的布置传感器和合理的设置参数，得到石质文物的实际振动特性是可行的。

5　工程应用

5.1　西南某石质戏台

西南某石质戏台（图 3）距今已有上百年的历史，属于重点保护文物，通过现场振动测试（图 4），得到戏台的实际振动特性，通过对振动特性的研究可以定性地判定其安全状态。

5.2　华表

华表（图 5、图 6）属于重点保护文物，通过现场振动测试，得到华表的实际振动特性，通过对振动特性的研究可以定性地判定其安全状态。

图3 戏台外观

图4 现场测试

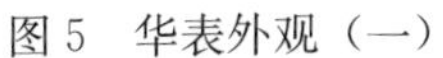
图5　华表外观（一）

图6　华表外观（二）

5.3　西南某塔

该塔（图7）属于重点保护文物，通过现场振动测试（图8），得到该塔的实际振动特性，通过对振动特性的研究可以定性地判定其安全状态。

图7　塔的外观

图8　振动测试

6　结论

通过对比石质文物理论振动特性和实测振动特性，可以定性地评判石质文物的安全状态；结合其他检测方法，可以定量地判定石质文物的安装状态。

但是该方法亦具有一定的局限性。首先，理论计算参数、边界条件的确定难以完全实际化；其次，现场实测振动特性时，传感器的布置、参数设置以及后期振动特性分析的准确性都对安全状态的判定有较大的影响。基于此种考虑，建议依据实测振动特性进行安全状态评判时，仅进行定性的安全状态的判定；如需进行定量的安全状态评判，需结合其他有效的检测方法。

参考文献

[1] 国家文物局．石质文物病害分类与图示：WW/T 0002—2007［S］．北京：中国标准出版社．2008：3.
[2]［美］R. W. 克拉夫，J. 彭津著．结构动力学［M］．王光远等译．北京：科学出版社，1981.
[3] 徐建．建筑振动工程手册［M］．北京：中国建筑工业出版社，2002.

鼓浪屿历史建筑砌体结构安全性和抗震性能评定的原则

石建光[1]　谢益人[2]　陈辉杰[3]

（1 厦门大学建筑与土木工程学院 福建厦门 361005，
2 厦门合立道工程设计集团股份有限公司 福建厦门 361005，
3 鼓浪屿管委会文保处 福建厦门 361005）

摘　要： 既有建筑结构评定的核心是如何准确地判断实际工程状态，追求对实际结构的准确把握，而建筑结构设计的核心是尽可能对预测各种不利情况做好安全储备，追求对未来结构的足够保证，为此既有建筑结构的评定有其特殊性。本文介绍了国内外已有的既有建筑结构安全性和抗震性能评定标准，讨论了研究者提出的传统经验法、实用鉴定法、概率鉴定法或“查”、“算”、“验”等评定方法，概括总结了既有建筑结构安全性和抗震性能评定的原则：强调结构概念和构造措施、建筑结构工程事故和历次地震损坏的参照类比、减少工程量、基于既有建筑结构实际状态等。依据鼓浪屿历史建筑砌体结构存在的实际问题，考虑历史建筑结构的要求，避免过大干预，具体讨论了鼓浪屿历史建筑砌体结构安全性和抗震性能评定的原则和注意的问题。

关键词： 既有建筑；历史建筑；鼓浪屿；安全性评定；抗震性能评定

Principles for Evaluating the Safety and Seismic Performance of the Masonry Structure of Kulangsu Historical Building

Shi Jianguang[1]　Xie Yiren[2]　Chen Huijie[3]

（1 School of Architecture and Civil Engineering，Xiamen University，Xiamen 361005；
2 Xiamen Heli Road Engineering Design Group Co.，Ltd.，Xiamen 361005；
3 Cultural Security Office of Gulangyu Management Committee，Xiamen 361005）

Abstract： The key issues of the existing building structure evaluation is how to accurately judge the actual engineering state and pursue the accurate grasp of the actual structure，while the key issues of the building structure design is to predict all kinds of adverse situations as much as possible and do a good job in safety reserve，and pursue the sufficient guarantee for the future structure. The existing building structure evaluation has its particularity. This paper introduces the existing evaluation standards of safety and seismic performance of existing building structures at home and abroad, discusses the traditional experience method, practical evaluation method, probability evaluation method or "check", "calculate", "check" and other evaluation methods proposed by researchers, and summarizes the principles of safety and seismic performance evaluation of existing building structures: emphasizing the concept and construction measures of structures, structural engineering The reference analogy between the accident and the previous earthquake damage, the reduction of the work quantity, and the actual state of the existing building structure, etc. According to the practical problems existing in the masonry structure of historical buildings in Gulangyu, considering the requirements of historical buildings and avoiding too much interference, this paper specifically discusses the principles and problems of the safety and seismic performance evaluation of the masonry structure of historical buildings in Gulangyu.

Keywords: existing buildings; historical buildings; kulangsu; safety assessment; seismic performance assessment

1 引言

全国既有建筑面积总计近 500 亿 m^2，大量既有建筑存在功能落后、安全性不足等问题，特别是建于 1990 年以前的大多达不到现行规范的抗震性能要求[1]。既有建筑或现有建筑是已经建成投入使用的建筑。既有建筑的种类繁多，建造年代、当时采用的技术依据、现在所处现状、经历的变迁、环境地域以及价值等各有不同。因为既有建筑时有发生破坏或在地震中倒塌等极端事件，既有建筑结构的安全性和抗震能力一直是社会和土建行业关注的焦点[2]。随着时间推移，越来越多的既有建筑需要修缮加固，2019 年 4 月 8 日发改委公布的《产业结构调整指导目录（2019 年）征求意见稿》将既有房屋建筑抗震加固技术研发与工程应用作为鼓励类列入其中，显示出这一问题的重要性。大量的既有建筑很难分类，有些因特殊的地域、历史、文化等会形成具有一些共同特征的一类建筑，如传统建筑，是指在外观造型、结构和装饰特征、材料使用以及营造做法等方面具有传承性、普遍性和演进性的建筑。传统建筑可以是既有的，也可以是新建的。如建成遗产，是以建造方式形成的文化遗产，范围超出了建筑范畴，可以是古墓、古塔等。而常说的历史建筑，则涵盖了文物建筑、历史风貌建筑或优秀历史建筑等，强调具有历史意义、传统风格、艺术特色、特殊工艺、文化和科学价值等。历史建筑因国务院颁布《历史文化名城名镇名村保护条例》越来越获得重视，因各地历史建筑的不同特点，北京、上海、杭州、天津、武汉、苏州、南京、厦门、无锡等地方均颁布了地方条例[3]，历史建筑的修缮加固也越来越多。历史建筑结构既要同既有建筑结构一样满足安全性和抗震能力要求，更要在修缮加固中满足保护要求，坚持最小干预、可识别性等保护原则，确保其真实性和完整性。历史建筑结构的安全性和抗震性能评定应该同既有建筑结构一样，真实、准确地反映结构实际状态，这样才能为修缮加固提供可靠的依据。目前国内外都在积极探索如何协调既有建筑结构的鉴定评估和设计规范的关系[4]，解决既有建筑结构客观存在和新建建筑结构标准不断更新提高的差别问题。本文试图通过总结既有建筑结构安全性和抗震性能评定的实践和研究现状，有针对性的探究鼓浪屿历史建筑砌体结构安全性和抗震性能评定的原则，为做好鼓浪屿世界文化遗产保护，更好开展历史建筑修缮加固提供有益参考。

2 既有建筑结构安全性和抗震性能评定的研究现状

2.1 既有建筑结构安全性和抗震性能评定标准

既有建筑结构的安全性评定是针对正常使用情况下的安全性，而既有建筑结构抗震性能评定是针对发生地震情况下的安全性。既有建筑结构的可靠性评定是考虑正常使用情况下的安全性、适用性和耐久性。而既有建筑结构在遭受爆炸力和冲击力等偶然荷载作用时，主要是保证不致发生连续倒塌的整体稳定性或牢固性。

我国目前既有建筑结构的鉴定标准主要有：《工业建筑可靠性鉴定标准》（GB 50144—2008）、《民用建筑可靠性鉴定标准》（GB 50292—2015）、《建筑抗震鉴定标准》（GB 50023—2009）、《火灾后建筑结构鉴定标准》（CECS 252—2009）、《危险房屋鉴定标准》（JGJ 125—2016）、建设部1985年颁发的《房屋完损等级评定标准》、《农村危险房屋鉴定技术导则（试行）》等。部分省市依据地方既有建筑特点也编制地方标准，如上海市《既有建筑物结构检测与评定标准》（DG/TJ 08—804—2005）、《现有建筑抗震鉴定与加固规程》（DGJ 08—81—2015），北京市《房屋结构综合安全性鉴定标准》（DB11/637—2015）、《房屋建筑安全评估技术规程》（DB11/T 882—2012）、《建筑抗震鉴定与加固技术规程》（DB11/T 689—2009）、《房屋建筑使用安全检查技术规程》（DB11/T 1004—2013），广东省《既有建筑物结构安全性检测鉴定技术标准》（DBJ/T 15—86—2011）、深圳市《历史遗留建筑物结构安全性检测与鉴定指南》，《四川省建筑抗震鉴定与加固技术规程》（DB51/5059—2015）等。

国外主要国家同样建立了既有建筑的评定标准，如国际标准 International Standard. Bases for design of structures-assessment of existing structures（ISO13822：2003）、欧洲规范《Eurocode 8—Design of structures for earthquake resistance—Part 3：Assessment and retrofitting of buildings》、日本规范《既有钢筋混凝土结构建筑物抗震诊断标准·同解说》和美国标准《FEMA154—建筑潜在抗震能力快速观察判定手册》[5]。欧洲抗震鉴定方法基于性能目标，用构件的抗震能力需求和抗震能力的比值对结构抗震性能进行评价，日本的抗震鉴定方法基于综合考虑结构抗震承载力和塑性变形能力，对现有结构抗震性能鉴定考虑的因素更为全面、详细[6]。美国快速评估方法可操作性强，方法简单易行[7]。

通过建立既有建筑安全性，特别是抗震性能评定标准，准确评定既有建筑结构的实际状态是国内外的通行做法。

2.2 既有建筑结构安全性和抗震性能评定方法

既有建筑结构安全性和抗震性能评定方法经历了不同的发展阶段，从开始的传统经验法、到实用鉴定法以及概率鉴定法[8]，或从经验评定方法到定量的评定技术以及结构全部性能的评定[9]，或综合评价法[2]。也可以简单概括为“查”、“算”、“验”三种方法[10]。

经验评定方法是通过现场观察和简单的计算，根据专业知识和工程经验直接对建筑物的可靠性做出评价[8]，也就是“查”的方法。这种评定将房屋的状态分成完好、基本完好、损伤、严重损伤和危险几个等级，如早期的《房屋完损等级评定标准》、《危险房屋鉴定标准》(CJ 13—1986)、《工业与民用建筑抗震鉴定标准》(TJ 23—1977)。

实用鉴定法或定量的评定技术是应用检测手段对建筑物及其环境进行调查、检查和测试，应用计算方法分析建筑物的性能和状态，以现行标准规范为基准，按照鉴定程序和标准，从安全性、适用性等多个方面综合评定建筑物的可靠性水平。也就是“算”的方法，是参考现行设计规范进行结构验算，以验算结果评定结构构件安全性。如早期实施的《工业厂房可靠性鉴定标准》（GBJ 144—1990)、《建筑抗震鉴定标准》（GB 50023—1995）和《危险房屋鉴定标准》（JGJ 125—1999）以及《民用建筑可靠性鉴定标准》(GB 50292—1999）等。《工业厂房可靠性鉴定标准》(GBJ 144—1990）采用的“三个层次、四个等级”的鉴定方法将承重结构按照受力分为传力树，依据树中各构件的重要性分为基本构件和非基本构件，再按照这两种构件分别进行其百分率的统计，从而得出传力树的等级，用各等级传力树的百分率来评定承重结构的等级，用这种传力树模型评级方法，考虑结构体系的可靠度。《民用建筑可靠性鉴定标准》（GB 50292—1999）以可靠指标作为结构、构件承载能力鉴定评级的分级标志，以失效概率下降一个数量级作为确定危险构件的界限。《危险房屋鉴定标准》（JGJ 125—1999）修订为三个层次、四个等级的评定方法，以模糊集理论为基础，采用分层综合评判模式。

概率鉴定法是运用概率论和数理统计原理，采用非定值理论对结构实际可靠性进行直接评价和鉴定[8]。概率法理论上比较完善，但计算与实际工作状态之间的差异较大，实用还有较大的距离，有近似概率法。综合评价法是由结构布置、结构体系、构造措施和结构与构件的抗震承载能力综合评价抗震性能。“验”的方法是基于荷载检验的评定方法，一般仅在需要增加使用荷载而不具备验算分析条件、对已有变形或损伤影响结构性能的程度无法定量评定等少数情况下才会采用[10]。

既有建筑结构的实际评定工作中，采用的分析判断方法有排除分析法、对比分析法、参照分析法、计算分析法、模拟分析法等，在简单或为常见损坏时，用一种分析方法就可确定损坏的原因和程度，当遇到较复杂的损坏情况或不常见的损坏时，需要用两种以上的分析方法才可确定、判断或证明出损坏的主要原因[11]。

《工程结构可靠性设计统一标准》给出的既有建筑结构可靠性评定方法为：以现行结构规范为基准，对既有建筑结构性能的实际状况进行评定，出现不协调时对结构规范的一些规定进行调整[9]。这种参照现行设计规范的方法，使得既有建筑结构的许多计算参数出现调整的可能，如荷载作用、作用效应和结构抗力的分项系数等在保证可靠指标不降低的前提下，可低于结构设计规范规定的分项系数[12-14]。特别是既有建筑后续使用年限的不同会影响很多参数[15]。

2.3 既有建筑结构安全性和抗震性能评定原则

既有结构的可靠性评定可分为安全性评定、适用性评定和耐久性评定以及抗灾害能力评定，各项性能可以单独或有选择地进行评定，各项评定的内容、基本方法以及在评定过程各有要点[16-19]。既有建筑结构的评定既有具体计算分析，也有整体宏观把握[20]，所以要从建筑结构性能要求来确定评价的原则。

第一要强调结构概念和构造措施评价的原则。建筑结构的性能要求主要有安全性、适用性、舒适性、耐久性、整体性、防灾害能力以及可持续发展要求。其中承载能力极限状态主要涉及安全性、整体性、防灾害能力，正常使用极限状态涉及适用性、舒适性、耐久性以及可持续发展要求。整体性主要是避免连续倒塌，可持续发展主要是符合节省材料、降低能耗与保护环境的要求，体现四节一环保，即节能、节水、节地、节材、环保要求。也有研究者提出在既有建筑适用性评定方法中引入历史保护文化价值影响评价体系，提出适合历史保护建筑结构的适用性评价方法[21]。

既有建筑结构安全性评定在《工程结构可靠性设计统一标准》（GB 50153—2008）中分成结构布置与结构体系、连接与锚固和构件承载力三项[16]，具体来说，既有建筑结构安全性和抗震性能包括了结构的承载力、连接、稳定、变形能力以及结构转变为机动体系、过大变形、倾覆、滑移及漂浮和防连续倒塌，这些性能指标可以通过设计规范的计算方法验证是否满足。而一些重要的结构概念，如明确的荷载传递路径、多道抗震设防、整体性、稳定性或鲁棒性以及结构的竖向刚度质量承载力分布均匀、水平侧向刚度分布均匀、平面布局合理、扭转效应大小、能承担足够的最小地震作用、结构薄弱层等对于既有结构很难通过验证考核，但对抗震性能非常重要。历次震害证明，结构概念和抗震构造措施是抗震性能的重要保证。这些结构概念和构造措施面对既有建筑结构的众多种类很难统一指标要求，应该采取整体结构概念和构造措施评价来进行整体评价，即宏观地对建筑结构安全性评定[20]，或采取对整体结构体系的实用评定方法[13]。而且既有建筑中的内框架和底层框架砖房，现行规范的结构体系已经取消，何况其他更多的结构类型，如砖木结构、石砌体-条石楼板、石砌体混合结构、石砌体-木屋架结构、夯土墙承重-木屋架、夯土墙承重-硬山搁檩、穿斗木构架、木柱-木桁架等繁多的既有建筑结构体系[22]。所以要对类型变化繁多的既有建筑的结构布置与结构体系、连接与锚固等作出具体规定或判定标准是比较困难的，把结构概念和构造措施与构件定量计算验证相结合适应不同类型和规模的既有建筑结构是可行的。

第二是建筑结构工程事故和历次地震损坏的参照类比原则。建筑结构工程事故和历次地震损坏是最接近真实的试验验证，对于不同的既有建筑结构都是有价值的参照类比对象。比如大量低矮的既有建筑砌体结构，2003 年 7 月 21 日大姚 6.2 级地震引起的震害为大多数墙体有 X 形裂缝或局部倒塌，多层房屋呈现顶、底层破坏重，中间层破坏轻的趋势，底层破坏多出现 X 形裂缝，顶层以水平裂缝为主，原因是墙体砂浆强度等级不达标，导致墙体的主拉应力不足，地震时产生裂缝[23]。2007 年 6 月 3 日云南宁洱发生 6.4 级地震，砖混结构房屋典型震害为底层纵、横向墙体普遍出现 X 型剪切裂缝，尤其纵墙更严重，位于孤立山包上，地震动加速度有放大效应[24]。2010年4月14日青海省玉树县发生7.1级强震，多数砖墙因砌筑砂浆含泥量高，造成砂浆的胶结能力差，墙体的抗剪能力低下，在地震中遭到毁灭性的破坏。纵横墙连接不牢，甚至在施工时未留马牙槎、无拉接措施等[25]。2008年汶川地震造成大量砌体结构倒塌以及不同程度的破坏。有些结构体系抗震性能相对较差，如平面布置不规则，破坏的部位和形式往往与砖墙布置、砌体强度和房屋构造等因素有关系。纵横墙墙面出现斜裂缝、交叉裂缝、水平裂缝、竖向裂缝，严重者出现倾斜、错动和倒塌现象。其中，外纵墙门窗洞口较多，窗间墙极易破坏[26]。可以看出，即使是低矮的既有建筑砌体结构，当存在纵横墙连接不牢、墙体砂浆强度等级低、平面布置不规则、外纵墙门窗洞口较多、孤立山包上等问题时都是抗震性能差的原因。

第三是尽量减少工程量原则。既有建筑结构安全性和抗震性能评定是为修缮加固提供依据的，所以《工程结构可靠性设计统一标准》（GB 50153—2008）明确了在保证结构性能前提下尽量减少工程量的原则。如何尽力对结构实际状态作出准确的评价是落实这一原则的关键。既有建筑结构安全性和抗震性能评定是如何准确地判断实际工程状态，这与建筑结构设计时尽可能预测各种不利情况做好安全储备有很大不同，一个是追求对实际结构的准确把握，一个是追求对未来结构的足够保证。为此既有建筑结构的检测就非常重要。

现在实行的检测标准：《建筑结构检测技术标准》（GB/T 50344—2019）、《砌体工程现场检测技术标准》（GB/T 50315—2011）、《混凝土结构现场检测技术标准》（GB/T 50784—2013）等对检测技术、样本、检测操作提供了各种技术选择和获得结构实际信息的方法，可这些检测标准很难对既有建筑的传统材料和长期使用作出符合现代力学性能的准确评判。如采用贯入法检测砌筑砂浆抗压强度，《贯入法检测砌筑砂浆抗压强度技术规程》（JGJ/T 136—2017）是针对水泥砂浆的，而依据上海房屋质量检测站的对比研究，用于黏土混合砂浆实际上强度评价指标偏高[27]，现场观察和触碰也证实砂浆风化严重，现场原位检测才能比较准确地获得材料实际性能[28]。提高对既有建筑结构检测技术、样本、检测操作的针对性，才可以减少工程量。

第四是基于既有建筑结构实际状态的评定原则。《工程结构可靠性设计统一标准》（GB 50153—2008）提出的既有建筑结构分项系数或安全系数评定原则考虑了利用设计规范中的不确定性储备，这些不确定性储备有：分项系数设置方法的、材料强度的、材料强度标准值的、承载力计算模型的、变量变异性的等[20]，这是解决既有建筑结构真实存在而基于现行设计规范计算评定带来的不确定性减小。另一方面需要考虑的是针对既有建筑结构实际状态的计算取值和分析，如使用荷载可以据实测定，风和地震作用可以按具体地理位置和环境细化、各种内力和反应的计算模型、计算方法以及效应叠加符合实际结构状态和可能等，包括合适的安全储备[13]。避免直接套用设计规范和设计软件，具体结构具体分析，更加符合既有建筑结构实际状态，确实无法准确计算的结构，可以采用荷载检验方法评定结构安全性。

3 鼓浪屿历史建筑砌体结构安全性和抗震性能评定

3.1 鼓浪屿历史建筑砌体结构特点

鼓浪屿历史建筑风格多样、使用功能丰富、有各种外柱廊、建造方式特别，其建筑结构层数多数为三层、高宽比都小于 2.5，结构体系多为砖混、砖石、砖木结构，木屋盖比较多，地基采用石条或者砖砌体条基，很多具有地下室或局部地下室。结构评定中存在的问题主要有房屋整体性不足、结构布置不合理、构造措施缺失、墙体中砂浆强度很低。现实表现主要有：墙体开裂、渗水、潮湿、风化剥落等，混凝土楼板露筋、锈蚀、渗水、裂缝、老化、剥落，木屋架或者木楼板有不同程度的虫蛀、腐朽、歪扭以及连接构造不足，房屋的围护系统破坏严重，栏杆扶手、挑檐、局部窗间墙或窗下墙损坏较多[29]。但鼓浪屿历史建筑具有层数少、高宽比小、墙体厚度较大、内墙多、楼盖跨度小等对安全性和抗震性能有利的因素。而鼓浪屿面临台风、沿海环境侵蚀、地震等风险，耐久性是突出的结构隐患。为此，在满足历史建筑保护要求的前提下，需要依据既有建筑结构安全性和抗震性能评定的原则进行鉴定和评定。

3.2 历史建筑结构安全性和抗震性能评定的标准

历史建筑设计建造时均未考虑抗震要求，而且建成后已使用较长时段，建筑结构形式多种多样，使用过程中建筑功能变化较大，为保护该类建筑物，其抗震能力应获得保障。

历史建筑结构安全性和抗震性能评定有《近现代历史建筑结构安全性评估导则》（WW/T 0048—2014）、《古建筑木结构维护与加固技术规范》（GB 50165—1992）、《古建筑结构安全性鉴定技术规范　第 1 部分：木结构》（DB11/T 1190.1—2015）等专门标准，正在拟定的《文物建筑中砖石结构维修与加固技术规范》（审议稿）提出，对文物建筑的抗震加固可根据文物建筑的保存现状及使用功能采取必要的加固措施，但不得以提高抗震能力为目的对文物建筑进行过大的干预。正在征求意见的《历史建筑修缮技术规范》提出，当不能达到现行抗震规范设防标准时，比较合适的做法是在抗震鉴定和加固时，结合历史建筑的抗震机理进行抗震概念分析，依据历史建筑的价值，采取合适的加固方法措施[30]。

依据历史建筑的地域特点，各地陆续发布了地方性历史建筑保护技术规范，如上海市《优秀历史建筑修缮技术规程》（DGJ 08—108—2004）、《北京旧城房屋修缮与保护技术导则》、《苏州市古建筑抢修保护实施细则》、天津《历史风貌建筑修缮技术规程》、《常州市历史建筑修缮技术导则》等。

历史建筑结构安全性和抗震性能的强调了依据抗震机理进行抗震概念分析评定，不得对历史建筑进行过大的干预，采取合适的加固方法措施。研究和开发适合各种修缮加固的保护性技术是关键[30]。

3.3 鼓浪屿历史建筑砌体结构安全性和抗震性能评定的原则

鼓浪屿历史建筑砌体结构安全性和抗震性能的评定应该依据既有建筑结构的评定原则，结合鼓浪屿历史建筑砌体结构的特征进行评定。

一是以结构概念和构造措施的抗震概念分析进行评定。即以抗震概念主导评定，不用规范条文的规定强制要求历史建筑。如鼓浪屿历史建筑砌体结构往往出现层高大于规范要求的3.6m、部分承重墙体竖向不连续引起竖向不规则，楼板开洞大于30%引起结构平面布置不规则，承重墙体由料石、烧结普通砖组成形成同一房屋不同材料的承重墙体以及众多的单侧或四侧外廊、外纵墙门窗洞口较多等结构方案问题。构造措施上往往有砖墙未设置混凝土圈梁、没有构造柱、楼盖与墙体无可靠连接、首层石墙顶部未设置钢筋混凝土圈梁以及局部墙体尺寸过小、大梁下部没有构造柱、有独立砖柱等问题。但考虑到建筑总高度、层数、墙厚、高宽比等都满足，结构规模小、墙体间距小、刚度大、对称均匀等这些保证整体性的有利条件。对结构方案方面的问题适度放宽，而尽可能弥补构造措施的不足，提高结构整体性，加强构件保证传力路径的可靠。

二是采取历次地震损坏的参照类比原则，有针对性地对薄弱部位进行评定。如鼓浪屿历史建筑砌体结构中砌筑砂浆强度等级低、外纵墙门窗洞口较多、建筑位于突出于海面的岛屿上，这些特征在过去地震历史中是低矮砌体结构的突出破坏原因，没有可靠依据时应该评定为薄弱环节或部位，在修缮加固中引起特殊关注。

三是尽量减少工程量，避免过大干预的原则。历史建筑的修缮加固当没有合适的技术措施时可以是短期或临时的措施，这对确定评估预期使用年限带来不确定性，而预期使用年限对结构安全性和抗震性能评定有直接影响，现在的评定标准是按30年预期使用年限来确定的，但实际上对历史建筑可以有一定的灵活性，可以结合基于结构状态的评定方法或荷载检验的评定方法[31]，进行使用年数较长的建筑结构的某些构件承载力的评定，以保护历史建筑、减少工程量，实现最小干预。对结构采取的检测技术、样本、检测操作要有针对性地分析，以便获得结构真实的信息。典型的是黏土混合砂浆不能直接采用水泥砂浆的检测标准[27]，要重视现场观察和实际状态判断。

四是基于建筑结构实际状态的评定原则。鼓浪屿历史建筑砌体结构总高度小、层数少、墙体厚、高宽比小、纵横墙多、墙体间距小、刚度大、结构对称均匀，相对于现行规范的建筑规模、纵横墙间距和墙体厚度等都是远离上限的，所以直接采用规范条文评定是比较严格的，这不符合历史建筑不得以提高抗震能力为目的进行过大的干预原则，基于结构实际状态的评定方法更适合。历史建筑结构的检测数据比较分散，可按《数据的统计处理和解释正态样本异常值的判断和处理》（GB/T 4883—2008）的规定进行处理，不应随意取舍检测数据。尽可能考虑规范中的不确定性储备，保证计算分析更加接近真实状态，而且历史建筑可以通过限制使用等措施降低荷载作用。虽然《近现代历史建筑结构安全性评估导则》（WW/T 0048—2014）评定标准容许结构构件承载能力低于规范要求的10%，但要结合结构体系、结构布置、构造措施等综合评定，不能仅从结构构件承载能力是否满足这一个方面来衡量。若仅个别构件的承载力不满足相应规范的要求，则应根据该层其他构件承载能力的情况和考虑内力重分布及相应的构造措施等进行综合评价[2]。

4 结论

鼓浪屿历史建筑砌体结构是历史建筑中的一个地方建筑形式，有其特殊的形成历史和地域环境特点，作为世界文化遗产，做好保护利用是今后一个时期紧迫和现实的任务。既有建筑结构评定的核心是准确把握实际结构，而建筑结构设计的核心是对未来结构有足够保证，注意既有建筑结构评定的特殊性。在既有建筑结构和历史建筑结构安全性和抗震性能评定的不断完善和发展进步中，应该及时吸收和采纳最新发展成果和技术做好鼓浪屿历史建筑砌体结构的评定工作。如何坚持强调结构概念和构造措施评价、建筑结构工程事故和历次地震损坏的参照类比、尽量减少工程量、避免过大干预、基于既有建筑结构实际状态的评定等原则是工程实践中需要探索的课题。

参考文献

[1] 王俊，李云贵，李宏男，等．既有建筑安全性改造关键技术研究［J］．建设科技，2014（3）：33-35.

[2] 高小旺，王伟，高炜，等．既有建筑安全与抗震性能检测鉴定的若干问题［J］．建筑结构，2007，37（S1）：248-251.

[3] 黄勇，张文珺．规范历史建筑修缮 保护城市风貌特色——以《常州市历史建筑修缮技术导则》的编制为例［J］．江苏城市规划，2011（7）：16＋32-36.

[4] 陆锦标，顾祥林．既有建筑结构检测鉴定规范的现状和发展趋势［J］．住宅科技，2008（6）：37-43.

[5] 李中锡，邸小坛，申月红，等．建筑潜在抗震能力快速观察判定手册——FEMA154 系列介绍之一［J］．工程质量，2009，27（9）：81-84.

[6] 罗琨．中日欧现有建筑抗震性能评估方法比较研究［D］．北京：北京交通大学，2011.

[7] 孙建华，毋剑平，杨沈．简析 FEMA 154——建筑抗震能力快速评估方法［J］．工程抗震与加固改造，2010，32（5）：75-78.

[8] 张鑫，李安起，赵考重．建筑结构鉴定与加固改造技术的进展［J］．工程力学，2011，28（1）：1-011.

[9] 常在，王紫轩，邸小坛．建筑结构检测与评定技术的发展［J］．建筑科学，2013，29（11）：97-102.

[10] 蒋利学，朱雷，李向民．既有结构可靠性评定的基本问题和策略探讨［J］．结构工程师，2015，31（6）.

[11] 王与中．房屋鉴定的理论与方法［J］．住宅科技，2011，(04)（S1）：34-37.

[12] 李英民，周小龙，罗文文，等．基于可靠性理论的既有结构楼面活荷载取值研究［J］．建筑结构，2014，39（17）：83-87.

[12] 顾祥林，许勇，张伟平．既有建筑结构构件的安全性分析［J］．建筑结构学报，2004，25（6）：117-122.

[14] 顾祥林，陈少杰，张伟平．既有建筑结构体系可靠性评估实用方法［J］．结构工程师，2007，

23（4）：12-17.

［15］蒋济同，郭红秋，杜德润．不同后续使用年限结构的鉴定加固问题［J］．工业建筑，2011（S1）：894-898.

［16］邸小坛，田欣．既有建筑安全性评定技术综述［J］．建筑科学，2011，27（S1）：131-132.

［17］陶里，邸小坛．既有建筑适用性评定的规则及理念［J］．建筑科学，2011，27（S1）：143-145.

［18］孟玉洁，李明，周燕，等．既有建筑耐久性评定技术综述［J］．建筑科学，2011，27（S1）：145-148.

［19］邸小坛，田欣．既有建筑抗灾害的评定［J］．建筑科学，2011，27（S1）：154-156.

［20］翟传明，韩庆华，邸小坛．既有建筑性能的评定原则及方法概述［J］．建筑结构，2012（3）：96-100.

［21］王勇．历史保护建筑适用性评价研究［J］．建筑学报，2011（5）：40-42.

［22］李斌．福建省镇（乡）村既有建筑的抗震性能鉴定方法研究［J］．福建建筑，2012（6）：38-41.

［23］施伟华，周光全，赵永庆，等．2003年大姚6.2级地震房屋震害特征及分析［J］．地震研究，2004，27（4）：374-378.

［24］非明伦，周光全，卢永坤，等．2007年宁洱6.4级地震宁洱县城现代建筑典型震害分析［J］．地震研究，2007，30（4）：359-363.

［25］白国良，薛冯，徐亚洲．青海玉树地震村镇建筑震害分析及减灾措施［J］．西安建筑科技大学学报：自然科学版，2011（3）：309-315.

［26］李英民，韩军，刘立平，等．“5·12”汶川地震砌体结构房屋震害调查与分析［J］．西安建筑科技大学学报（自然科学版），2009，41（5）：606-611.

［27］赵福志，李占鸿，周云．贯入法检测石灰砂浆抗压强度方法研究［J］．住宅科技，2017（11）：71.

［28］张伟平，李强，顾祥林，等．历史建筑砌体材料力学性能现场检测方法研究［A］．砌体结构基本理论与工程应用——2012年全国砌体结构领域基本理论与工程应用学术会议论文集［C］．中国工程建设标准化协会砌体结构专业委员会，2012：8

［29］石建光，谢益人，王新宇，鼓浪屿历史建筑的特点和面临的结构问题分析［R］．面向空间再生的保护技术，建成遗产保护技术国际研讨会，2018.

［30］石建光，谢益人．历史建筑砌体结构修缮与加固中保护技术的回顾与展望［R］．中国文物保护技术协会第十次学术年会，2018.

［31］邸小坛．建筑性能检测与评定技术发展［J］．建设科技，2008（6）：100-102.

四、其他类

土遗址保护工程效果检测及后评估实践——以高昌故城为例

师焕英　吕　渊　李　洋　路　兴　常　阳　张晓绒

（北京国文信文物保护有限公司 北京 100029）

摘　要：土遗址保护加固工程一般规模较大，技术复杂，周期长，但是长期以来由于土遗址自身材质、所在区域气候特征、保护技术的局限性等客观影响因素较多，至今对本体保护工程未提出明确的工程质保期要求。因此一部分工程项目，在工程完工后并未达到预期的保护效果，有一些甚至带来了新的病害问题，成为后续保护工作的难题。本文通过对实施本体保护 5～8 年后的土遗址现状进行勘察，对其物理、力学性能进行检测，综合比对保护加固前的各项指标数据，进行保护措施的有效性及局限性定量或半定量分析，旨在识别遗址保护后可能存在的问题，同时筛选科学可行的监测、检测技术手段，初步建立起土遗址保护工程后评估体系，为后续保护工程的开展提供重要依据，同时为土遗址保护措施进一步优化完善提供借鉴和参考。

关键词：土遗址保护；后评估；保护效果；检测方法

Practice of Effects Detection and Post-evaluation of Earth Site Protection Project —Take Gaochang as an Example

Shi Huanying　Lv Yuan　Li Yang　Lu Xing　Chang Yang　Zhang Xiaorong

(Beijing Guoxin Cultural Relics Protection Co., Ltd., Beijing 100029)

Abstract: The protection subjects of soil site are generally large in scale, complicated in technology and have long cycle. However, for a long time, due to many objective factors such as the material of soil site, regional climate characteristics and limitations of protection technology, no specific requirements for projects quality guarantee period have been put forward for the protection projects. Therefore, some of the projects did not achieve the expected protection effects after the completion of the projects, and some of them even brought new disease problems, which became a difficult problem in the follow-up protection works. This article make a survey of protection subiects after 5 to 8 years which had been made completion acceptance. Testing the Physical and mechanical properties. Comparing the index data before protection reinforcement and making the effectiveness of protection measures and the limitation of quantitative or semi-quantitative analysis. The aim is to identify possible problems after the site protection, and at the same time to screen scientific and feasible monitoring and detection techniques, and initially establish the post-site protection project evaluation system, to provide an important basis for the follow-up protection project, and provide reference and reference for the further optimization and improvement of the protection measures of the site.

Keywords: protection of soil site; post-evaluation; preventive effect; detection method

1 引言

土遗址的科学保护相对于其他类型不可移动文物保护起步较晚，真正意义上的土遗址保护是在20世纪60年代以后。我国的土遗址保护研究工作自20世纪80年代起开展试验性研究至今已取得了较大的成果。主要的研究方向涉及土遗址病害发育特征研究、土遗址保护材料与工艺研究、土遗址环境学研究、土遗址勘察理论及技术方法研究、土遗址保护工程研究等。

新疆吐鲁番地区大型土遗址分布数量较多，并且区域气候特征明显。该区域土遗址保护工作起步较早、投入大，具有较强的代表性。目前在该地区针对土遗址表面的防风化加固、土体补砌、锚固等本体保护技术措施已被广泛应用，但针对保护工程实施后的保护效果、工程质量等方面的跟踪监测、后评估工作发展都相对滞后，土遗址保护科学的完整体系尚未完全建立。因此通过现代无损（微损）分析技术、材料科学等综合学科应用，找到土遗址保护工程措施在材料、工艺等方面缺陷的后评估工作在现阶段就显得尤为重要。

2 土遗址保护工程后评估的目的及必要性

2.1 土遗址保护工程后评估的目的

在此提出的土遗址保护工程后评估是指对已经竣工一段时间的土遗址本体保护工程的保护对象现状进行科学的监测、检测，通过对比遗址土体保护前后的各项物理、化学、力学性能等数据，进行客观的分析、评价，从而判定预期的保护目标是否达到，施工工艺、操作流程是否存在问题，所使用的保护加固材料、技术是否安全并适用于此区域等。后评估的作用主要表现在其反馈功能上，它一方面总结了技术措施、施工工艺等全过程中的经验教训，另一方面对于下一步的保护工作又起着指导作用。

后评估工作基本要达到以下目的：一是通过对保护工程对象的现状情况和预期保护目标进行对照，考察工程措施的适用性、有效性和预期目标的实现程度；二是通过现状问题对保护措施实施过程各阶段工作进行追溯，明确现状问题致因，总结保护技术、方法的经验教训，提出相关改进和补救措施；三是将保护项目后评估信息反馈到后续的保护工作中去，改进和提高保护项目实施的管理水平、决策水平。

2.2 土遗址保护工程后评估的必要性

近年来国家先后投入巨额资金用于土遗址的保护。这其中有一大部分保护项目已竣工验收，而且取得了较好的保护效果。但是，我们也必须看到有一部分工程项目，在工程完工后并未达到预期的保护效果，有一些甚至带来了新的病害问题，成为后续保护工作的难点。由于存在以上情况，所以对本体保护工程进行后评估是非常必要的。通过工程后评估，分析现状情况，厘清原因，根据不同情况采用相应的方法进行处理。对于工程质量高、保护效果好的工程，我们可以总结经验，为后续的保护工作决策提供可借鉴的经验；对未达到预期保护效果的项目，分析原因，制定补救措施，进一步优化、完善技术措施，从而确保保护效果的持久性和适应性。

3 土遗址保护工程后评估方法的建立

3.1 土遗址保护工程后评估体系

土遗址保护工程后评估涉及评估指标项的确定，监测、检测技术手段的筛选，数据的采集，工程实施前后数据比对、分析等多项内容。选择哪些评价指标、如何从基础资料中提取指标数据以及采用何种方式来量化评价指标，是构建保护工程效果后评估指标体系中的关键（图 1）。

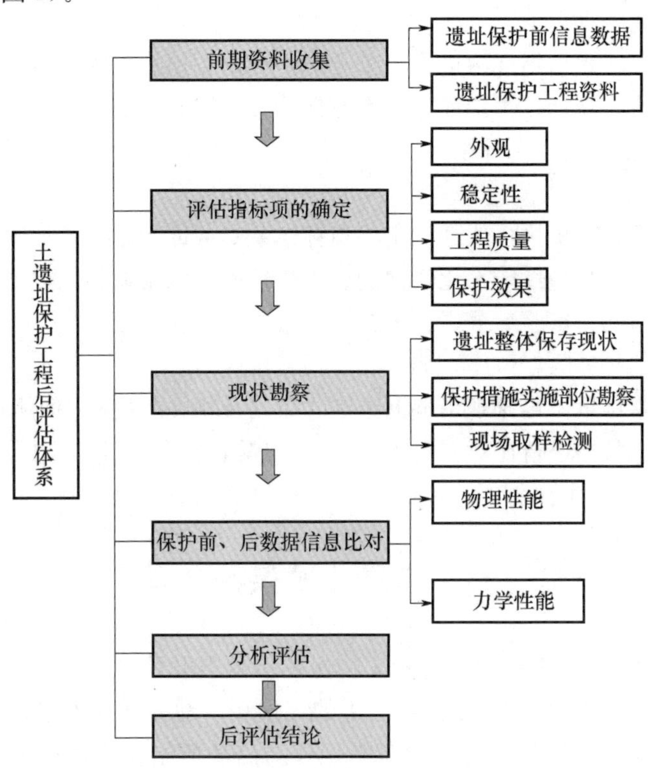

图 1　土遗址保护工程后评估体系

3.2 后评估实施条件

为确保后评估的实施效果与效率，在后评估体系中应有明确的启用条件：包括各分项工程已完工、总体工程项目已完成竣工验收或者验收材料准备齐全，工程完工距后评估时间不得少于2年，不多于10年。

3.3 后评估组织形式

为确保后评估的专业性与公正性，该项工作由独立的文物保护行业第三方咨询评估机构组织实施。

3.4 后评估操作方法

（1）前期资料收集

对包括保护对象保护加固前各项数据信息，保护工程的相关工程资料，包括管理、设计、施工、监理、竣工验收等文件进行收集、整理，全面了解工程实施情况，并制定工作方案。

（2）现场踏勘

对工程实施范围内的遗址本体及环境现状进行现场踏勘，以明确遗址目前的保护、保存状态，初步了解保护工程实施后遗址本体、环境现存的一些问题，并确定现场监测及检测取样的部位。

（3）专家现场咨询论证

组织业内专家对评估指标项进行权重分析，确定各项指标的权重分配，由专家根据相关的工程资料进行现场技术论证，对本体保护技术实施的效果等进行初步评估，专家出具专业评估意见。

（4）技术检测

委托相关技术检测机构，依据拟定的指标体系对遗址本体抢险加固保护工程实施后的整体稳定性，土体物理性能、化学性能、力学性能，以及相关保护加固材料的耐久性等进行现场取样检测与实验室分析，出具检测报告。

（5）综合评估

根据前期勘察结果，专家现场咨询论证意见以及相关的技术检测报告，与遗址保护加固前的各项信息数据进行比对，对本体保护工程措施的有效性、耐久性等，出具专业的评估报告。

4 后评估方法的实践——高昌故城保护工程

高昌故城（图2）系首批全国重点文物保护单位、世界文化遗产，位于新疆维吾尔自治区吐鲁番地区吐鲁番市以东约30公里的三堡乡，地处吐鲁番盆地北缘与火焰山南麓戈壁接壤的冲积平原地带，周围地势平坦。高昌故城始建于西汉时期，十四世纪废弃，共延续1300多年。高昌故城平面呈不规则正方形，现存外城、内城和宫城（可汗堡）三重城，墙体为夯筑和土坯垒砌，墙体外附墩台和马面。

图2 高昌故城

4.1 高昌故城主要病害情况

高昌故城因其固有的建造材料——生土、夯土和土坯等在恶劣的自然条件下极易风蚀、水解，其主要病害表现如下：表面严重风蚀、雨蚀、基础酥碱、裂隙发育、洞顶坍塌、基础不均匀沉降、崖体坍塌、人为破坏等。

4.2 “十一五、十二五”期间高昌故城保护工程概况

针对高昌故城面临的主要病害威胁情况，2006年至2014年经国家文物局陆续批复实施了一至四期遗址本体保护工程，主要针对遗址的局部坍塌、结构失稳、墙体开裂、表面风化、危岩体等严重病害开展了保护加固。此次针对这一时期开展的遗址本体保护工程进行检测评估。

4.3 评估的工具或技术手段

高昌故城本体保护加固工程——一至四期主要技术措施包括：表面防风化加固、土坯支护、裂隙修补、顶面封护、钢架支撑、柔性材料加固等。在评估过程中采取了有针对性的勘察、检测方式，从而能够较为客观准确地对保护加固措施的保护效果、工程质量作出判断。针对表面风化加固主要先从外观上观察其色差，加固后是否与遗址原有颜色存在较大差异，同时观察加固层脱落情况，局部取样，分别进行实验室土体离子色谱分析及土体物理及力学性能监测从而判断加固效果，并初步分析出问题所在；针对裂隙灌浆、土坯加固等主要采用无损检测手段，现场由专家对加固后遗址稳定状态进行初判，通过红外热成像技术对物体或材料表层进行进一步检测，如果红外成像显示温度分布较为均匀，说明内部未出现空洞、通缝；若区域温差较大，则存在内部缺陷，需进行进一步勘察，并分析致因。同时还需对土坯的局部进行取样对比原生土物理性能，确认土坯质量等；其他隐蔽工程部位，除核查相关设计、施工资料外，主要通过对加固处的

外部表象观察包括是否出现新的裂隙、有无局部坍塌等，从而初步判断内部结构是否安全稳定，如有新的裂隙、坍塌等出现，需做进一步的无损探测。

4.4 保护措施分项评估

(1) 表面防风化加固

① 外观（颜色变化）

在土遗址保护与修复中，色差直接影响着加固材料加固后遗址能否保持原貌，也是保护材料能否被应用的重要依据之一。目前通常采用目视比色法，具体评估指标见表1。

表1 遗址表面防风化加固效果评估指标

<table>
<tr><th>工程措施</th><th colspan="2">评估指标</th><th>基本要求</th><th>评估手段</th></tr>
<tr><td rowspan="4">遗址表面方风化加固</td><td colspan="2">1. 外观色差</td><td>加固后外观色彩与遗址原生土应基本一致，不存在明显色差</td><td>现状目测比对专家论证</td></tr>
<tr><td colspan="2">2. 表面牢固度</td><td>遗址加固表面不应存在大面积粉化、脱落现象</td><td>现场勘察、土体取样，实验室检测分析，专家论证</td></tr>
<tr><td rowspan="2">3. 防风化效果</td><td>土体物理性能变化</td><td>加固前后土体的物理性能应不发生明显变化</td><td>现场取样、实验室检测分析</td></tr>
<tr><td>土体力学性能变化</td><td>加固前后土体的抗剪、无侧限强度应有一定的提高</td><td>现场取样、实验室检测分析</td></tr>
</table>

高昌故城——四期保护工程中针对遗址表面风化病害，分别使用了硅丙乳液和PS材料；通过目测比对，不存在肉眼可辨差别的较大色差，一、二、三、四期工程尽管施工时间不同，也不存在明显差别（表2中照片部分由于光线问题造成的色差可忽略），外部观感与遗址整体较为协调。

② 表面牢固度

通过现场勘察发现，硅丙乳液和PS材料防风化加固后的保护对象，均存在不同程度的局部表面结壳脱落、疏松、粉化等问题，位置主要集中在遗址立面的中部、根部区域；其中以四期工程三号遗址墙面结壳脱落最为严重，脱落粉化面积占到整体面积的30%左右。

通过核查设计施工文件，发现在工程设计的勘察初期对遗址本体风化、酥碱的厚度不够明确，施工设计针对性不强，普遍采用大面积喷涂的方式，仅在内城南门段城墙等部分遗址区域采取了滴渗的施工做法，因此无法保证防风化材料的渗透性；同时由于浆液有一定自重，因此在顶面上渗透性明显高于立面。从而在一定程度上导致多数墙体立面中部和根部发生脱落。

针对出现的问题，现场分别对加固区域和未加固区域土体取样做进一步离子色谱分析。检测表明，未加固区域的土体表面盐分含量较高（表3、表4）。经初步分析，由于吐鲁番地区属于西部干旱地区，降雨量小，蒸发量大，地面盐分集中明显，因此遗址根部盐分相对集中，较高的盐分含量会导致防风化加固效果降低，这也是脱落区域大多集中在遗址根部和中部的原因之一；而在同一位置的土体，表面的盐分含量高于内部含量，不同离子中钠、钾的内外分布差异明显，钙、镁离子的分布差异不明显，初步判断可能是钠、钾离子容易随水分运动，富集于遗址表面，从而导致了表面的局部脱落。

表 2　遗址部分区域加固前后外观颜色变化比对表

勘察位置	加固前照片	加固后照片	现状照片
10 号风蚀体（一期，使用 PS）			
西门南侧城墙（二期，使用硅丙乳液）			
2 号民居（三期，使用硅丙乳液）			
南城墙 1 号马面（四期，使用硅丙乳液）			

表3　离子色谱检测结果　　　　无机阴离子：

名称	样品量（mg/kg）Cl^-	样品量（mg/kg）NO_3^-	样品量（mg/kg）SO_4^{2-}
1号民居	15054.50	12607.97	3640.70
3号遗址	4564.28	5640.40	1474.82
11号风蚀体附近	8108.60	8112.24	513.45
西塔边1	1512.56	306.16	3762.26
西塔边2	1516.93	209.41	4155.10
内城南门东段（Ⅰ期）1号	19824.76	1583.61	2065.05
内城南门东段（Ⅰ期）2号	10419.89	853.35	2105.88
内城南门东段（Ⅰ期）3号	7012.79	1739.93	1136.27
未加固3号遗址附近1	7475.70	6355.42	3567.13
未加固3号遗址附近2	3851.75	2780.80	2977.58
未加固3号遗址附近3	2455.12	1380.77	2677.81

表4　离子色谱检测结果　　　　无机阳离子：

名称	样品量（mg/kg）Na^+	样品量（mg/kg）K^+	样品量（mg/kg）Mg^{2+}	样品量（mg/kg）Ca^{2+}
1号民居	11649.47	7551.91	190.03	2121.87
3号遗址	1190.84	528.46	229.93	3879.30
11号风蚀体附近	4512.39	3497.54	200.65	2701.78
西塔边1	1002.26	216.27	187.39	1819.64
西塔边2	928.11	143.47	217.43	2016.91
内城南门东段（Ⅰ期）1号	15181.71	2291.21	260.53	1438.19
内城南门东段（Ⅰ期）2号	6145.29	485.22	283.15	1441.25
内城南门东段（Ⅰ期）3号	2222.73	182.78	310.45	1822.66
未加固3号遗址附近1	5364.58	2293.00	364.32	2650.70
未加固3号遗址附近2	2249.95	838.58	95.65	1442.80
未加固3号遗址附近3	2171.28	776.25	73.47	1165.69

对于表面风化脱落最为严重的第四期工程三号遗址墙体，通过查阅施工资料，发现造成此问题的主要原因是在施工过程中，由于当时墙面含水、含盐量较高，未做相关处理，直接大面积喷涂。根据实验室和现场试验结论，防风化材料的渗透性会随着土体含水率和盐分的增加而减弱，故该区域防风化材料渗透性不佳，导致目前遗址表面大面积脱落。

同时专家现场论证提出，脱落的原因还可能与大面积喷涂后，表面透气性不佳，导致水的聚集有关。通过后续的土体物理性能检测分析证实了此结论。

③ 防风化效果

a. 物理性能变化

加固材料应不明显改变土遗址的物理性能，其中必须确保土样内部大孔隙未被加固材料堵塞，内部水分能以流体水或水蒸气的形式与外界交流，以免湿气或盐分在遗址内部聚集。

根据土样检测结果（表 5)，经硅丙乳液及 PS 材料加固后的各期工程土体物理性能数值与加固前无明显变化。但其中含水率和孔隙比略有减小，说明防风化材料填充了土中孔隙及裹缚土粒和土团粒，通过在土粒和防风化材料之间形成的联系而提高了土体强度；但由此也反映了防风化加固后土体透气性受到一定影响，这也是导致遗址加固后出现局部结甲、龟裂、剥落等后遗症的因素之一。

表 5　故城内城墙加固前、后土体物理性能表

原生土样位置	土的分类	含水率（%）	密度（g/cm³）	干密度（g/cm³）	比重 g/cm³	孔隙比	饱和度（%）	液限（%）	塑限（%）	塑性指数	
高昌故城遗址内城墙南段 1	粉质黏土	2.4	1.6	1.56	2.71	0.734	9.0	26.3	16.2	10.1	
高昌故城遗址内城墙南段 2	粉质黏土	1.9	1.6	1.57	2.71	0.726	7.0	26.8	16.5	10.3	
高昌故城遗址南城墙	粉质黏土	2.7	1.46	1.42	2.71	0.906	8.0	26.9	16.5	10.4	
加固后取样位置	土的分类	含水率（%）	密度（g/cm³）	干密度（g/cm³）	比重 g/cm³	孔隙比	饱和度（%）	液限（%）	塑限（%）	塑性指数	液性指数
高昌故城遗址大佛寺东墙	粉土	1.4	1.73	1.71	2.72	0.582	6.3	29.5	19.9	9.6	−1.7
高昌故城遗址西塔边	粉土	1.6	1.73	1.70	2.72	0.612	6.3	28.8	19.4	9.4	−1.5
高昌故城遗址内城南门东	粉土	1.1	1.75	1.73	2.72	0.589	6.0	28.6	19.4	9.2	−2.0

b. 土体力学性能变化

加固强度是土体加固的重要性质，它直接体现着土体颗粒之间联结的强弱。目前对土体强度测试，一般采用两种方法：即抗剪强度和无侧限抗压强度。通过检测试验发现，经过硅丙乳液或 PS 加固后，土体抗压强度均有一定提高（表 6)。高昌故城遗址加固后土体力学性能检测结果见表 7。

表 6　高昌故城遗址加固前土体力学性能检测结果

取样位置	抗压强度（MPa）	抗拉强度（MPa）
大佛寺	1.06	0.24
内城南门城墙	1.00	0.25

注：试验日期为 2007 年

表 7　高昌故城遗址加固后土体力学性能检测结果

取样位置：大佛寺、内城南门东段

无侧限实验	直径（mm）	面积（mm^2）	破坏压力（N）	破坏应力（MPa）	无侧限平均强度（MPa）
试样 1	41.5	1351.97	1703	1.26	1.05
试样 2	41.35	1342.21	1396	1.04	
试样 3	41.25	1335.73	1151	0.86	

（2）裂隙修补加固

① 外观色差

从现场所见，大部分裂隙加固区域灌浆处颜色与原生土不存在较大色差，遗址本体表观相近、颜色统一。

② 灌浆密实度、土体黏结度

在已实施的墙体裂隙加固处理中，多采用锚杆锚固与裂隙充填注浆相结合的方法。勘察中主要针对微裂隙及孔洞、小裂隙以及贯通裂隙而采用的灌浆加固措施进行评估（表 8）。经现场观察，实施灌浆加固的遗址区域外部封护严密，仅部分封护层存有小的开裂，不存在明显裂缝或孔洞（表 9）。

表 8　评估指标及评估手段表

工程措施	评估指标	基本要求	评估手段
遗址裂隙加固	1. 外观色差	裂隙加固处外观颜色与遗址原生土应基本一致，不存在较大色差	现场目测、专家论证
	2. 灌浆密实度、土体黏结度	灌浆处表面封护良好，不存在明显的二次开裂	现场勘查目测、专家论证
		内部应不存在裂隙、空鼓	现场仪器检测、专家论证

表 9　裂隙修补加固部分区域现状勘察表

西门墙体裂缝灌浆加固外部封护密实	内城南门段墙体裂缝灌浆加固外部封护密实

续表

二号民居墙体灌浆加固外面封护密实	内城墙西段灌浆部位出现小裂缝

为进一步查验灌浆的效果，评估中同时引入了红外热成像检测，利用红外辐射对物体或材料表层进行检测和测量，其工作原理为：温度在绝对0℃以上的物体，都会因自身的分子运动而辐射出红外线。通过红外探测器将物体辐射的功率信号转换成电信号后，经电子系统处理，传至显示屏上得到与物体表面热分布相应的热像图。由于它反映了目标各部分的热分布和各部分能量大小的差异，可以根据所形成的热像图分析目标各部分的状况。当物体内部发生结构或材料性质变化，诸如裂缝、空鼓等变化时，它改变物体的热传导，使物体表面温度分布产生差别。

综合现场勘察及热成像结果（表10），发现目前裂隙灌浆后部分表面出现的小开裂位置，在红外成像显示中温度分布较为均匀，裂缝内部未出现空洞、通缝，小开裂应该是气候因素导致的表面干缩裂隙。但同时发现南城墙马面西立面经灌浆修补后存在新裂缝，通过红外成像仪检测，呈现红色的裂缝部分温度比周围区域略低，后续应加强观察监测。

表10　部分加固区域红外热成像检测情况

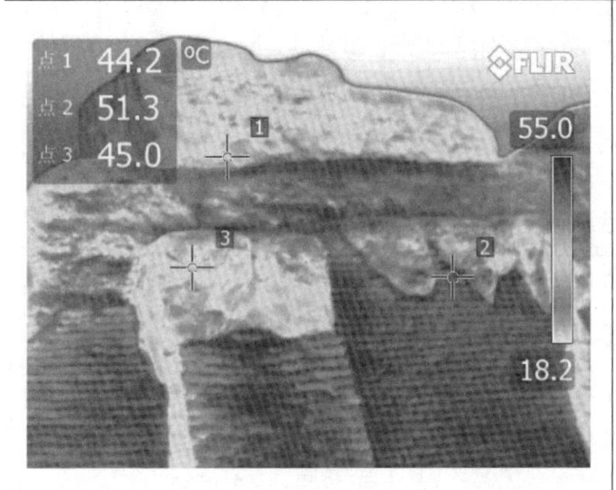	
西门红外图像	西门可见光图像

续表

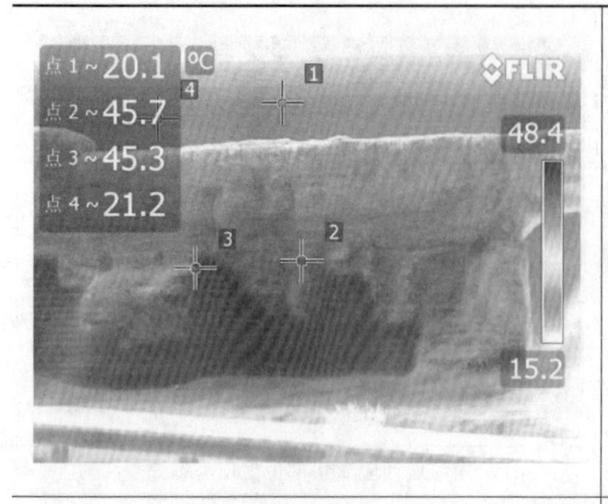	
二号民居东墙红外图像	二号民居东墙可见光图像
	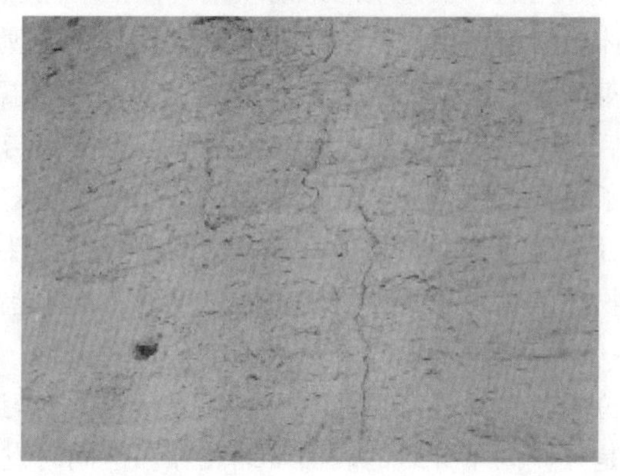
南门马面西立面局部裂缝红外图像	南门马面西立面局部裂缝可见光图像

(3) 土坯补砌加固稳定性

根据工程设计施工文件，补砌土坯主要选用遗址塌落后的土体制作（表11）。通过现场踏勘，土坯补砌部分总体外观效果较好，砌筑部分与原土遗址表观、颜色基本统一，不存在明显色差。但在西门遗址发现一处补砌墙体因后期干缩与原结构发生空隙的情况。

表11　评估指标及评估手段表

工程措施	评估指标	基本要求	评估手段
土体补砌加固	1. 外观色差	加固所使用的土坯、土坯砖外观颜色与遗址原生土应基本一致，不存在较大色差	现场目测、专家论证
	2. 土坯、土坯砖物理性能	土坯、土坯砖物理性能应与原生土基本一致	现场勘察、土体取样实验室检测、专家论证
	3. 土体稳定性	加固处不应出现二次坍塌，加固体与原土体黏结紧密，整体处于稳定状态	现场勘察、现场仪器检测、专家论证

① 加固后外观效果（现场目测）

砌筑部分与原土遗址表观、颜色基本统一（大部分砌体主要材料为坍塌后的原生土），不存在明显色差（表 12）。

表 12　部分区域补砌后现状勘察表

大佛寺遗址补砌加固效果 1	大佛寺遗址补砌加固效果 2

西门补砌加固效果	西城墙补砌加固效果

 三号遗址补砌加固效果	南城墙马面补砌加固效果

② 土坯砖物理性能

现场取同环境条件下加固用土坯砖进行土工试验，以检测土坯砖的物理性能。查阅设计施工文件，根据设计要求，高昌故城土坯采用与遗址土相近的粉土制备，含盐量≤0.50%，含水量≤3.0%，干密度≥1.70g/cm³；砌筑泥浆采用粉土加模数为3.8、浓度为5%的PS溶液拌制，水灰比0.4。据检测结果对比设计参数，土坯砖各项物理性能满足设计要求（表13）。

表13　高昌故城土坯砖取样物理性能检测结果

土样名称	室内定名	含水率(%)	密度(g/cm³)	干密度(g/cm³)	土粒密度	孔隙比	饱和度(%)	液限(%)	塑限(%)	塑性指数	液性指数	压缩系数(MPa⁻¹)	压缩模量(MPa)	湿陷系数
高昌故城遗址土坯砖	粉土	1.4	1.75	1.73	2.72	0.578	6.2	28.7	19.4	9.3	−1.7	0.17	8.87	0.042
样品状态描述	样品对检验结果无影响													

③ 土体稳定性

现场踏勘未见新的坍塌，原土块或土坯砖砌筑密实稳固，与原结构结合良好，仅在少数区域砌体和遗址本体连接处出现了小的裂隙。为进一步查验土坯补砌效果，评估中同时引入了红外热成像检测，通过红外热成像检测补砌处内部现状，墙体补砌加固处与原土体温度相近，证明补砌处均匀密实，表面出现的局部裂隙，应为土体干缩所致的表面裂隙，不影响整体结构稳定（表14）。

表14　红外热成像检测情况

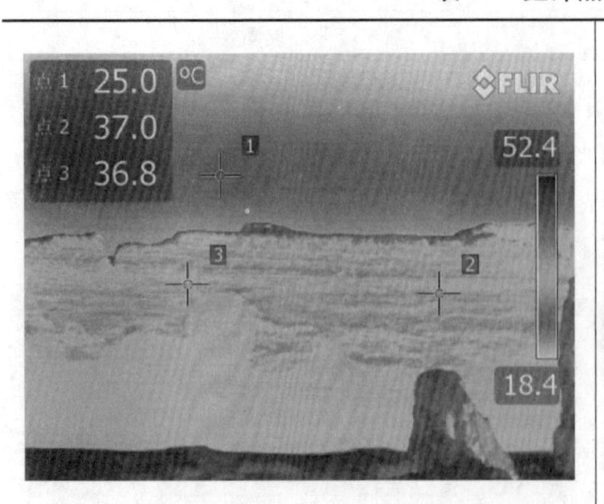

大佛寺围墙红外图像

大佛寺围墙可见光图像

续表

西门红外图像

西门可见光图像

南城墙 1 号马面红外图像

南城墙 1 号马面可见光图像

（4）顶面封护

遗址顶面封护评估指标及评估方法见表 15。

表 15　评估指标及评估方法

工程措施	评估指标	基本要求	评估手段
遗址顶面封护	1. 外观效果	顶面封护外观颜色与遗址原生土应基本一致，不存在较大色差	现场目测、专家论证
	2. 土体黏结度	顶面封护效果良好，与原土体衔接不存在明显的开裂	现场目测、专家论证

① 外观效果

根据现场踏勘所见，大部分顶面封护区域与遗址原生土不存在明显色差，遗址本体表观相近、颜色统一。

② 土体黏结度

在已实施的面积较大区域的墙顶封护处理中，多采用改性黄泥浆（内加少量麦草）进行封护。通过现场观察，除内城墙南门西段和三号遗址个别部位存在顶面封护层与原土体间的裂缝外，大部分实施改性黄泥浆顶面封护的部位较为密实，不存在明显开裂（表16）。

表16　顶面封护部分区域勘察表

西城墙墙体顶面封护	内城南门段墙体顶面封护

三号遗址顶面封护层与原土体间出现裂缝	内城南门墙体封护层与原土体间出现裂缝

（5）钢架支撑加固

钢架支撑加固评估指标及评估方法见表17。

表17　评估指标及评估方法

工程措施	评估指标	基本要求	评估方法
钢架支撑加固	1. 外观效果	钢架外观与遗址整体风貌基本协调一致	现场目测、专家论证
	2. 钢构件尺寸	钢构件尺寸应满足设计要求	现场检测分析
	3. 钢构件涂层厚度及强度	钢构件涂层应完整无锈蚀，厚度应满足相关规范要求，强度满足设计要求	现场检测分析

① 外观效果

通过现场踏勘，钢架支撑措施仅针对个别悬空外挑，单靠补砌支护工程量大且难以有效加固遗址，其钢架布设体量适中，未对遗址整体风貌构成明显影响，符合最小干预的保护原则（表18）。

表 18 钢架支撑加固现状勘察表

二号遗址钢架支撑加固

三号遗址钢架支撑加固

南城墙钢架支撑加固

南城墙钢架支撑加固

② 钢构件尺寸

高昌故城遗址采用格构式钢架对土遗址进行支撑加固，加固构件采用方钢管或角钢。经超声测厚仪、卷尺等对加固支撑钢构件尺寸进行检测，钢构件尺寸满足设计要求（表 19）。

表 19 加固支撑钢构件尺寸检测结果

序号	构件位置	杆件编号	杆件尺寸（mm）	
			实测尺寸	设计要求
1	2 号遗址钢支撑	1	80×60	80×50
2		2	80×60	80×50
3		3	80×60	80×50
4		4	80×60	80×50
5		5	80×60	80×50
6	3 号遗址钢支撑	1	80×60	80×60
7		2	80×60	80×60
8		3	80×60	80×60
9		4	80×60	80×60
10		5	80×60	80×60

③ 钢构件涂层厚度及强度

根据《钢结构工程施工质量验收规范》（GB 50205—2001）规定，室外钢构件涂层厚度应为150μm，允许偏差为－25μm。本次采用涂层测厚仪对加固支撑钢构件的涂层厚度进行检测，根据检测结果，加固支撑钢构件涂层厚度值满足规范要求（表20）。

表20　加固支撑钢构件涂层厚度检测结果

构件位置	杆件位置	实测厚度（μm）					
		第1处	第2处	第3处	第4处	第5处	平均值
2号遗址钢支撑	4	124	159	164	145	137	146
	5	153	162	168	138	133	151
	6	163	132	135	151	137	144
	7	136	143	152	146	133	142
	8	158	149	160	139	138	149
3号遗址钢支撑	2	146	161	154	150	148	152
	4	137	145	138	146	147	142
	5	149	154	148	155	158	153
	6	137	140	148	137	148	142
	7	136	150	148	139	144	143

此外，通过里氏硬度计对加固支撑钢构件强度进行检测，加固支撑钢构件强度满足设计的Q235钢要求（表21）。

表21　加固支撑钢构件强度检测结果

序号	构件位置	检测位置	里氏硬度实测平均值	抗拉强度（MPa）
1	2号遗址钢支撑	2	327	330～478
2		4	346	345～495
3		8	385	424
4	3号遗址钢支撑	2	335	336～486
5		4	348	347～497
6		8	408	467

（6）其他隐蔽工程

关于钢结构支撑、柔性材料加固及锚杆锚固等工程因为均属于隐蔽工程，本次勘察检测主要遵循无损检测的要求，仅从加固部分外部观察其现状，大部分未见明显结构问题（表22）。

表 22　部分隐蔽工程现状勘察表

大佛寺中心塔柱钢梁加固	大佛殿西南角配房钢筋支撑加固

10 号风蚀体钢管锚固	11 号风蚀体钢管锚固后风化剥蚀加重

一号遗址柔性材料加固	南城墙锚固后现状

续表

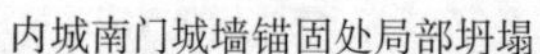内城南门城墙锚固处局部坍塌	坍塌处裸露的锚杆

钢结构支撑：整体土体稳定性较好，未见明显的结构裂隙及内部空鼓情况。但经现场勘察和专家论证，发现11号风蚀体加固后风化剥蚀仍在加重，文物本体存在一定安全隐患。

柔性材料加固：加固后的遗址稳定性较好，未发现明显的结构问题。

锚杆锚固：从现场勘察情况来看，大部分锚杆加固周围土体未出现明显的裂隙，但内城南门东侧城墙在现场发现锚固处出现局部坍塌，经初步分析并结合专家现场论证认为是埋设锚杆时未充分考虑土体实际裂隙分布情况所致，需尽快开展勘察，及时开展修缮工作。

（7）保护罩防护展示

针对四号遗址考古坑架设的可拆卸防紫外线钢化玻璃保护罩，本次通过现场勘察，保护罩能够在满足对考古坑进行有效遮挡保护的前提下让游人参观坑内场景，同时为遗址后续考古、维护、监测等工作预留了进入保护罩内操作的空间，基本符合设计要求。但因周边均为裸露土体，且当地风沙较大，保护罩玻璃表面清洁度欠佳，一定程度上影响了展示效果（表23）。

表23　保护罩防护展示现状勘察表

保护罩对考古坑的遮蔽效果较好	保护罩玻璃较易落灰

4.5 后评估结论

高昌故城一期至四期保护工程，通过实施锚杆锚固、裂隙灌浆、补砌加固、表面防风化等保护措施后，目前遗址整体风貌未发生明显变化，稳定性较好，没有明显的二次破坏，保护工程基本达到了预期的保护效果，仅局部遗址由于前期勘察及施工工艺出现了一定问题，但加固材料在配比及适用性上不存在明显缺陷。评估认为：高昌故城一期至四期采用的本体保护措施、加固材料选择和配比，均适用于新疆干燥地区的土遗址保护，起到了预期的加固效果，甚至在经历了最长近8年的时间检验后，仍能起到较好的保护效果。

对于遗址表面的防风化加固，一期至四期使用了硅丙乳液和PS两种不同的加固材料，虽然两种材料在用料配比上有一定的差异，但从遗址目前的防风化效果来看，两种材料在高昌故城均具有较好的适用性。在今后的工程实施中应注意合理控制非迎风面的加固范围，并根据病害的类型、程度、部位完善施工工艺，确保防风化效果的持久性。

4.6 问题及建议

（1）根据后评估的相关结论，土遗址表面防风化措施应合理控制防风化加固范围和干预程度，重点用于风化破坏严重、影响墙体受力的迎风面，避免因大面积喷涂而影响土遗址的透气性。同时后续工程中应注意深化设计施工前的勘察工作，明确遗址风化层厚度、土体含水率等内容。同时应加强施工质量监管，合理安排工期，避免在土体含水量较高的雨期施工，保证硅丙乳液或PS的渗透深度大于土体风化层厚度，增强遗址防风化效果的耐久性。

（2）进一步完善锚杆加固、顶面封护等工艺做法，根据遗址病害实际情况合理调整施工部位和具体工艺，加强施工操作的规范性，确保加固质量。

（3）加强遗址的日常保养维护工作。在日常巡视中及时发现遗址存在的病害问题，采取必要的临时性保护措施，防止病害进一步发育；同时对已实施工程的质量、效果应进行必要的跟踪监测，出现问题及时补救；对遗址展示的玻璃覆罩进行定期清理，保证展示效果。

（4）尽快开展后续的保护工程。对风化加重的11号风蚀体应尽快采取必要措施，排除文物安全隐患；对于高昌故城一期至四期保护工程外未进行保护加固的区域，经过此次评估踏勘，发现宫城（可汗堡）等部位病害发育较为严重，对土遗址造成较大的安全隐患，建议尽快启动后续的保护工程，确保遗址安全。

5 结论

随着土遗址保护加固技术的进步发展，工程复杂程度也越来越高，管理难度也在增加，迫切需要对实施项目的保护效果、工程措施适用性等方面做出科学、客观评价。通过总结经验教训，为新的技术、材料的应用，为保护项目的决策提供较为可靠的依据，不断改进和完善工程技术措施，延长遗址的寿命。

土遗址保护工程效果检测及后评估是一项复杂的综合分析过程，除对遗址保护后的现状进行勘察及监测、检测工作，对大量的数据进行比对分析，还需对整个工程各阶段展开全面合理性的追溯性研究。通过对高昌故城保护工程保护效果的后评估实践，探索土遗址本体保护后评估切实可行的工作方法及模式，为下一部建立起土遗址本体保护工程全面完善的后评估体系提供一定的借鉴。

参考文献

[1] 蔡美峰．岩石力学与工程［M］．北京：科学出版社，2002

[2] 林山．交河故城——世界保存最完好的生土建筑城市［J］．城乡建设，2005（11）：82-84.

[3] 田卫疆．吐鲁番史［M］．乌鲁木齐：新疆人民出版社，2004.

[4] 张慧，王永进，黄四平，等．土遗址防风化加固效果系统评价方法综述［C］．西安：三秦出版社，2006.

[5] 林育梁．岩土与结构工程中不确定性问题及其分析方法［M］．北京：科学出版社，2009.

[6] 孙满利，王旭东，李最雄．西北地区土遗址病害［J］．兰州大学学报（自然科学报），2010，6（46）：41-45.

[7] 曲凌雁，宋韬．大遗址保护的困境与出路［J］．复旦学报：社会科学版，2007（5）：114-119.

中东铁路建筑群（辽宁段）保护对象认定与遗产价值评估的思考

滕 磊 缴艳华

（北京国文信文物保护有限公司 北京 100029）

摘 要：中东铁路是西伯利亚大铁路取道我国的一段，也是我国东北出现的第一条铁路。修建于19世纪末的中东铁路是当时沙俄“远东政策”的产物，后经历了“日俄分据”“中苏共管”等历史阶段，最终于1952年由我国收回管理权。中东铁路主线为东西走向，由满洲里至绥芬河；支线为南北走向，由哈尔滨至旅顺，呈“T”字形跨越分布于我国东北三省。整个中东铁路沿线遗存由于分布于不同省份，在行政管理上被划分为中东铁路黑龙江段、吉林段、辽宁段，分别由各省文物局负责管理。

本文基于北京国文信文物保护有限公司承接的中东铁路建筑群（辽宁段）保护规划编制工作，其间考察和调研中东铁路相关历史遗存，梳理其历史沿革、保护利用现状，比对中东铁路黑龙江段与中东铁路吉林段，探讨和研究了“中东铁路建筑群”的内涵、外延，继而构建整个中东铁路建筑群遗产的保护体系。重点针对保护对象的认定和遗产价值的评估，比较和思考了相关概念、关系及保护利用问题等，希望对铁路遗产及附属历史工业城镇的遗产认定、价值评估及保护体系提供借鉴。

关键词：中东铁路；铁路建筑群；铁路遗产

Identification of Protection-related Objects and Reflections on Value Evaluation for Chinese Eastern Railway

Teng Lei Jiao Yanhua

（Beijing Guowenxin Cultural Relics Protection Co.，Ltd.，Beijing 100029）

Abstract：Chinese Eastern Railway is a section of the Trans-Siberian Railway. It was built at the end of the 19th century，which is also the first railway in the northeast of China. Chinese Eastern Railway was the results of the “Far East Policy” of Russia at that time，and then experienced the historical stages of “Japanese-Russian divide” and “China-Soviet Communist Administration” . China took back control of this railway in the year of 1952. The main line of the Chinese Eastern Railway is the east-west trend，from Manchuria to Suifenhe，and the branch line is the north-south trend，from Harbin to Lushun, with the "T" type across the three provinces in northeast China. Now because Chinese Eastern Railway is distributed in different provinces, it is administratively divided into Heilongjiang section, Jilin section and Liaoning section, which are managed by the local departments.

This paper is based on the Chinese Eastern Railway (Liaoning Section) protection planning, which was undertaken by Beijing Guowenxin Cultural relics Protection Co., Ltd. In the preparation of the protection plan, the researchers examined and investigated the historical relics of Chinese Eastern Railway, summarized the status quo of those relics, compared the Studies of Heilongjiang section and Jilin section of Chinese Eastern Railway, explained and analyzed the connotation and extension all kinds of relics around Chinese Eastern Railway, and then puts forward the question of how to effectively protect the real Railway-related buildings. The focus of the protection planning study is to give the certain clue of identifying the Railway-related buildings, and to find the difference between two concept, Chinese Eastern Railway heritage and Chinese Eastern Railway-related buildings. It is hoped that reference will be provided for the study and protection of railway heritage and the heritage of historical industrial towns.

Keywords: Chinese Eastern Railway; Railway-related buildings; Railway heritage

1 中东铁路建筑群（辽宁段）概况

中东铁路是"中国东省铁路"的简称，为19世纪末20世纪初沙俄为攫取中国东北资源、称霸远东地区而修建的一条"丁"字形铁路。中东铁路1897年8月开始施工，1903年7月正式通车运营。1905年日俄战争后，日本获得该铁路线长春至旅顺的经营管理权，并成立了南满洲铁道株式会社进行管理，至此长春至旅顺段铁路改成南满铁路。

中东铁路辽宁段为沙俄时期建设，1905年后改为南满铁路由日本管理。经历了沙俄建设时期、日本独占时期、中苏共管时期，直至1952年由我国收回管理权。辽宁段总共建设有车站70处，其中沙俄时期建设30处，满铁增设40处。遗存主要跨越分布在大连、营口、鞍山、辽阳、沈阳、铁岭等六个城市。

2 保护对象的研究与认定

（1）研究的提起

20世纪初，列强在攫取特权修筑铁路之后，又变本加厉地扩大其在中国东北的侵略行为，一时间，沿铁路线扩张的附属地建设兴起；1931年日军占领东北三省，列强开启了在我国东北三省的殖民侵略；直至1945年抗日战争胜利，东北三省长达十几年的殖民命运才告结束。复杂的历史背景，加之中东铁路经营管理权的交替更迭，导致了辽宁省内殖民时期的建（构）筑物数量及种类繁多，其中除了涉及铁路运营设施、铁路配套服务设施，还包括地方行政管理类设施、金融商贸类设施、文化教育科研类设施、医疗卫生类设施、市政供应基础设施、道路与交通类设施、居住类建筑、工业厂房建筑、军事管理类建筑、以及城市广场公园等建筑类型。这些被遗留下来的殖民时期的建（构）筑物中，一部分是与铁路运营及服务直接相关设施，属于工业遗产范畴，一部分是列强为更大范围攫取资源建造的殖民地建筑，属于殖民文化范畴。如何区别二者的关系，如何从众多的建（构）筑物中将铁路建筑群的工业遗产剥离出来是我们首先要思考的问题。

（2）认定的思路与方法

我们的思路和方法是研究铁路运输系统，从铁路运营管理的五大系统和涉及人员出发，与这些设备和人员息息相关的设备、设施、建（构）筑物即被认定为铁路建筑群（图1）。

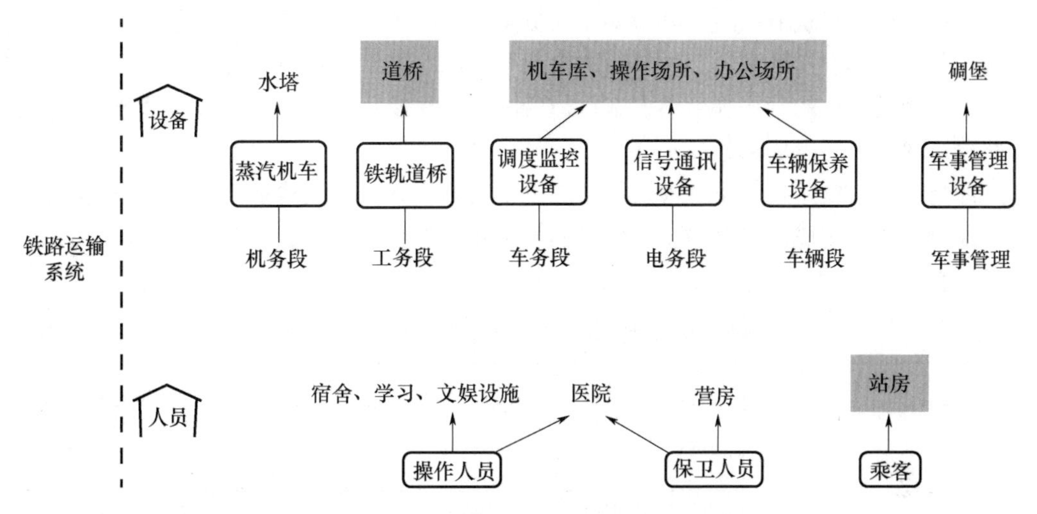

图1　铁路运输系统核心设备和人员构成示意图

铁路运营管理的五大系统是：机务段、工务段、车务段、电务段、车辆段。

机务段是铁路运输系统的主要行车部门，主要负责铁路机车的运行调试、综合整备、检查维修。涉及的重要设备是火车机车（俗称火车头）。中东铁路处于铁路技术的发展时期（世界的铁路建筑技术宏观上被分为三个阶段：铁路开创期1825—1850年；铁路发展期1850—1900年；铁路成熟期1900—1950年）。这一时期最显著的特征是蒸汽机车的性能日趋完善。蒸汽机车，也被称为外燃机车，其运转的原理是利用蒸汽机，把燃料（一般用煤）的化学能变成热能，再变成机械能，而使机车运行的一种火车机车。其运转过程需要水和煤的补给，水的补给依靠建立水塔，煤的补给除了建设煤库，最终是依靠抓煤机完成，这些基础设施设备有别于今天内燃机车和电力机车时代。蒸汽机车的另一个特征是单向驾驶，开到终点必须调头，所以建设有机车库及转台，蒸汽机车开上转台，转180度就可以面向来的方向了，扇形的机车库也可以根据需要任意调整角度。蒸汽机车时代机务段主要设备是蒸汽机车，同时建有水塔、煤库、机车库等基础设施。

工务段主要负责铁路线路、道桥、隧道等设备的保养与维修。主要涉及的设备设施是铁轨、桥梁、隧道。

车务段是铁路行车系统的重要单位之一，负责铁路的客车营运、货车货运、运行监控、车站计划和收入等业务。主要涉及的设备设施是运行监控设备及操作人员办公场所。

电务段是铁路运营的重要机构，负责管理和维护列车在运行途中的地面信号、机车信号、岔道正常工作等业务。电务段涉及的设备设施是信号通信设施及操作人员办公场所等。

车辆段主要负责列车车辆（不包含机车头）的运营、整备、检修等工作。主要涉及的设备设施是维修库及操作人员办公场所。

中东铁路是列强实施侵略甚至殖民政策的产物，所以在这五大系统之外，还涉及军事管理的碉堡，哨所等。

另一方面从中东铁路涉及人员的角度分析，中东铁路的运行包含了操作人员（即铁路工作人员）、保卫人员、乘客及货物。专门为满足这些人员所修建的建（构）筑物，也应该列入铁路建筑群范畴。其中操作人员除满足办公需要的操作室、办公场所外，还应包含专门为其设立的宿舍、学校、文娱设施及医疗设施；保卫人员除在岗时的碉堡哨所外，还有其居住的营房等生活设施；最后满足乘客及货运停留的站房等设施也是构成铁路建筑群的重要组成部分。

综上所述，铁路运输系统涉及的核心设备设施及人员构成清晰可见，围绕这些核心设备设施、人员构成所修筑的全部建（构）筑物即被我们认定为中东铁路建筑群的保护对象（表1）。

表1　中东铁路建筑群（辽宁段）文物本体类别

大类	中类	小类
铁路运营设施	线路/桥梁	
	站房	站房/行李房/候车室
	车站附属用房/设施/场所	仓库/机车库/货场等
铁路运营的配套设施	基础设施	给水/给煤/供电
	管理设施	办公
	研究/教育设施	学校
	生活设施	宿舍/文娱设施
	军事设施	执勤/碉堡

最终统计文物本体分布于27个车站，共计65处（表2）。（文物本体构成清单及图纸详见文后附录）

小结：中东铁路建筑群保护规划是一个线路性的保护项目，地理跨度非常大。其次，铁路作为一种链接与传播的工具，对沿途的经济发展影响巨大，涉及遗存数量庞大。辽宁段立项中，收录的中东铁路遗存数量约300处。最后，由于中东铁路跨越分布在我国的东北三省，目前的行政管理上被划分为三段（黑龙江段、吉林段、辽宁段），三段分别做有保护规划，在保护对象认定上也存在差异。总之以上三点，我们重新对保护对象进行了定义与梳理。

整个梳理过程从研究铁路运输系统角度出发，这一思路不仅清楚地了解了铁路运输业的发展变迁，同时明确找到了铁路建筑群的内容与构成，对铁路建筑群与铁路运输业遗产两个概念有了新的思考与定位。

表 2　中东铁路建筑群（辽宁段）各类别文物本体统计表

合计（大类数量）	大类	中类	合计（中类数量）	大连	营口	鞍山	辽阳	沈阳	铁岭
16	铁路运营设施	线路/桥梁	2	0	0	1	1	0	0
		站房	13	8	0	0	1	2	2
		车站附属用房/设施/场所	1	1	0	0	0	0	0
49	铁路运营的配套设施	基础设施	6	2	0	0	2	0	2
		管理设施	9	2	2	0	2	3	0
		研究/教育设施	1	1	0	0	0	0	0
		生活设施	24	6	7	1	7	2	1
		军事设施	9	2	2	0	4	1	0

3　遗产价值评估的思考

3.1　价值提炼的视角

中东铁路建筑群遗产价值的思考方法也是从题目出发，分别剖析三个概念的价值，即中东铁路、铁路建筑群、辽宁段。

首先，中东铁路，重点在铁路。这条铁路是侵略的产物，是列强侵华的铁证；同时这条铁路也是一处工业遗产，是蒸汽机车时代的印记。

其次，铁路建筑群，重点在建筑群。建筑即是一种人工环境，包含着建筑的技术和艺术。此阶段的建筑技术主要表现在砖混建筑、砖木建筑结构的发展与成熟；此阶段的建筑艺术主要体现了20世纪初俄式建筑从木结构发展出来的技巧，采用层次叠砌构架与大斜面帐幕式尖顶；及日本明治维新时代引入的西方建筑技巧和风格，多为灰白色岩石外墙、拱形的窗框、精雕的廊柱等。

最后，中东铁路在辽宁境内的部分，重点在于辽宁的区位优势，使得中东铁路获得两个重要的港口城市——营口和旅顺。这两个重要的港口即是修筑中东铁路物资补给的入口，也是列强掠夺中国东北资源的输出口，是中东铁路作为侵略物证的补充和强调。

3.2　价值阐述

（1）综合价值阐述

中东铁路是西伯利亚大铁路取道我国的一段，也是我国东北地区出现的第一条铁路，修建于19世纪末的中东铁路是彼时沙俄“远东政策”的产物，后经历了“日俄分据”“中苏共管”等历史阶段，最终于1952年由我国收回管理权。中东铁路建筑群（辽宁段）是国保单位“中东铁路建筑群”的重要组成部分，“中东铁路建筑群”包含19处文物点，辽宁省内有7处。中东铁路建筑群（辽宁段）是历史上中东铁路南部支线的核心组成部分，所含铁路站点涉及南部支线上重要的交通枢纽，其附属的办公建筑、军事设施等是历史上南满铁路的重要机构，其所蕴含的历史信息和遗存特征等内容，在整个中东铁路建筑群中具有不可替代的重要作用。

铁路的建设是集钢铁、机械和煤炭工业发展的总和。沙俄在初建中东铁路时经济和技术都十分落后，有大量从欧洲和美国进口的装备、机械和材料，通过海运在海参崴、营口、旅顺口起岸。同时沙俄加入八国联军后，镇压义和团所掠夺物资也是通过海运到达旅顺口。中东铁路（辽宁段）包含营口和旅顺口两个重要海运港口，其所存遗迹真实见证了中东铁路兴建及使用的全过程，是沙俄建造中东铁路的物资补给入口，也是日俄掠夺我国东北地区资源的实施及转运的出口。

旅顺军港在20世纪初被各国普遍认为是远东第一要塞。清政府最先在旅顺口修筑炮台工事作为北洋舰队的维修基地。日俄战争中，日军付出了伤亡惨重的巨大代价才攻克旅顺口。至此长春至旅顺段为日本所占，改称南满铁路。中东铁路辽宁段是日本南满铁路的主要组成部分，铁路沿线的大量历史遗存，大部分为日本统治时期遗留，这些遗存清晰地反映和见证了东北铁路先后被沙俄、日本侵占的史实——特别是日本统治时期对东北地区殖民统治的种种行为和残忍手段，以及我国人民不屈反抗、自强复兴的历史事实，完整折射出我国在半殖民地半封建背景下复杂曲折的近代化历程，见证了东北的社会变迁史，具有突出的历史见证价值及研究价值，是我国近代铁路遗产的杰出代表。同时，丰富的遗存也展现出不同的建筑风格和建筑技术的发展和演变。

从技术、历史、文化、社会等角度综合阐述其价值：

中东铁路是我国铁路技术发展历程的见证物之一，也是考察我国近代城市化进程、沿线地区建筑技术演进情况的珍贵实证，具有较高的科学价值；其作为集中反映近代工业建筑面貌的杰出实例，具有较高的艺术及审美价值；另外，遗存能够体现铁路带来的多元文化碰撞、交流及融合过程，是沿线区域文化发展演变的载体，有其特殊的文化价值；同时，对中东铁路建筑遗存的保护及合理利用，在推动“一带一路”建设、促进东北老工业基地振兴、推行爱国主义教育等方面有着重要意义。

（2）历史价值

人文历史——中东铁路建筑群（辽宁段），其中铁路基本修建于19世纪末20世纪初，系中东铁路南部支线一部分。1905年日俄《朴次茅斯和约》规定以长春宽城子站为界，以南的铁路交给日本，改称为南满铁路。其间经历沙俄入侵殖民、日俄战争、抗日战争、新中国东北工业建设等一系列重大近现代历史事件，真实地记录和反映了以上事件发生的历史背景和环境，是中国近代史的重要实物见证。

交通历史——中东铁路建筑群（辽宁段）最早属于1897年至1903年由沙俄所筑中东铁路南下支线（哈尔滨至旅顺）的长春至旅顺段。1897年8月与中东铁路干线同时动工，自旅顺向北、自哈尔滨向南同时铺设，1902年12月完工，1903年7月通车。属于宽轨铁路。日俄战争期间，中东铁路旅顺至公主岭段被日军占领，改为与日本国内相同的窄轨轨距（1067mm）。由此可见，中东铁路（辽宁段）是中国东北地区交通史的重要组成部分。真实记载了该段铁路的建设、运营、发展的历史过程，反映出近现代铁路工程的运营体系、技术特点、科技含量等内容，同时见证了铁路建设与发展对于中国东北地区近代化的历史作用。

建筑历史——中东铁路建筑群（辽宁段）遗存建筑，涵盖铁路运营设施：线路、桥梁；站月台；车站诸多附属设施。同时也包含铁路运营的配套设施：基础建设、行政办公、军事管理等不同的功能与类型，建筑风格和样式主要反映沙俄建筑和日本近代西洋化建筑的风貌特色，反映了中国东北地区近代建筑在不同时期的发展历史。

城市变迁史——中东铁路辽宁段的建设和运营，对铁路沿线地区传统的区域交通结构和生产生活方式产生了巨大的影响，客观上影响了辽宁省区域经济和城镇化发展的布局结构，记录了近代东北社会在西方工业文明的影响下发展变迁的历史进程，是区域城市发展的重要载体和历史见证。

（3）科学价值

铁路工程技术价值——铁路和火车的发展公认为三个重要发展时期：铁路开创期，大约从 1825 年到 1850 年，蒸汽的发明和钢轨的生产技术。铁路发展期，大约从 1850 年到 1900 年前后，蒸汽机车技术成熟和钢轨断面的改进。第三阶段 ：从 1900 年—1950 年，铁路建筑技术和铁路机车技术成熟完善，高速列车发展。中东铁路的修建与运营正值蒸汽机车发展成熟期，保留下来的诸多铁路工程建设的记录、实物，是整个蒸汽机车时代铁路工程技术研究的珍贵资料。

建筑工程技术价值——中东铁路建筑群（辽宁段）直接反映规划建设引入了近代城市规划的理念，在规划选址、空间布局、建筑设计、工程技术等方面，从不同侧面反映了当时的工业发展水平和科技含量，建筑群及其周边环境所形成的历史城市空间格局，是考察近代城市化进程和城市空间发展变迁的重要实证。

（4）艺术价值

诸多建筑体现了二十世纪初俄式建筑及日本洋风建筑的特征。其中，旅顺火车站从三个方面体现俄式建筑风格：设计要素、空间特点、美学特点。设计要素：总体特征是轻盈、精致、华丽、细腻；频繁地使用形态方向多变的曲线弧线，并常用大镜面做装饰；简练的色彩和冷静的基调为主，奢华雍容的图案设计。空间特点：从木结构发展出来的技巧，如层次叠砌构架与大斜面帐幕式尖顶，以及衍生出来的外墙民俗浮雕，独立的塔形结构与锥砌成团的战盔形剖面装饰。美学特点：拜占庭样式的影响深厚，玻璃上带绘画，室内护板墙上的色彩。

位于大连中山区的南满洲铁道株式会社旧址体现了 20 世纪初日本的洋风建筑风格。日本明治维新时代引入西方建筑技巧、材料和风格后，新建的钢铁和水泥建筑与传统日式风格有极大的差别。灰白色岩石外墙、拱形的窗框、精雕的廊柱、室内多浓墨重彩、厚重辉煌。

这些建筑多保存较为完好，具有较高的艺术审美价值。

（5）社会价值

中东铁路建筑群（辽宁段）与沿线城市结合关系非常紧密，是城市历史格局和传统风貌的重要组成部分，给沿线区域留下了丰富的建筑遗迹和附属设施。形式多样、数量众多、分布广泛、保存完整，是珍贵的历史资源和工业遗存。同时中东铁路的铁路布局，影响了中国东北各个重要城市的经济发展。对中东铁路及建筑遗迹进行有效保护和合理利用，可以减少更新改造所耗费的巨大建设成本，合理利用将赋予这些设施符合现代社会需求的使用功能，使其成为社会文化发展的驱动力，具有重要的产业价值和经济学意义。

4 铁路遗产比较研究

自 1998 年第一条世界铁路遗产正式公布至今，已有 3 个项目的 5 条铁路被列入世界遗产名录，它们是奥地利境内的赛默灵铁路（The Semmering Railway）；印度的高山铁路（Mountain Railway of India），其中包含三条铁路线，分别是大吉岭喜马拉雅铁路、尼尔吉里铁路、卡尔卡西姆铁路；以及意大利通瑞士的雷蒂娅铁路的阿尔贝拉至伯尔尼纳段（Albula-Bernina）。

赛默灵铁路，是世界第一条高山铁路，并在建设之中独创了高架桥这一被后世沿用至今的技术（图 2）。印度的 3 条高山铁路采用项目扩展的申遗方式，3 条铁路均为高山窄轨铁路，在建设过程中克服了自然环境造成的巨大障碍，大吉岭喜马拉雅铁路首先采用人字形和马蹄形的线路设计理念（图 3）。阿尔贝拉—伯尔尼纳段铁路的建造奇迹在于石砌螺旋攀升式高架桥，轨道坡度为 70‰，列车可以在长达 12km 的路段内持续攀升约 700m。这段石砌螺旋攀升式高架桥以及沿途景观已成为雷蒂娅铁路的重要象征性符号（图 4）。

深入研究和分析以上三个入选世界遗产名录的项目，不难发现其在很多层面共有的价值特征。它们在一段时期内或世界某一文化区域内，对建筑、技术、古迹艺术、城镇规划、景观设计的发展产生过重大影响；是一种建筑、建筑整体、技术整体以及景观的杰出范例，代表了历史上一个（或几个）重要阶段。这三处遗产都经历了百余年的洗礼后被完好地保存下来，更难能可贵的是它们至今仍作为正常线路在运行着。正是这种“活化石”的特性，奠定了它们在铁路发展历史中的特殊地位。多年的使用过程势必会有磨损和修复，但这并不影响遗产本身的真实性，因为作为工业遗产的表征之一，铁路

图 2　赛默灵铁路（The Semmering Railway）

本身就是一种交通工具，一种消耗品，但在不断地消耗过程中，如果对其核心的价值特色有着良好的、不间断的传承，那么它作为遗产的价值不仅不会丧失，而且会随着岁月的积淀得到加强。反之，如果一条铁路即使本身具有良好的普遍价值，却没有被传承下来，只是作为一段遗迹被保留，也不能被列为世界铁路遗产。

图 3　印度的高山铁路（Mountain Railway of India）

图 4　意大利通瑞士的雷蒂娅铁路的阿尔贝拉—伯尔尼纳段（Albula-Bernina）

5 结论 中东铁路建筑群（辽宁段）保护规划编制的思考与体会

铁路遗产作为记录铁路运输业发展变迁的符号，是一个相当丰富和立体的组成，应包含有铁路工程技术、铁路建筑技术、铁路对经济的辐射、铁路对文化的辐射，以及铁路对社会生产生活的辐射等多个方面（图5）。此次对于中东铁路建筑群的研究与梳理，其实只是梳理了中东铁路作为铁路遗产一个方面的价值特征，即铁路建筑技术中建筑群的价值特征。那么作为铁路遗产的中东铁路，在设计建造过程中，铁路设计者们绞尽脑汁克服当时地理条件的限制，留下的很多创造性的铁路工程、技术、建筑、景观，以及对其沿线经济、文化、社会的辐射影响还有很多，后续不断使用、消耗、改造，应该以很好地提炼这些固有价值为前提，将其最核心的价值特色进行良好的、不间断的传承，使其作为遗产的价值不贬值。

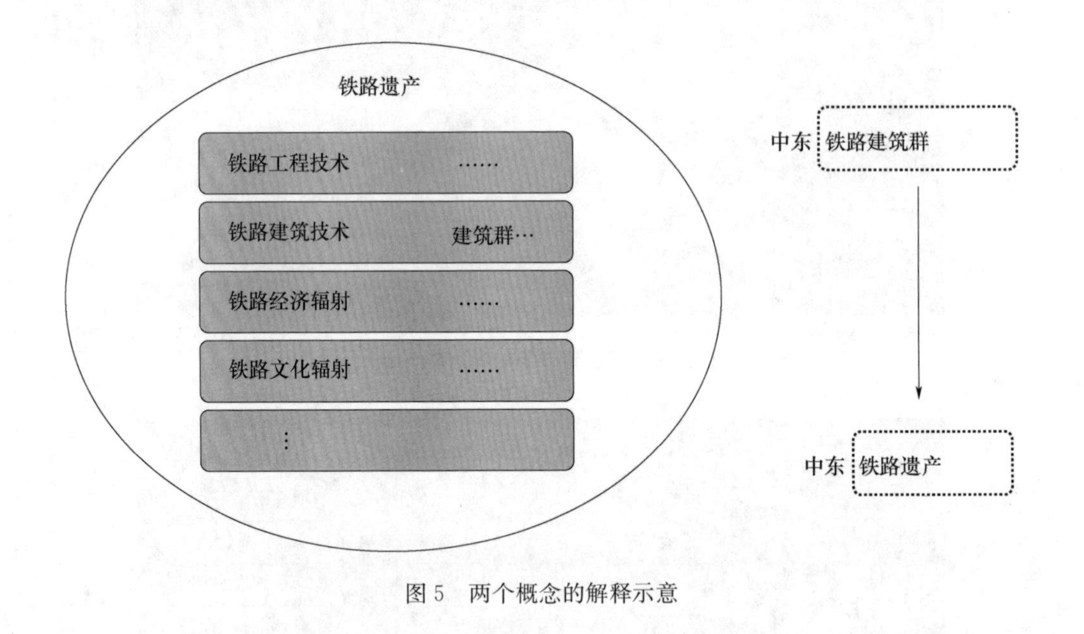

图5 两个概念的解释示意

所以从中东铁路建筑群，到中东铁路遗产我们认为还有很多工作要做，还有很长的一段路要走。

附录　文物本体构成列表及车站分布图

文物本体构成清单

所属城市	所属车站	序号	调研编号	文物本体
大连市	旅顺站	1	D_001	旅顺火车站旧址
	营城子站	2	DL_075	营城子火车站旧址
	大连站	3	DL_029	达里尼火车站旧址
		4	DL_021	满铁扇形机车库旧址
		5	DL_059	南满洲铁道株式会社旧址
		6	DL_017	东省铁路公司护路事务所旧址
		7	DL_018	大山寮旧址
		8	DL_019	达鲁尼市政厅长官官邸旧址
		9	DL_040	烟台街俄式建筑群
		10	DL_071	满铁大连社员俱乐部旧址
		11	DL_041	铁路学校旧址
	沙河口站	12	DL_082	沙河口火车站旧址
		13	DL_083	满铁沙河口铁道工厂职工宿舍旧址
	周水子站	14	DL_077	周水子火车站
	南关岭站	15	DL_079	南关岭火车站旧址
	金州东门站	16	DL_092	金州东门火车站旧址
	二十里台站	17	DL_094	二十里堡铁路家属居所旧址
	三十里堡站	18	DL_096	三十里堡火车站水塔
	梁家站	19	DL_098	鞍子山梁家火车站旧址
	万家岭站	20	DL_0103	驿长室旧址
		21	DL_0104	万家岭铁路给水所旧址
		22	DL_0105	万家岭铁路警备队旧址
营口市	九寨站	23	YK_001	九寨俄式建筑群
		24	YK_002	九寨日式建筑群
	熊岳城站	25	YK_013	熊岳火车站日式建筑群
	沙岗站	26	YK_005	沙岗日式建筑群
	盖州站	27	YK_004	盖州俄式建筑群
		28	YK_003	盖州日式建筑群
	太平山站	29	YK_015	太平山日俄建筑群
	大石桥站	30	YK_024	沈阳工务机械段指挥部日式建筑
		31	YK_026	府西路日本铁路居民楼
		32	YK_027	纯正寮房旧址
	营口站	33	YK_029	中东铁路局营口分局

续表

所属城市	所属车站	序号	调研编号	文物本体
鞍山市	鞍山站与灵山站中间路段	34	AS_003	南满铁路沙河桥
	灵山站	35	AS_004	灵山火车站铁路职工住宅建筑群
辽阳市	首山站	36	LY_001	辽阳首山火车站出张所旧址
		37	LY_003	辽阳马伊屯俄式住宅建筑
	首山站与辽阳站中间路段	38	LY_016	蔡庄碉堡
	辽阳站	39	LY_011	满铁铁皮水塔
		40	LY_006	徐庄子水塔
		41	LY_009	辽阳北大营日俄建筑群
		42	LY_004	辽阳站站前日式俄式建筑群
		43	LY_012	拱石烟草公司旧址
		44	LY_025	红星街月式建筑
	辽阳站与太子河站中间路段	45	LY_015	太子河大桥桥墩
		46	LY_013	北园碉堡
		47	LY_014	北园日俄地堡
	灯塔站	48	LY_021	灯塔火车站旁俄式建筑
		49	LY_022	灯塔火车站北侧日式建筑
		50	LY_020	灯塔火车站旁日式建筑
	十里河站	51	LY_024	十里河火车站旧址
		52	LY_023	十里河火车站俄式建筑
沈阳市	浑河站	53	SY_098	浑河站旧址
	沈阳站	54	SY_001	奉天驿旧址及广场周围建筑
		55	SY_002	南满铁道株式会社旧址（一）
		56	SY_003	南满铁道株式会社旧址（二）
		57	SY_096	满铁奉天公所旧址
		58	SY_087	奉天驿日本守备队宿舍旧址
		59	SY_045	民族北街32号满铁舍宅旧址
		60	SY_077	满铁宿舍群旧址
铁岭市	铁岭站	61	TL_001	铁岭火车站旧址
		62	TL_002	铁岭火车站水塔
		63	TL_003	铁岭满铁站前招待所
	开原站	64	TL_004	开原火车站
		65	TL_008	开原火车站水塔

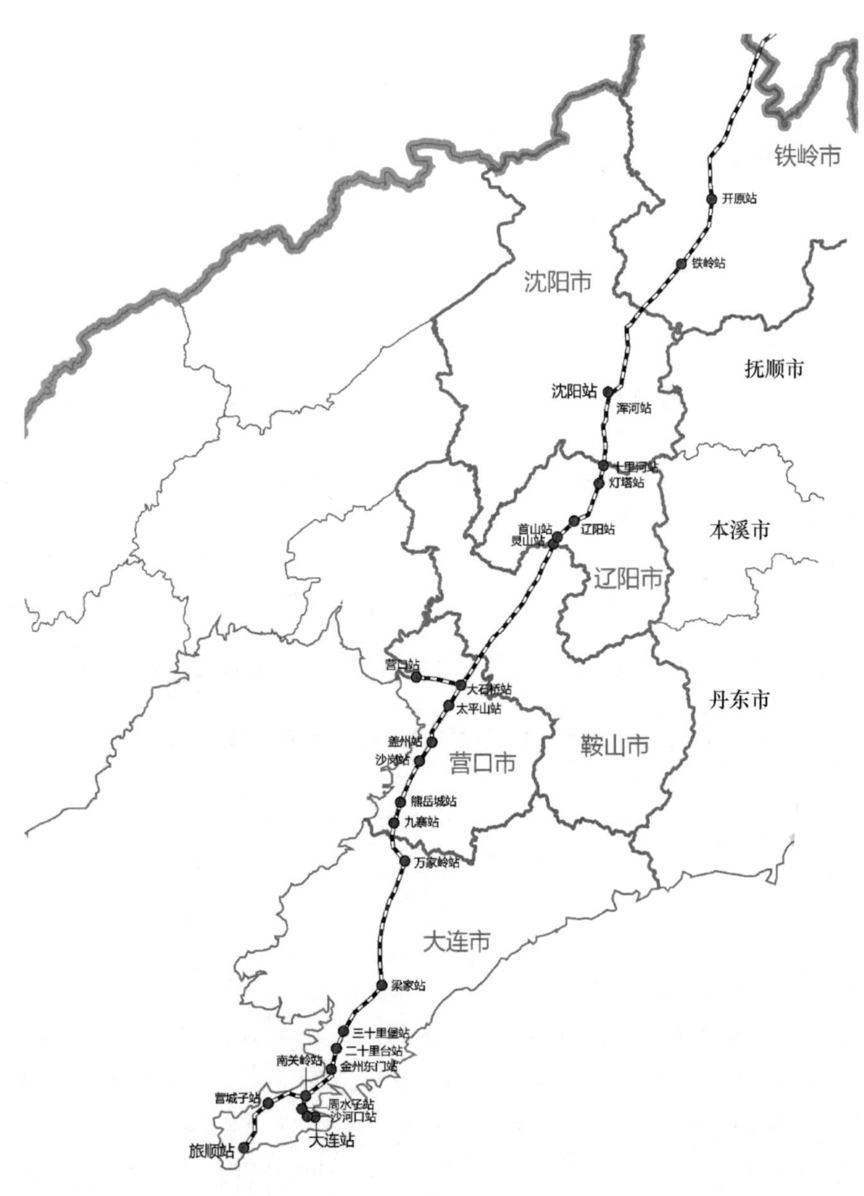

现在有遗存车站分布示意图

某假山加固铁件物理力学性能探究

李建爽　王　珅　刘欣媛

（中冶建筑研究总院有限公司 北京 100088）

摘　要：假山在筑造过程中要求有稳固耐久的基础，递层而起，石间互咬，等分平衡，达到“其状可骇，万无一失”的效果，而加固铁件就是贯穿其中的筋骨，使得掇山叠石可长久稳定。本文对某假山加固铁件的物理力学性能进行研究，为该假山安全性评估及后期加固维护提供基础数据。

关键词：假山；加固铁件；物理力学性能

Research on the Physical and Mechanical Properties of a Rockery Reinforcement Iron

Li Jianshuang　Wang Shen　Liu Xinyuan

（Central Research Institute of Building and Construction Co.，Ltd，MCC，Beijing 100088）

Abstract：The rockery requires a stable and durable foundation during the construction process. It should be raised layer by layer，and the stones should be bitten by each other and balanced equally to achieve the effect of “its shape can be frightening，absolutely safe” . The reinforcement iron parts are the muscles and bones that run through it，making the rockery and rockfall stable for a long time. This paper studies the physical and mechanical properties of a rockery reinforcement iron，and provides basic data for the rockery safety evaluation and later reinforcement maintenance.

Keywords：rockery；reinforcement iron；physical and mechanical properties

1　引言

掇山叠石是匠人根据其意图，选择适合石材，采用“安、连、接、斗、垮、拼、悬、剑、卡、垂”[1]多种技法，使得石材在自身重量下叠压成型。但在假山山石本身重心稳定的前提下，必须采用铁件加固，使掇山叠石长久稳定。在假山安全性评估及加固维护过程中，加固铁件的物理力学性能是一项基本参数。本文对某假山的一段加固铁件进行物理力学试验分析，主要确定铁件材料破坏形式及强度等级，为假山安全性评估及后期加固维护提供基础数据。

2 样品制作

根据拉伸试验要求，对样品进行精细加工，并制作特殊的夹具以满足试验要求[2]。把条状样品经过切割而成的工字形铁块、条状样品先经过立式升降台铣床清洗表面的铁锈，制成长方体试件，然后再加工成“工”字形拉伸试件，经游标卡尺测量，试样有效断面尺寸为 7.52mm×4.12mm，总长度为 50.56mm，有效长度为 32.16mm。由于拉伸试件的尺寸过小，无法直接进行拉伸试验，因此又用线性切割仪做了一副固定试件且增加其长度的夹具，拉伸试样及其夹具形貌如图 1 及图 2 所示。

图 1　加固铁件加工模型

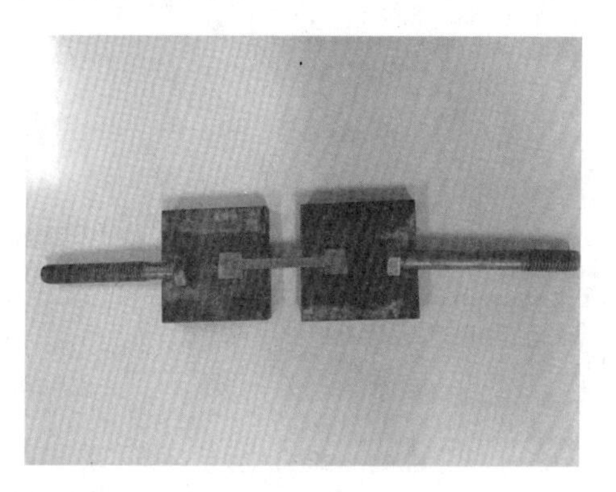

图 2　加工成型的拉伸试件及夹具

3 拉伸试验

利用万能试验机对试件进行拉伸试验，试样安装如图 3 所示。试验结果表明，样品的力学发展规律完全符合铸铁的力学性能特征，其荷载-位移曲线见图 4。从加载开始，测试样品的应力持续增加，为了准确测量延性过程，采用位移控制的加载制度，加载速率为 0.5mm/min。当拉应力 F 达到一定程度时（$F=5.9459\text{kN}$），试件突然发生脆性断裂，没有明显的征兆；直至试件断裂，荷载-位移曲线全程没有出现明显的屈服台阶，断裂时出现突然下降的现象，也没有对应的屈服强度，说明被测试的样品几乎没有延性。

图 3　试件安装

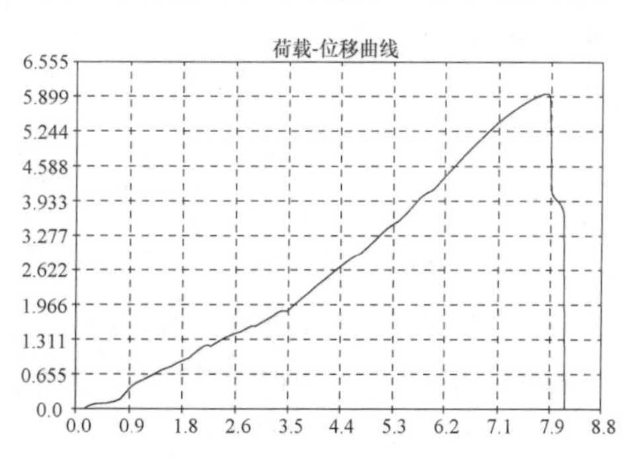

图 4　试件拉伸的荷载-位移曲线

4 强度推测

经计算，被测试样品的极限抗拉强度为[3]：

$$f_t=\frac{F}{A}=\frac{5.9459\times10^3}{4.12\times7.52}=191.1\text{MPa}$$

图5是试件被拉断之后的形态及断面的形貌，试件的断面未出现明显的颈缩现象，断面较平整，呈颗粒磨砂状，颜色为灰黑色，属于典型的铸铁脆性断裂后的样貌。经测量试件断裂后的有效长度为33.63mm，断面尺寸为7.26mm×3.98mm。

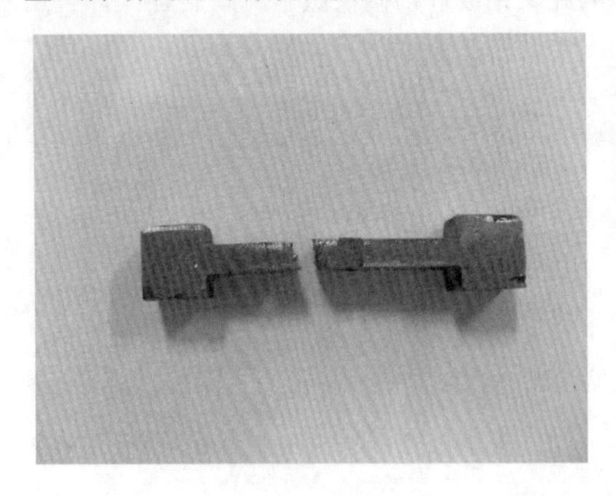

图5　拉断后的试件及试件断面图

计算可得试件的伸长率为：

$$\delta=\frac{l-l_0}{l_0}=\frac{33.63-32.16}{32.16}=4.57\%$$

试件断面颈缩率为：

$$\varphi=\frac{A_0-A}{A_0}=\frac{4.12\times7.52-3.98\times7.26}{4.12\times7.52}=6.74\%$$

根据伸长率和颈缩率进行判断，材料基本无延性，与钢材有显著差异，基本和铸铁完全一致。其极限抗拉强度为191MPa左右，但由于采用小尺寸试件，这一强度有一定放大推断标准尺寸试件的抗拉强度应在150MPa左右。

5 试验结果

（1）根据伸长率和颈缩率进行判断，材料基本无延性，与钢材有显著差异，基本和铸铁完全一致。

（2）试件材料的极限抗拉强度为191.9MPa，考虑到因试件的尺寸过小可能导致材料的抗拉强度测试结果偏高，试件的抗拉强度在150MPa左右。

（3）通过分析，加固铁件可以将试件材料与现代铸铁材料中的HT100-HT150灰铸铁相匹配，两者性能比较吻合。

6 结语

本文通过样品制作、强度试验及数据分析，详细阐述了假山加固铁件力学强度的试验过程。在日常假山文物的检测鉴定过程中，应采用无损检测手段获得材料的基础数据，本文选取的样品也仅是遗落于假山底部的铁件，已无实际连接意义。在对假山的检测鉴定过程中，怎样将现场无损检测数据用有限的试验数据修正，还有待进一步的研究。

参考文献

[1] 王劲韬．中国皇家园林叠山研究［D］．北京：清华大学，2009.
[2] 国家市场监督管理总局，中国国家标准化管理委员会．钢及钢产品力学性能试验取样位置及试样制备：GB/T 2975—2018［S］．2018：5.
[3] 中华人民共和国国家质量监督检验检疫总局，中国国家标准化管理委员会．钢筋混凝土用钢　第2部分：热轧带肋钢筋：GB/T 1499.2—2018. 北京：中国标准出版社，2018：2.

CFRP加固无筋砖墙抗剪承载力模型研究

杨　泉　杨　曌　温晓晖

（武汉科技大学城市建设学院 武汉 430065）

摘　要： 对碳纤维片材（CFRP）加固无筋砖墙的抗剪性能进行分析，鉴于现有计算模型中存在未考虑纤维二次受力、纤维布与墙体共同变形等问题，建立基于层间位移角的CFRP加固无筋砖墙抗剪承载力计算模型。结果表明：通过数据统计分析，所提出的计算公式的计算值与试验值拟合结果较好，可为CFRP加固无筋砖墙抗剪力学性能研究提供参考。

关键词： CFRP；无筋砖墙；加固；层间位移角；受剪承载力

Study on Shear Bearing Capacity Model of Unreinforced Brick Wall Strengthened by CFRP

Yang Quan　Yang Zhao　Wen Xiaohui

（School of Urban Construction，Wuhan University of Science and Technology，Wuhan 430065）

Abstract： The shear behavior of unreinforced brick walls strengthened by CFRP are analyzed. In view of the problems of the existing calculation model，such as the secondary force of fiber and the cooperation between fiber cloth and wall，the calculation model based on inter-story displacement angle is established. The results show that the calculated value of the proposed formula is fitted with the experimental value through statistical analysis，which can provide reference for the study of shear mechanical properties of CFRP reinforcement unreinforced brick wall.

Keywords： Carbon Fiber Reinforced Polymer；unreinforced brick wall；reinforce；story drift ratio；shear bearing capacity

1　引言

我国历史悠久、文化资源丰富，现存有大量珍贵文物保护建筑物和构筑物。砖墙结构因其取材便捷、价格低廉得以广泛应用，但由于大量历史性建筑已接近设计基准期，且存在各种外界因素使其安全性无法保证。因此，对历史建筑物修复加固进行研究有重要意义，其中砖墙结构可作为重点。

历史性建筑物的加固通常使用碳纤维增强复合材料（CFRP），即将 CFRP 片材外贴于结构构件表面。CFRP 加固砖墙具有轻质高强、耐腐蚀、施工方便等优点，且能有效提高砖墙抗剪承载力和抗变形能力。目前，CFRP 加固无筋砖墙研究成果众多，但其抗剪承载力计算仍存在局限性。本文基于层间位移角，建立了 CFRP 加固无筋砖墙抗剪承载力计算模型，开展进一步研究。

2 已有 CFRP 加固无筋砖墙受剪承载力计算模型

砌体剪切损伤理论有两种主要类型：一为主拉应力破坏理论；二为剪摩擦破坏理论。基于上述理论，进一步研究了 CFRP 加固无筋砖墙受剪承载力的计算方法，许多学者通过试验和理论分析已取得许多成果，其中较典型的计算模型如下：

（1）张祥顺、谷倩[1]对 CFRP “X” 形粘贴加固砖墙进行了对比试验，提出了抗剪承载力计算模型：

$$\begin{aligned} V_u &= V_0 + V_{cfrp} \\ &= V_0 + n\alpha_{cf} E_{cf} \varepsilon_{cf} A_{cf} \cos\theta \end{aligned} \tag{1}$$

式中，碳纤维布加固后墙体的抗剪承载力V_u是未加固墙体的抗剪承载力V_0和加固后碳纤维布极限剪力V_{cfrp}之和。其中，V_{cfrp}和碳纤维布的粘贴层数n、剪切影响系数α_{cf}、弹性模量E_{cf}、拉应变ε_{cf}、单层碳纤维片材的截面面积A_{cf}有关，且θ为纤维复合材料与水平方向的夹角。

（2）王欣[2]在试验和理论分析基础上，提出了纤维增强塑料加固砌体墙片抗剪承载力计算模型：

$$\begin{aligned} P_u &= P_{u墙体} + P_{u纤维} \\ &= (f_v + 0.4\sigma_0)A + \eta\alpha \sum_1^n (mE_{frp} t_{frp} b\psi t \varepsilon_{frp} \cos\theta) \end{aligned} \tag{2}$$

式中，纤维材料加固后墙体的抗剪承载力P_u即未加固墙体抗剪承载力$P_{u墙体}$与纤维材料所承担的极限剪力$P_{u纤维}$的叠加。墙体抗剪承载力可根据抗剪强度公式$f_{v0}=f_v+0.4\sigma_0$[3]计算，f_v为砌体受剪强度，σ_0为墙体竖向压应力。纤维材料所承担的极限剪力与竖向纤维对抗剪承载力的影响系数η、纤维复合材料的抗剪承载力影响系数α、所贴纤维复合材料的层数m、水平荷载作用下承受拉力的斜向纤维的数目n、纤维复合材料的弹性模量E_{frp}、计算厚度t_{frp}、宽度b、应变不均匀系数ψ、应变ε_{frp}有关，且θ与式（1）中一致。

（3）柳学花[4]提出 FRP 片材加固砌体的抗剪承载力计算模型：

$$\begin{aligned} P_u &= P_{um} + P_{ufrp} \\ &= (f_v + 0.4\sigma_0) A + 0.95\gamma n E_{frp} tb\varepsilon \cos\theta \end{aligned} \tag{3}$$

式中，CFRP 加固后砌体的极限剪力P_u等于未加固墙体的抗剪承载力P_{um}与 CFRP 所承受的极限剪力P_{ufrp}，计算中纤维布只考虑受拉作用。CFRP 的极限剪力与 CFRP 受剪承载力影响系数（取 0.95）、不同加固形式下不同位置纤维布拉力对总纤维布拉力的贡献γ、单面粘贴纤维布的层数n、纤维布的弹性模量E_{frp}、计算厚度t、宽度b和应变ε

有关，且θ同样与式（1）中一致。

以上三种计算模型均采用强度叠加计算方法。但此方法中纤维应力考虑不够准确，且墙体和纤维共同变形问题也未作分析。因此，本文基于层间位移角，建立CFRP加固无筋砖墙受剪承载力的方法，考虑了纤维和墙体的共同变形，即可避免二次受力的问题，更接近工程实际。

3 基于层间位移角的CFRP加固无筋砖墙抗剪承载力计算模型的建立

层间位移角是层间位移与层高的比值，可通过试验直接获得。受剪承载力即为顶点位移与刚度的乘积。其中，顶点位移由纤维和墙体协同变形得到，故两者位移相同；加固墙体的刚度为CFRP和墙体的刚度之和，即：

$$V_u=\lambda(k_{墙体}+k_{纤维})\Delta \tag{4}$$

式中 V_u——CFRP加固无筋砖墙极限承载力；

λ——刚度折减系数，取$\lambda=0.67$；

$k_{墙体}$——CFRP加固无筋砖墙中墙体在控制点的侧向刚度；

$k_{纤维}$——CFRP加固无筋砖墙中纤维在控制点侧向刚度；

Δ——CFRP加固无筋砖墙在最大荷载点的顶点位移。

（1）$k_{墙体}$计算公式

$$k_{墙体}=\frac{P_{墙体}}{\Delta_{墙体}} \tag{5}$$

式中 $\Delta_{墙体}$——加固墙的位移值，近似取未加固墙最大荷载相对应的位移；

$P_{墙体}$——当位移取$\Delta_{墙体}$，每块加固墙的荷载值；

$k_{墙体}$——当位移取$\Delta_{墙体}$，每块加固墙的刚度。

（2）$k_{纤维}$计算公式

$$k_{纤维}=(\alpha\beta\gamma-1)k_{墙体}$$

式中 α——粘贴方式的影响系数，$\alpha=1.6$；

β——纤维加固率，即加固纤维面积与墙体面积的比值；

γ——层厚比的影响系数；

$k_{纤维}$、$k_{墙体}$同式（4）。

其中，外贴CFRP加固模式对侧向刚度有明显影响。“X”形和斜向网格形两种加固模式（图1）应用广泛，特对此开展研究（表1、表2）。

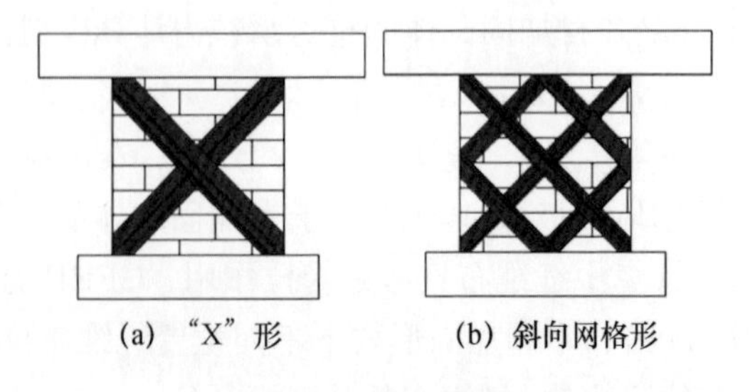

图1 外贴CFRP加固模式

"X"形粘贴方式：

$$k_{纤维}=(\alpha\beta^{0.2}\gamma-1)k_{墙体} \tag{6}$$

表 1 "X"形粘贴方式层厚比影响系数

层厚比	5×10⁻³	1.4×10⁻³	0.9×10⁻³	0.7×10⁻³
影响系数	0.95	0.92	0.91	0.90

斜向网格形粘贴方式：

$$k_{纤维}=(\alpha\beta^{0.13}\gamma-1)k_{墙体} \tag{7}$$

表 2 斜向网格形粘贴方式层厚比影响系数

层厚比	1.4×10⁻³	0.9×10⁻³	0.7×10⁻³
影响系数	0.81	0.80	0.80

（3）顶点最大位移 Δ

$$\Delta=\theta\cdot h \tag{8}$$

式中 θ——CFRP 加固无筋砖墙最大荷载点层间位移角的平均值；

h——CFRP 加固无筋砖墙的墙高；

Δ——极限荷载时对应的墙体顶点最大位移。

4 CFRP 加固无筋砖墙抗剪承载力的计算与分析

本文采用文献中的 26 片加固墙作为研究对象，采用变形控制的 CFRP 加固无筋砖墙抗剪承载力计算模型，分别计算了纤维刚度的计算值、未加固墙体的计算值、位移的计算值，最终计算出抗剪承载力（表 3）。

表 3 抗剪承载力计算值与试验值对比

文献来源	墙体编号	纤维刚度计算值(1)	未加固墙体的刚度计算值(2)	(1)＋(2)	位移计算值	承载力计算值	承载力试验值	计算值/试验值
张祥顺[1]	W-2	7.8	67.3	75.1	7.8	392.5	360	1.090
	W-3	4.8		72.1		376.8	330	1.142
王欣[2]	CW1	7.4	108.8	116.2	5.86	456.2	494.1	0.923
李小生[5]	W5-2	2.5	163.8	166.3	3.91	435.7	488	0.893
	W5-3	17.11		180.9		473.9	496	0.955
刘卫国[6]	W2	1.0	90.8	91.8	5.08	312.5	315	0.992
	W3	7.5		98.3		334.6	330	1.014
谢剑[7]	W2	26.1	107.4	133.5	3.91	349.8	336	1.041
	W4	19.5		126.9		332.4	340	0.978
	W5	18.1		125.5		328.8	322	1.021
柳学花[4]	CW2	14.1	61.1	75.2	4.69	236.3	261.7	0.903
	CW3	9.9		71		223.1	266.2	0.838

续表

文献来源	墙体编号	纤维刚度计算值（1）	未加固墙体的刚度计算值（2）	（1）＋（2）	位移计算值	承载力计算值	承载力试验值	计算值/试验值
叶芳菲、顾祥林[8]	W2	8.7	103.4	112.1	5.86	440.1	420.3	1.047
	W3	15.3		121.4		476.6	447.0	1.066
	W4	2.0		105.4		413.8	424.4	0.975
	W6	2.0		105.4		413.8	408.2	1.014
潘华[9]	W-2	25	105.2	130.2	3.52	307.1	341.9	0.898
	W-3	32.3		137.5		324.3	385.5	0.841
由世歧、郑强[10-11]	WDXC	3.0	154.3	146.8	3.91	412.1	441.6	0.933
孟令运[12]	W-2	17.2	69.5	86.7	3.91	227.1	237	0.958
	W-3	15.2		84.7		221.9	256	0.867
樊越[13]	W4	22.7	101.2	123.9	3.91	324.3	315.0	1.030
郭亮[14]	W4	20	111.0	131.0	3.91	343.2	325.5	1.054
曹雷雨[15]	CW-2	11.7	57.9	69.6	7.03	327.8	316	1.038
	CW-3	11.0		68.9		324.5	292	1.111
	CW-4	7.1		65		306.6	267	1.148
				标准值				0.056
				平均值				0.991
				变异系数				0.057

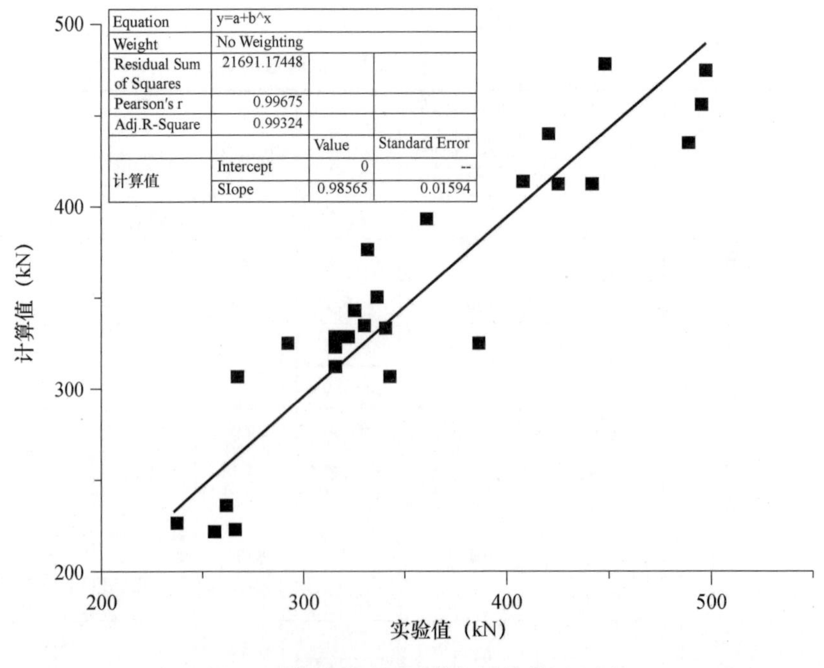

图 2　受剪承载力试验值与计算值对比图

由图 2 可以看出，可决系数 $R^2=0.993$，表明计算出的基于层间位移角的 CFRP 加固无筋砖墙抗剪承载力与试验结果相似。因此，可证明该公式具有一定合理性，为 CFRP 加固无筋砖墙抗剪力学性能研究提供参考。

5 结论

（1）基于层间位移角，建立了 CFRP 加固无筋砖墙的抗剪承载力的理论计算公式，改善已有计算模型中的不足，可更好地反映 CFRP 与墙体的协同作用，最终计算值和试验值拟合程度良好。

（2）在修复加固工程中，影响 CFRP 侧向刚度的因素很多，而本文考虑的还不全面，故还须推进公式的通用性。

（3）本文主要针对砖墙结构进行研究，对应其他砌体块材的抗剪承载力计算模型应进一步补充，对 CFRP 加固砌体结构的历史建筑物工程具有指导意义。

参考文献

[1] 张祥顺，谷倩，彭少民．CFRP 对砖墙抗震加固对比试验研究与计算分析［J］．世界地震工程，2003（01）：77-82.

[2] 王欣．纤维复合材料加固砌体墙片的抗震试验研究［D］．上海：同济大学，2003.

[3] 施楚贤．砌体结构理论与设计［M］．2 版．北京：中国建筑工业出版社，2003.

[4] 柳学花．纤维增强复合材料加固砖砌体抗震性能研究［D］．西安：长安大学，2005.

[5] 李小生．碳纤维布加固砖砌体抗震性能试验研究［D］．重庆：重庆大学，2004.

[6] 刘卫国．碳纤维布在砖砌体结构抗震加固中的试验和应用［J］．建筑技术，2004（06）：417-419.

[7] 谢剑．碳纤维布加固修复砌体结构新技术研究［D］．天津：天津大学，2005.

[8] 叶芳菲，顾详林．碳纤维板加固砖墙抗震性能的试验研究及有限元分析［D］．上海：同济大学，2005.

[9] 潘华，邱洪兴，朱星彬．碳纤维布抗震加固砖砌体墙的试验研究［J］．建筑结构，2006（07）：67-70.

[10] 由世岐，刘新强，刘斌，等．斜向粘贴 FRP 加固砖砌体墙受剪试验［J］．沈阳建筑大学学报（自然科学版），2008（05）：803-808.

[11] 郑强．FRP 加固砌体墙抗震性能及抗剪承载力模型研究［D］．沈阳：沈阳建筑大学，2012.

[12] 孟令运．碳纤维布加固红砖砌体抗震性能研究［J］．佳木斯大学学报（自然科学版），2010，28（06）：839-841+865.

[13] 樊越．粘贴 CFRP 砖砌体墙在低周反复荷载作用下的试验研究［D］．哈尔滨：东北林业大学，2012.

[14] 郭亮．粘贴 CFRP 多孔砖墙低周反复荷载作用抗剪性能试验研究［D］．哈尔滨：东北林业大学，2013.

[15] 曹雷雨，王礼杭，李重稳，等．碳纤维钉及碳纤维布加固砌体结构试验研究［J］．武汉理工大学学报，2014，36（06）：109-114.

某近现代历史建筑的安全性评估

王　珅　吴婧姝　李建爽

（中冶建筑研究总院有限公司 北京 100088）

摘　要：在某俄式近现代建筑开展的安全性评估中，通过对该建筑的现状缺陷检验、结构整体性以及节点与连接构造检验、砖与砂浆强度无损检测以及建筑倾斜度检测，结合结构验算结果，根据《近现代历史建筑结构安全评估导则》（WW/T 0048—2014）的具体规定，对该建筑的结构安全性进行了评估，评估结果显示该建筑整体的安全性等级评定为C级，即整体安全性显著不满足要求，部分构件需要采取措施。重点保护部位定损情况评级为严重损坏。建议对该建筑物进行加固处理。

关键词：俄式建筑；近现代；安全性评估；房屋安全；历史建筑

Structural Safety Assessment of One Modern Historic Building

Wang Shen　Wu Jingshu　Li Jianshuang

（MCC Construction Research Institute Co.，Ltd.，Beijing 100088）

Abstract：We finish structural safety assessment of one Russian style modern historic building according to structural defect inspection，structure and joints inspection，brick and mortar strength inspection and building inclination inspection and structural analysis result and also *Guideline for structural safety assessment of modern historic building* （WW/T 0048—2014）. The safety grade is C which means that structure safety is obviously not satisfied with code and part of structure members must be treated. The assessment result of key protection area is seriously damage. We suggest reinforce the building.

Keywords：Russian style building；modern historic；structural safety assessment；building safety；historic building

1　引言

由于中国存在一段半封建半殖民地的历史，在我国存在大量具有西方建筑特色的近现代建筑。这些建筑具备了当时各资本主义国家所拥有的各种建筑形式，也可以说各国国内流行的形式在中国的延伸[1]，具有很高的文物价值。由于历史建筑大多已有近百年的历史，经过长期的自然环境的侵蚀和人为因素的破坏，这些建筑已存在不同程度的损伤，在结构上存在极大的安全隐患[2]。近年来，各地方文物保护单位也加大了对这些文物保护建筑的修缮加固工作，为保证修缮工作科学、合理的开展，需要在修缮前进行结构安全性评估，掌握建筑的结构安全现状。建筑结构检测鉴定行业涉及的规范较多，对于近现代历史建筑的安全性评估应采用《近现代历史建筑结构安全评估导则》（WW/T 0048—2014），本文以位于黑龙江尚志市某俄式近现代建筑的安全性评估实际项目为例，阐述近现代历史建筑的安全性评估方法。

2 近现代历史建筑的评估方法

根据《近现代历史建筑结构安全评估导则》（WW/T 0048—2014），近现代历史建筑的安全性评估包括结构安全性等级评估和重点保护部位评估。结构安全性等级评估分为地基基础、上部结构（包括围护结构）两个组成部分，每个组成部分应按规定分一级评估、二级评估两级进行[2]。一级评估包括结构损伤状况、材料强度、构件变形、节点及连接构造等；二级评估为结构安全性验算。一级评估符合要求，可不再进行二级评估，评定构件安全性满足要求。一级评估不符合要求，评定构件安全性不满足要求，且应进行二级评估。二级评估应依据一级评估结果，建立整体力学模型，进行整体结构力学分析，并在此基础上进行结构承载力验算。最后进行结构安全性综合评估。

3 项目概况

某俄式近现代建筑位于尚志市一面坡镇，建于1904年，2013年3月被认定为第七批全国重点文物保护单位。

该建筑为砖混结构，建筑面积2632m^2。整体建筑呈凹字形，建筑长度63.2m，建筑宽度24.6m，建筑高度15.75m。基础形式为条石叠砌，置于夯土之上。建筑地上2层，地下局部1层，地下室层高4.25m，一层层高4.97m，二层层高5.28m，坡屋面最大高度3.25m。外墙厚度为900mm，内墙厚度为500mm，均为实心墙体。建筑楼面板为预制混凝土板，屋面为木制坡屋面、木屋架。

4 现状缺陷检验结果

4.1 地基基础现状检验结果

该建筑上部结构未发现明显倾斜情况，查阅地勘报告，地基和基础无静载缺陷，地基主要受力层范围内不存在软弱土、液化土和严重不均匀土层，非抗震不利地段，可认为地基基础基本完好。

4.2 上部结构现状检验结果

通过现场检查，该建筑上部结构主要存在以下现状缺陷：（1）地下管沟砖砌体风化、开裂严重，局部存在通长斜裂缝，管沟墙体与预制板局部脱裂，预制板局部存在裂缝；（2）承重外墙抹灰大面积脱落，脱落处砖砌体风化严重，门窗上方拱形过梁普遍开裂；（3）室内墙面及楼板多处存在渗水痕迹，楼面木制铺板多处破损、漆面脱落；（4）木屋架梁、木檩条受潮、腐朽且开裂严重；（5）其他部位地下室入口处台阶破损较严重，地下室夹层钢梯、上屋面钢梯锈蚀严重。

4.3 重点保护部位现状缺陷检验

经现场实际勘察检测，本建筑重点保护部位存在以下缺陷：（1）外墙花饰普遍残损，难以辨认；（2）阳台栏杆破损严重，檐口花饰破损严重；（3）“塔司干柱”抹面普遍开裂、漆面大面积脱落，柱脚台基局部破损严重；（4）室外天然地面经人工填土垫高，室内一层原木地板经拆除更换为水泥地面，历史原貌遭改变；（5）室内木制门窗普遍陈旧、脱漆，部分闭合不严，使用功能受阻。

5 现场检测结果

5.1 砖强度检测结果

整座建筑主要建筑材料为烧结砖，考虑到本工程为全国重点文物保护单位，如采取直接取样法等检测对结构破坏较为严重，故采用了回弹法检测构件强度。检测结果见表1。

表1 砖强度检测结果

序号	测区位置	检测单元砖抗压强度平均值（MPa）	标准差	推定区间	检测单元砖抗压强度等级推定值
1	地下室墙体	3.82	1.18	[2.86，4.79]	MU2.5
2	一层墙体	5.13	0.77	[4.73，5.52]	MU4
3	二层墙体	4.88	0.42	[4.53，5.23]	MU4

根据现场检测结果，地下室砖砌体抗压强度推定值为MU2.5，一层、二层砖砌体抗压强度推定值为MU4。

5.2 砂浆强度检测结果

考虑到该建筑为文物建筑，现场采用无损检测方法——贯入法进行检测。检测结果见表2。

表 2　砂浆强度检测结果

测区位置	测区砂浆强度平均值（MPa）	标准差	测区砂浆强度最小值（MPa）	抗压强度推定值（MPa）
地下室墙体	8.0	1.8	5.7	M7.5
一层墙体	2.4	1.9	0.8	M1.0
二层墙体	1.1	0.3	0.9	M1.0

结论：根据现场检测，地下室砂浆强度推定值为 M7.5，一、二层砂浆强度推定值为 M1.0。

5.3　建筑倾斜度检测结果

根据行业标准《建筑变形测量规范》（JGJ 8—2016），采用高精度全站仪对建筑倾斜度进行测量，测量结果见表 3。

表 3　建筑倾斜度检测结果

序号	构件位置	南北向			东西向		
		倾斜值（mm）	测量高度（mm）	倾斜度（‰）	倾斜值（mm）	测量高度（mm）	倾斜度（‰）
1	1/G	−15	10500	−1.4	−2	10500	−0.2
2	14/G	−2	10500	−0.2	—	—	—
3	14/A	−16	10500	−1.5	—	—	—
4	11/A	−16	10500	−1.5	−9	10500	−0.9
5	9/C	−6	6000	−1.0	—	—	—
6	6/C	18	10500	1.7	—	—	—
7	4/A	2	10500	0.2	−25	10500	−2.4
8	1/A	—	—	—	−18	10500	−1.7

注：东、南偏为正；西、北偏为负。

总结：因受到现场条件限制，局部部位无法测量。经用高精度全站仪测外墙倾斜度，实际测量最大偏移为 25mm，最大倾斜率−2.4‰，满足《近现代历史建筑结构安全性评估导则》中砌体构件变形限值 6‰的要求。

6　结构验算结果

采用 PKPM 系列软件对该建筑进行建模计算，验算时，材料强度取用实测材料强度值，构件截面尺寸以实测为准，荷载根据使用要求按现行国家标准《建筑结构荷载规范》（GB 50009—2012）规定取值。验算结果：（1）所有墙体高厚比满足规范要求；（2）地下一层与地上一层多数窗间墙抗力与荷载效应的比值小于 0.9 的要求。

7 结构安全等级评定

7.1 地基基础

根据现场实际勘察检测结果，地基未出现不均匀沉降，满足一级评估的要求。上部结构砌体部分未出现宽度大于5mm的沉降裂缝，未出现因地基不均匀沉降导致上部结构倾斜率或沉降差大于0.7%等情况，基础满足一级评估。不再进行二级评估。地基基础安全等级为A级，其安全性基本满足要求。

7.2 上部结构构件

根据《近现代历史建筑结构安全评估导则》（WW/T 0048—2014），砌体结构的检测勘察应包括砌体的外观质量、材料强度、变形、裂缝、构造等5个项目，任一项目不满足一级评估，则应进行二级评估。本项目中：(1) 砖墙风化严重，承重结构截面削弱率不满足规范规定的限值；(2) 砌块强度等级小于MU10，砂浆强度等级小于M1.5，不满足规范要求；(3) 地下室墙身多处存在裂缝，且最大裂缝宽度已大于3mm。因此一级评估中外观质量、材料强度、裂缝不满足规范要求，应进行二级评估。

根据《近现代历史建筑结构安全评估导则》（WW/T 0048—2014）附录B给出各类构件的权重比值和楼层在建筑整体中的权重系数，计算得到上部结构构件安全性不满足要求的权重比$z=0.09$，通过查表得出上部结构组成部分安全性等级为C级。

7.3 结构安全性等级评估

根据《近现代历史建筑结构安全评估导则》（WW/T 0048—2014）规定，建筑整体安全性评估按地基基础、上部结构两个安全性等级较低一个等级确定。因此，本建筑整体的安全性等级评定为C级，即：整体安全性显著不满足要求，部分构件需要采取措施。

8 结语

中国大量优秀近现代历史建筑都是不可再生的珍贵文物，在整体修缮时保证它们的安全性和使用性是必须解决的问题，开展文物建筑修缮前的结构安全性评估是掌握结构安全现状的有效途径，为制定科学、合理的修缮方法奠定了基础。

参考文献

[1] 陈梅玲．近现代建筑的保护利用与发展［J］．山西建筑，2008（19）：22-23.

[2] 管小健．某历史建筑的加固改造与修缮保护［J］．福建建设科技，2017（6）：23-26.

[3] 国家文物局．近现代历史建筑结构安全性评估导则：WW/T 0048—2014［S］．北京：文物出版社，2014.

安澜古桥动力特性分析

许　臣　吴静姝　王　昂

（中冶建筑研究总院有限公司 北京 100088）

摘　要：以都江堰景区安澜古桥为背景，阐述了桥梁模态的脉动测试方法测试过程、测点布置及原则，最后对测试结果进行了分析。

关键词：古桥；脉动；模态

Analysis of Dynamic Characteristics of Ancient Bridges in AnLan

Xu Chen　Wu Jingshu　Wang Ang

（MCC Construction Research Institute Co.，Ltd.，Beijing 100088）

Abstract：Taking An Lan Ancient Bridge in Dujiangyan Scenic Area as the background，this paper expounds the pulsation test method，test process，test point arrangement and principle of bridge mode，and finally analysis the test results.

Keywords：ancient bridge；pulsation；modal

1　引言

都江堰景区安澜索桥（图1）是我国古代著名的桥梁之一，位于都江堰风景区内，跨越岷江的内江、外江，是一座4跨人行索桥，实测桥长144.04m（内江段），跨径组合为1×10.03m+3×44.67m。安澜古桥为柔性人行索桥，主缆为5根，锚固于二王庙及鱼嘴两侧锚室（图2）。桥面铺装采用4cm厚木板铺装，桥面宽1.8m。河中设置两个

图1　都江堰安澜索桥现场照片

桥墩，桥墩下部为混凝土实体结构，每个桥墩设 4 个圆形立柱仿木式结构，上部设高 0.6m 的横梁，主索和扶手索置于横梁上。

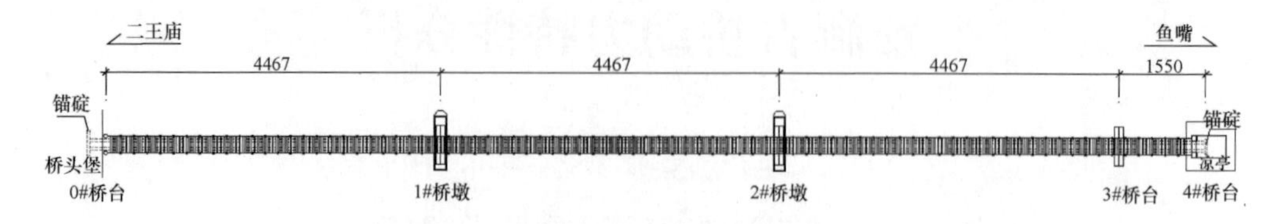

图 2　都江堰景区安澜索桥（内江段）平面图（单位：cm）

2　动力特性分析原理

脉动激励是一种天然的激励方式，它是指利用自然风、水流、车辆等动力荷载进行激励，只需要采集结构的响应信号，然后根据响应信号进行模态参数识别。由于环境激励不需要使用激励设备，因此具有现场便捷迅速、经济性强、安全性好等特点[1]，因此在桥梁模态测试中得到了广泛的应用。

3　脉动测试

3.1　测点布置

将安澜索桥进行等截面划分，在桥面上布置横向拾振器，上、下游布置竖向拾振器。全桥共计 16 个测试断面，共计 48 个振动测点，其中 1-32 为竖向振动测点，33-48 为横向振动测点，测点 7、8、39 和 40 为参考点，动力特性测试截面俯视布置图如图 3 所示。

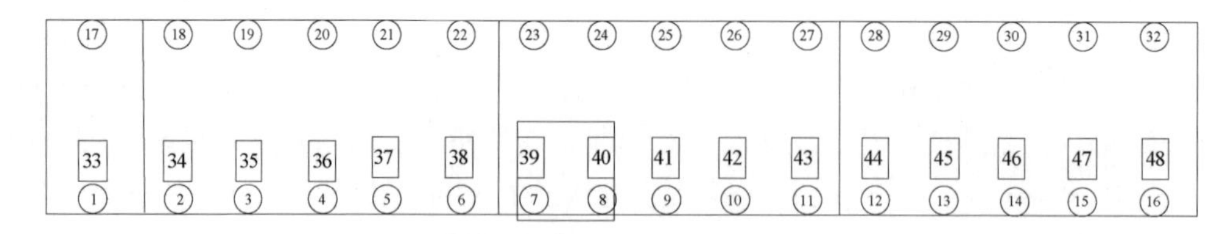

图 3　安澜索桥模态测试测点布置图

3.2　测试系统

本次试验采用北京东方振动和噪声技术研究所研制的 INV3062T 型 24 位智能信号采集处理分析仪、哈尔滨工程力学研究所研制的 941B 拾振器硬件和 DASP V11 数据采集和模态分析软件。模态试验测试系统框图如图 4 所示。

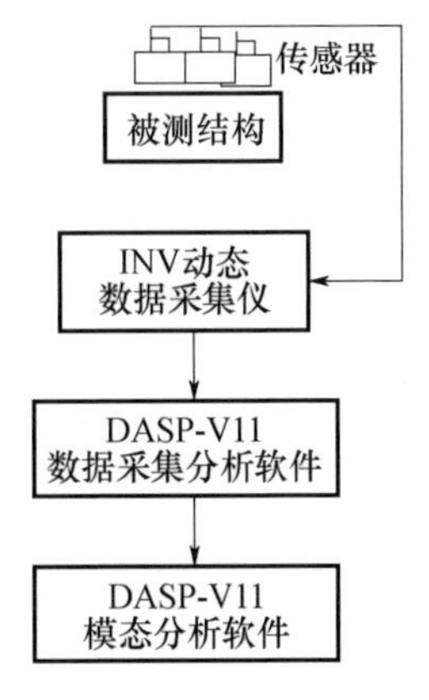

图 4　模态测试系统框图

3.3　数据采集及模态分析

根据图 3 测点布置方案，现场测试采用 4 台 INV3062T 数据采集仪，1 台作参考点，3 台移动，分布式 GPS 授时同步，大大减少了现场传感器到采集仪的引线，提高了效率；采用 941B 拾振器第 4 挡，频响为 0.17～80Hz；灵敏度约为 0.8mV/mm/s；振动数据采集时间长度为 600s（10min），采用频率为 51.2Hz。

数据采集完成后将采集的数据导入 DASP V11 模态分析软件，使用 EFDD、SSI 和 Poly-ⅡR 算法对模态参数进行识别，模态分析流程图如图 5 所示。

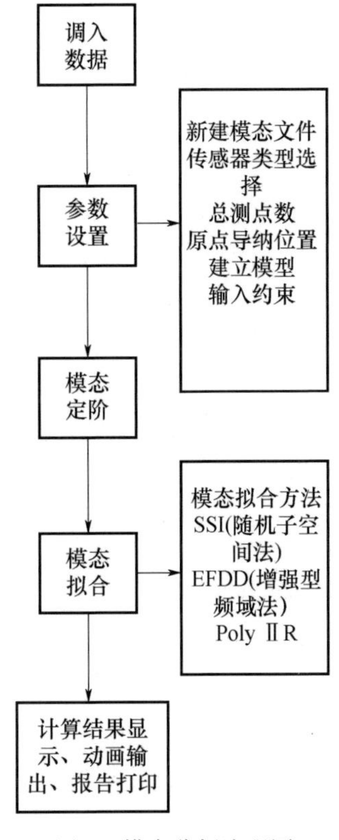

图 5　模态分析流程图

通过模态分析及结果优化，得到了安澜古桥前四阶固有频率、阻尼比和振型图，如表 1 所示，模态振型如图 6～图 9 所示。

表 1　安澜索桥模态测试结果

阶数	固有频率（Hz）	阻尼比（%）	备注
1	0.610	0.681	竖向一阶弯曲
2	0.657	1.816	横向一阶弯曲
3	1.048	1.342	竖向一阶扭转
4	1.112	0.63	竖向二阶弯曲

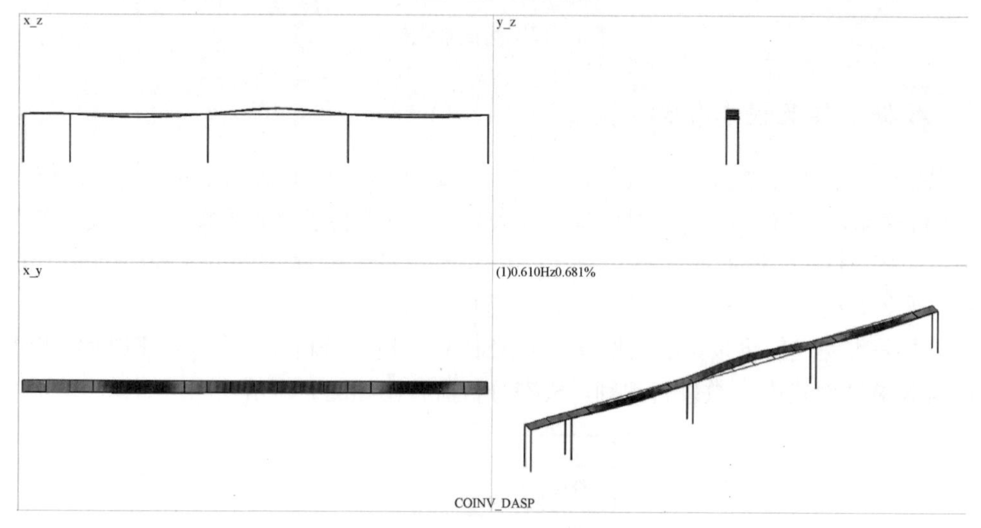

图 6　安澜索桥竖向一阶弯曲振型三视图

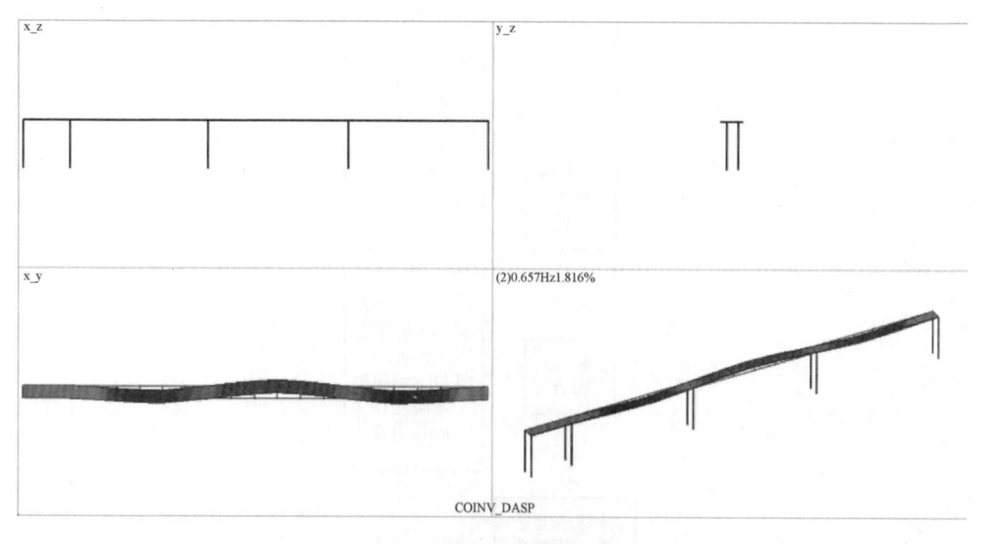

图 7　安澜索桥横向一阶弯曲振型三视图

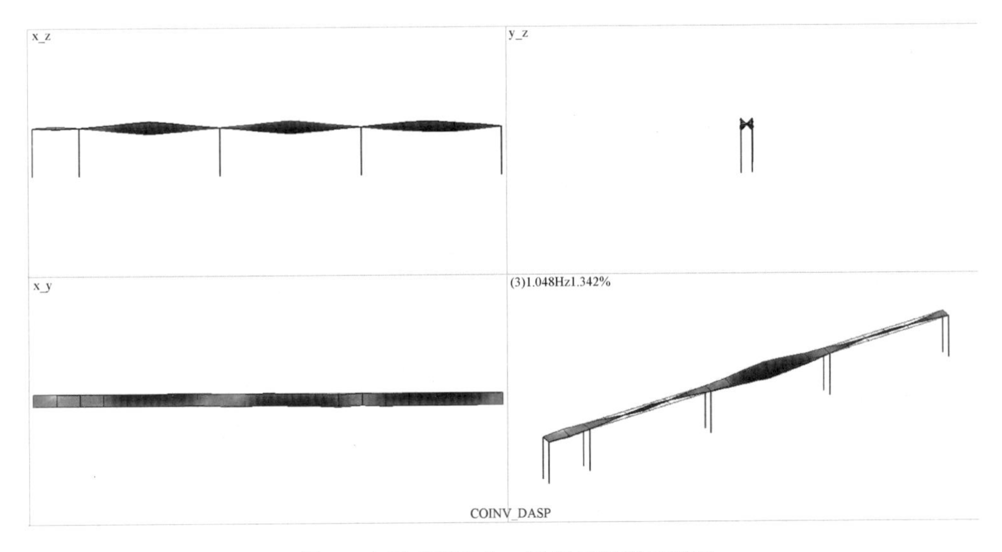

图 8　安澜索桥竖向一阶扭转振型三视图

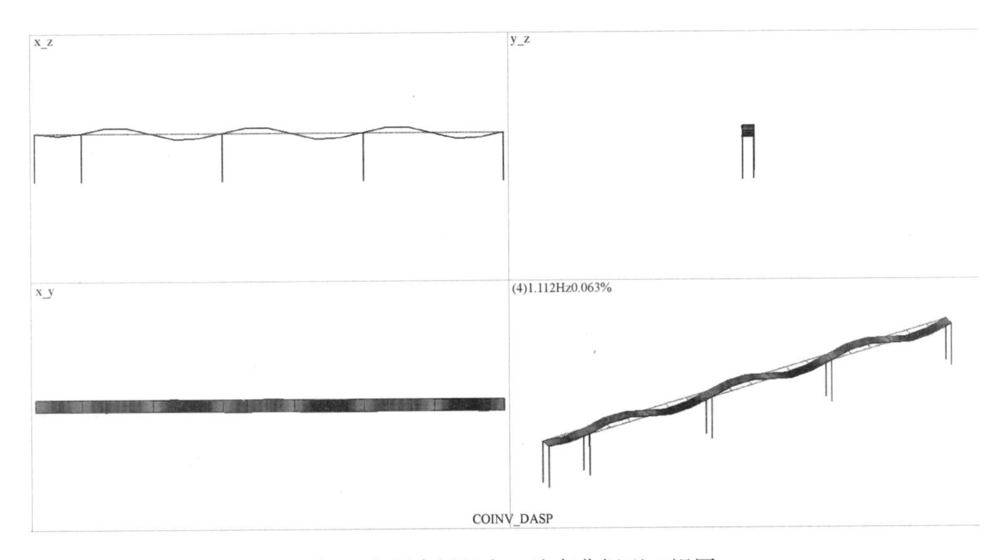

图 9　安澜索桥竖向二阶弯曲振型三视图

4　结论

（1）通过脉动法测试得到了安澜索桥的前四阶固有频率和振型；

（2）简述了桥梁脉动法模态分析过程；

（3）安澜索桥处在景区中，每天客流量十分庞大，作为重要历史文物，应加强保护。

参考文献

[1] 姜浩，郭学东．环境激励下桥梁结构模态参数识别方法的研究［J］．振动与冲击，2008，27（11）：126-128.

某工业遗产脱硫塔壁钢板锈蚀层厚度的研究

梁宁博　刘欣媛　吕俊江

（中冶建筑研究总院有限公司 北京 100088）

摘　要：通过 Nikon SMZ800N 体视显微镜结合高精度表面打磨，观测锈蚀层在打磨过程中的厚度变化，对两种典型锈蚀情况下的锈蚀层厚度进行了试验研究，推定锈蚀层和剥离层的厚度值。

关键词：显微镜；钢板；锈蚀；剥离

Research on Corrosion Thickness of the Desulfurization Tower Wall of an Industrial Heritage

Liang Ningbo　Liu Xinyuan　Lv Junjiang

（Central Research Institute of Building and Construction Co.，Ltd.，Beijing 100088）

Abstract：Under the high-precision surface grinding operation conditions，the thickness change of the rust layer during the grinding process was observed by a Nikon SMZ800N stereo microscope. The thickness of the rust layer under two typical rust conditions was tested，and the thickness values of the rust layer and the peeling layer were estimated.

Keywords：microscope；steel plate；corrosion；peeling off

1　引言

对某工业遗产脱硫塔壁钢板锈蚀层厚度的分析，确定钢板的有效厚度，为后续的鉴定计算提供依据。

2　钢板锈蚀层厚度试验研究

现场检查发现，该脱硫塔壁钢板内部锈蚀严重，严重者锈蚀有剥离层，稍轻者覆盖一层较厚的铁锈。现场收集到两块维修割下的钢板进行锈蚀研究。

2.1　样品状况

样品为两块边长 30cm 左右的方形钢板，厚度约 12mm。从表面形貌来看，钢板锈蚀较为严重。编号 1 的钢板表面则没有显著的剥离层，只是覆盖一层较厚的铁锈，编号 2 的钢板表面锈蚀层呈现剥离的状态。

2.2 试验方案

选取样品的 2 个特征位置（有剥离层和没有剥离层的部位），通过 Nikon SMZ800N 体视显微镜结合高精度表面打磨，观测锈蚀层在打磨过程中的厚度变化，推定锈蚀层和剥离层的厚度值。

2.3 试验结果

（1）钢材锈蚀的基本形貌

从锈蚀情况来看，样品中有两种典型的锈蚀形貌，如图 1 所示。一种是 1 号钢板中的表面有一层锈蚀，我们称为 A 类；另一种是 2 号钢板中锈蚀产物呈现层状剥离翘起，如右图所示，我们称为 B 类。

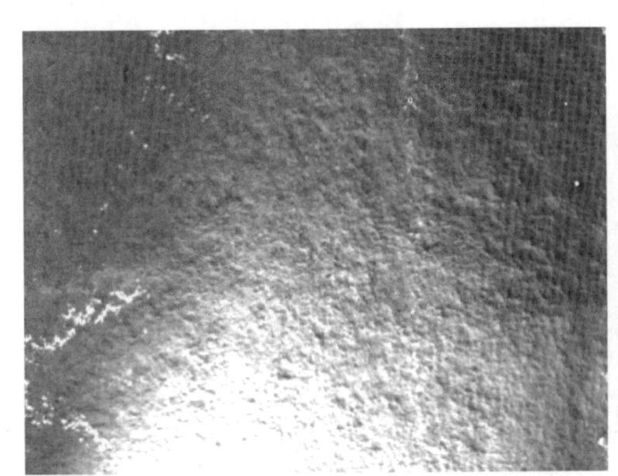
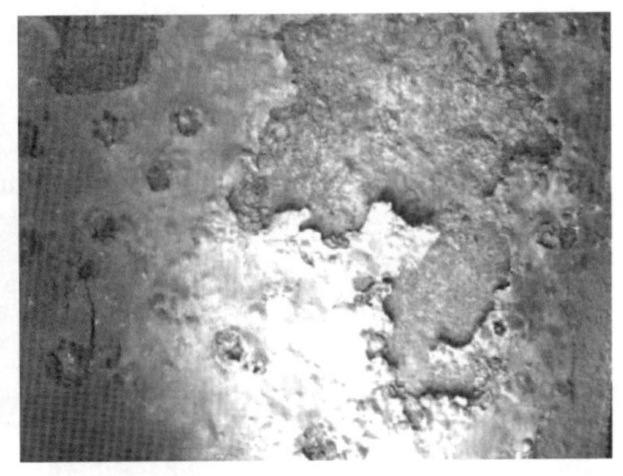

图 1　样品中的两种典型锈蚀形貌

使用 Nikon SMZ800N 体视显微镜观察两种锈蚀的微观形貌，图 2 为 A 类放大 800 倍；图 3 为 B 类放大 400 倍。

图 2　A 类表面锈蚀典型形貌——放大 800 倍

图 3　B 类表面锈蚀典型形貌——放大 400 倍

从图 2 显微观测结果来看，A 类的锈蚀表面基本被完全覆盖，锈蚀产物十分致密，而且锈蚀产物在钢材表面形成了高低起伏的锈蚀坑。初步判断锈蚀深度不大。

从图 3 显微观测结果来看，B 类剥落翘起的部位形成了显著的高差；翘起的锈蚀产物表面非常平整，推测平整部分为钢板原本的外表面；而已经剥落的部分呈现出和 A 类锈蚀相同的情况，即表面有大量高低起伏的锈蚀坑。

（2）锈蚀层的打磨与厚度测定

对于 B 类锈蚀剥落翘起的表层部位，选取一个典型的部位进行打磨测定厚度。整个打磨过程选取 0.02mm 深度为参数递进，采取步进式打磨观测，结果如图 4 所示。对于 A 类锈蚀表层，选取一个典型的部位进行打磨测定厚度。整个打磨过程同样选取 0.02mm 深度为参数递进，采取步进式打磨观测，结果如图 5 所示。

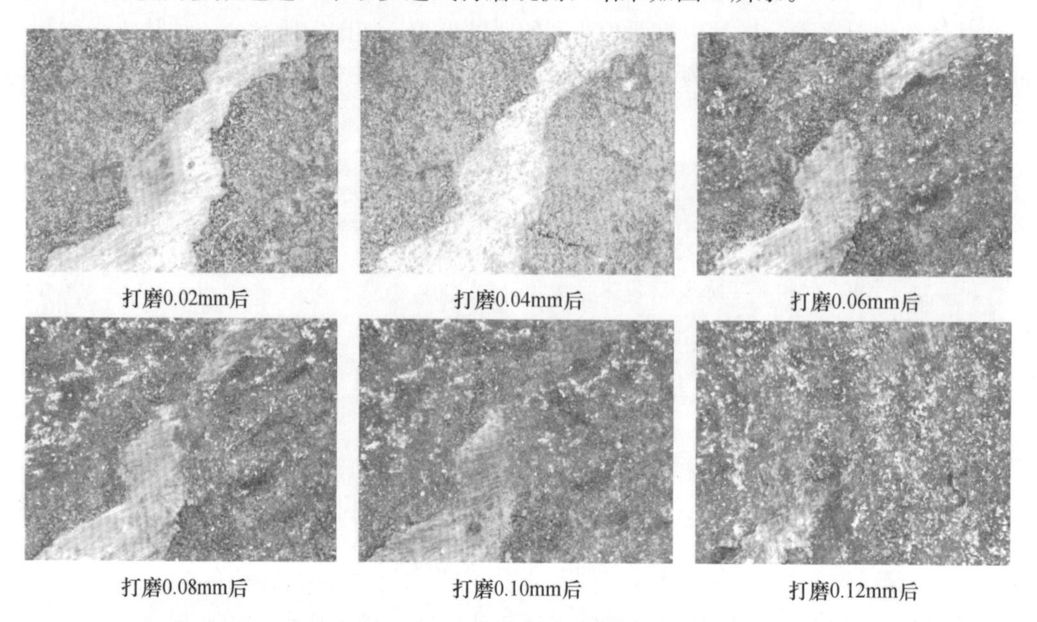

图 4　B 类锈蚀剥落翘起的部位表层打磨过程

从图 4 可以看出，随着打磨深度的增加，首先被磨去的是翘起的部分；在打磨到 0.06mm 深度时，中间部位的翘起部分已经完全被磨去，露出了下方高低不平的锈蚀坑的形貌。随着打磨深度继续加深，至 0.10mm 左右时，基本所有翘起部分的锈蚀都被打磨殆尽。因此，我们推测剥离层厚度大致在 0.06～0.10mm。打磨过程中，剥落锈蚀层始终没有出现新鲜的未锈蚀形貌，说明剥落部分已经完全被锈蚀；而剥落锈蚀层打磨殆尽之后，露出的是下部高低起伏的锈蚀坑层，再打磨至 0.12mm 时，可以看到部分地方出现了基材的新鲜表面，说明高低起伏的锈蚀坑层厚度非常小，最小的地方可能低于 0.02mm。

从图 5 可以看出，当打磨深度在 0.02mm 时，已经有钢材基材的新鲜面暴露出来；随着打磨深度的增加，基材新鲜面暴露越来越多；但打磨至 0.08mm，依然只有不到一半的部位露出了新鲜的基材。因此，我们推测锈蚀坑层厚度并不大，但高低起伏程度比较大。从打磨开始时就有新鲜面露出这一现象来看，锈蚀产物的厚度非常小，最小的地

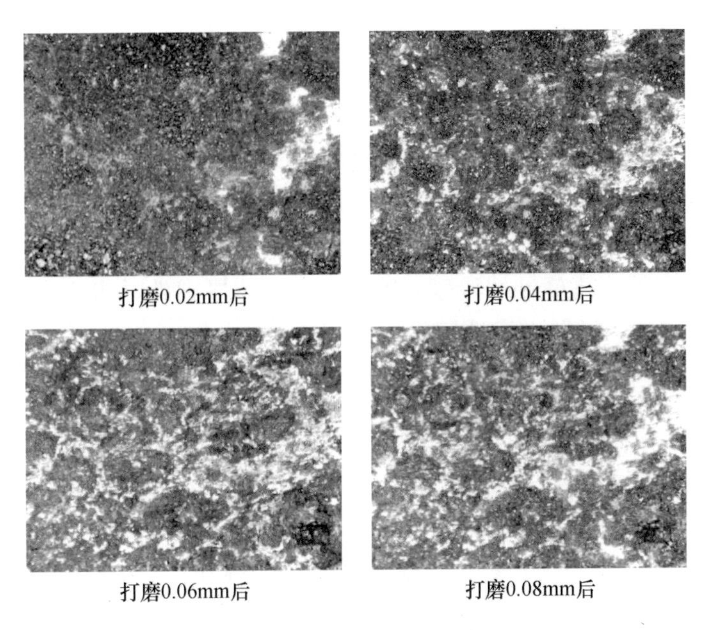

图 5　A 类锈蚀表层部位打磨过程

方低于 0.02mm；但打磨至 0.08mm 只有不到一半的部位露出了新鲜的基材，说明锈蚀坑层的高低差超过了 0.08mm。

为了进一步确定锈蚀坑的高低不平程度，进一步证实锈蚀厚度。我们进一步针对一个部位进行了 0.2mm 到 0.4mm 的两次打磨。打磨后部位的显微形貌如图 6 所示。可以看到，即使打磨至 0.40mm，也依然有锈蚀的部分残留。说明表面高低不平超过 0.4mm，但从显微图上可以看出，每一个点的锈蚀深度都不大，基本在 0.02～0.06mm 之间。

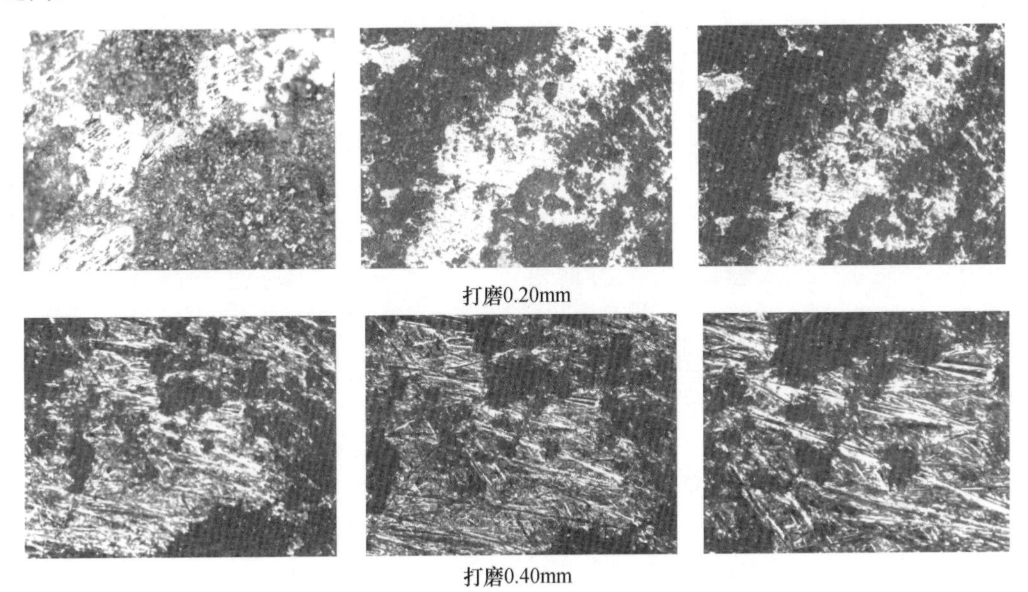

图 6　锈蚀坑表层部位进一步打磨过程

3 结论

对于锈蚀剥离的部分，剥离层厚度大致在0.06～0.10mm，其下仍存在锈蚀坑。A类锈蚀表面的铁锈厚度非常小，最小的地方可能低于0.02mm，锈蚀深度都不大，基本在0.02～0.06mm之间，但锈蚀坑的存在导致表面高低起伏比较严重，高低差甚至超过了0.4mm。因此综合考虑锈蚀层厚度，除考虑剥落层厚度外，锈蚀坑导致的钢材锈蚀深度损失，深度应达到了0.4mm以上。

参考文献

[1] 张风杰，夏军武，谭永超，等．图像像素测量技术在钢锈蚀厚度检测中的应用［J］．钢结构，2015（12）：93-96.

藏式山地结构动力测试与可靠度分析

常　鹏　吴楠楠　杨　娜

（北京交通大学土木建筑工程学院 北京 100044）

摘　要： 布达拉宫内山地结构众多，其与平地结构在地震作用下的动力可靠度差异较大。本文对布达拉宫内典型藏式山地结构占堆康进行基于环境振动的动力特性测试，分析基础刚度-频率敏感域曲线，应用实测结果修正有限元模型。基于首超准则提出改进的动力可靠度解法，得到基础约束刚度对动力可靠度的影响规律。本文对占堆康所做的动测-模型修正-可靠度评估工作对布达拉宫内其他藏式古建筑的抗震研究有一定借鉴意义。

关键词： 藏式山地结构；动力测试；动力可靠度；影响因素

Finite Element Model Updating And Dynamic Reliability Analysis of Tibetan Mountainous Structure

Chang Peng　Wu Nannan　Yang Na

（School of Civil Engineering，Beijing Jiaotong University，Beijing 100044）

Abstract：There are many mountainous structures in the Potala Palace，and its' dynamic reliability is greatly different with flat structure under the earthquake. In this paper，the dynamic characteristics test of the typical Tibetan mountainous structure Zhanduikang in the Potala Palace is taken，which is based on environmental vibration. The sensitive domain of the foundation stiffness to the frequency is analyzed，and the finite element model is updated by using the measured results. Based on the First-excursion criterion，an improved dynamic reliability solution is proposed，and the influence rules of dynamic reliability changes with foundation constraint stiffness are obtained. The work of dynamic test-model updating-reliability assessment on Zhanduikang in this paper has certain reference significance for the seismic research of other Tibetan ancient buildings in the Potala Palace.

Keywords：Tibetan mountainous structure；dynamic characteristics test；dynamic reliability；influencing factor

1　引言

布达拉宫内以山地结构为主，且构造形式及建筑材料极具特色，分析布达拉宫内的藏式山地结构在地震作用下的可靠性需要建立与实际相符的有限元模型，以动测结果进行有限元模型修正是不可或缺的工作。Lu Dai[1]以典型的西藏木柱砌体墙框架为研究对象，在环境激励下，采用随机子空间识别（SSI）方法，得到了结构的平面外振动特性。李鹏[2]引入空间弹簧单元，得到藏式古建的梁柱节点简化模型，引入两个刚度参数表达空间弹簧的刚度矩阵。上述关于藏式古建筑的研究主要集中于木结构及砖木结构，对于典型藏式山地石砌体结构的研究有待完善。

Jensen H A[3]等人则提出了一种基于首超准则的结构动力可靠度的新的算法，应用于一个十自由度振子系统，计算得到了动力可靠度。杨朋超等[4]基于首超破坏准则，采用极值分布描述建立了消能构件动力可靠度的等价功能函数表达，结合四阶矩方法求解消能构件的动力可靠度。

综上所述，国内外学者对动力可靠度的求解方法有一定的研究，但输入地震波均为平稳段，且主要集中在线弹性体系。本文将建立占堆康有限元模型，运用动力测试结果对其修正；输入完整非平稳地震波，考虑非线性，并基于首超准则提出改进的动力可靠度解法，最终得到结构的可靠度。

2 占堆康动力测试

占堆康是布达拉宫内为数不多的较独立的山地结构，其山地结构特征十分明显，南侧、北侧接地高差达到了一层之多。东西向也存在接地高差，所以存在“双向坡度”。部分山体进入结构内部（图1～图3）。

图1 占堆康侧视图

图 2　西南角一层结构内山体

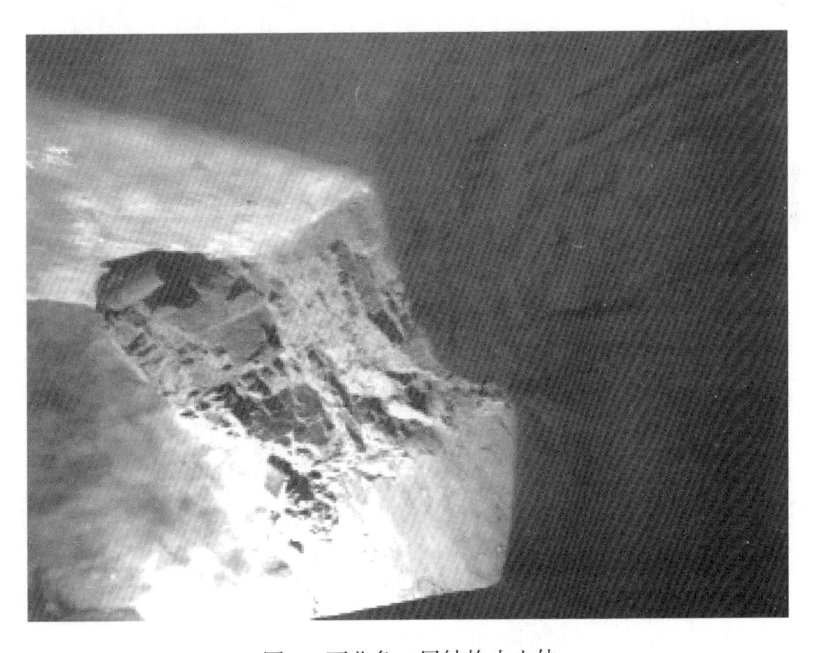

图 3　西北角二层结构内山体

2.1　动力测试方案

本次测试共分为四种工况。传感器的布置原则为：

工况一：设置 9 个水平向加速度拾振器，每层布设三个。传感器的方向朝南，下部加设铁块与结构固定，并且使用水准器进行调平。采样时间为 45min，具体布设位置如图 4 所示。

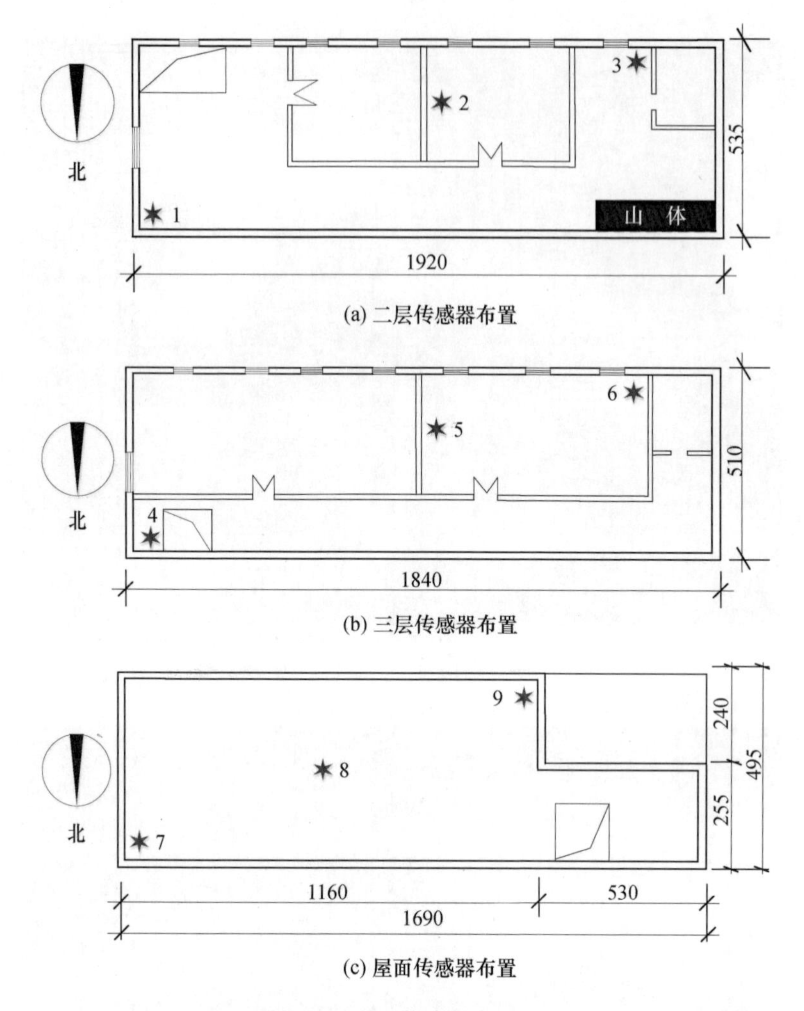

(a) 二层传感器布置

(b) 三层传感器布置

(c) 屋面传感器布置

图 4 工况一传感器布置图

工况二：二层、三层、屋面的东西向动测，工况二具体的测点布置、编号以及采样时间均改变，与工况一唯一的区别就是传感器方向由南变为西，因此此处不再单独给出测点位置图。

工况三：一层、二层、三层的东西向动测，工况三共需要 8 个水平向加速度拾振器，一层、三层布设三个，二层布设两个。传感器的方向朝西，下部加设铁块与结构固定，并且使用水准器进行调平。采样时间为 45min，具体布设位置如图 5 所示：

工况四：一层、二层、三层的南北向动测，工况四具体的测点布置、编号以及采样时间均改变，与工况三唯一的区别就是传感器方向由南变为西，因此此处不再单独给出测点位置图。

2.2 模态参数识别

采集到结构的加速度响应后，参照图 6 进行数据处理，本文选用的预处理和处理方法为：随机减量-STD 法[5-6]，得到的结构南北向及东西向前三阶模态频率和模态阻尼比见表 1。

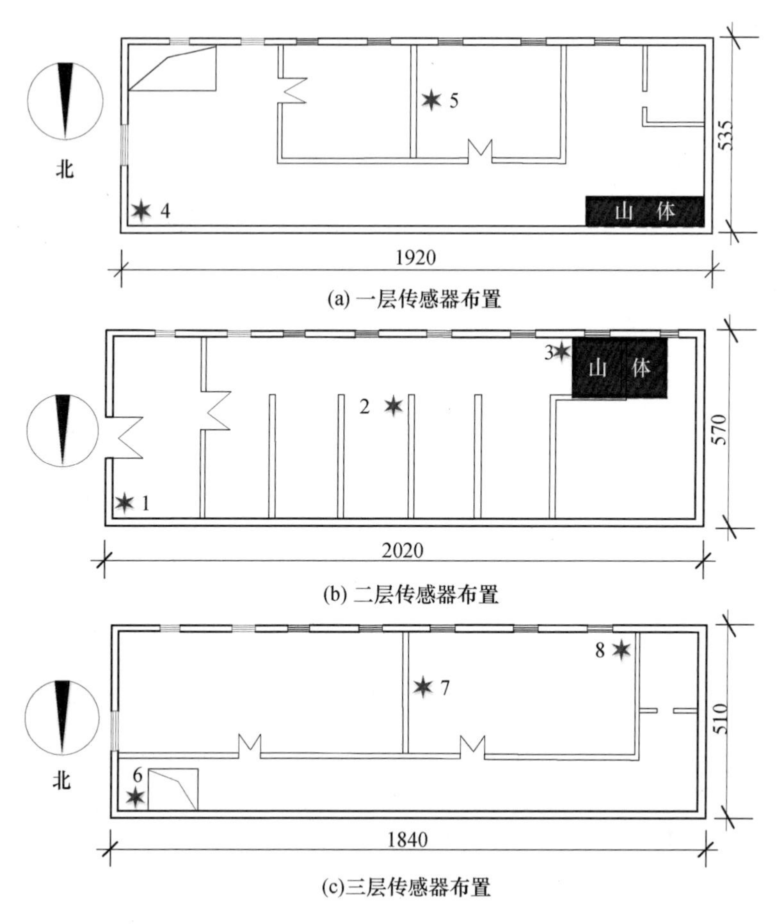

图5　工况三传感器布置图

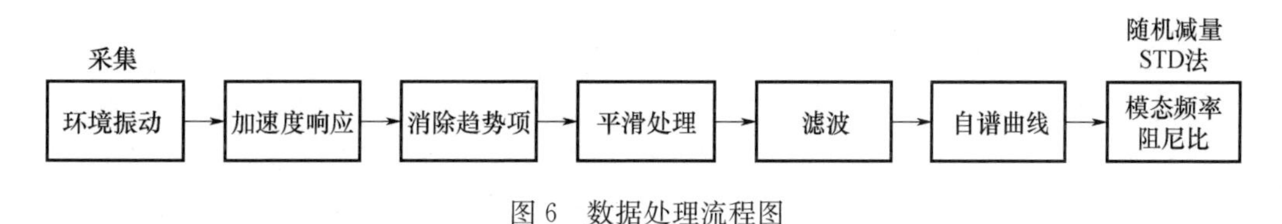

图6　数据处理流程图

表1　模态频率及模态阻尼比识别结果

	南北向		东西向	
	模态频率（Hz）	模态阻尼比	模态频率（Hz）	模态阻尼比
一阶	5.6481	0.0301	5.8946	0.0249
二阶	7.8039	0.0261	7.9342	0.0271
三阶	9.7366	0.0270	10.2324	0.0225

占堆康的模态参数识别结果和平地结构差异较大，这一点主要体现在模态频率上。南北向的三阶频率与东西向的三阶频率十分接近。占堆康是一个类似长方体的结构，按照平地结构的经验来讲，短轴（南北向）的模态频率应小于长轴（东西向）的模态频率，两个方向的模态频率不可能如此接近。这就是占堆康作为山地结构的特殊性所在，

占堆康存在双向坡度，从理论上并不好判断哪个方向更易发生滑移；但由于其北侧墙体与山体连接，导致南北向刚度增大，其两个方向的模态频率差异不大，南北向模态频率略小于东西向。

3 占堆康动力可靠度分析

3.1 有限元模型修正

本文应用 Rhinoceros 3d 软件进行占堆康几何模型的建立，将几何模型导入到 ANSYS 中，并选取 Combin14 弹簧单元来模拟结构与山地之间的基础。通过定义不同的刚度、实常数等手段来模拟基础约束刚度的退化。假定结构的基础与山体只有滑移作用，所以本节只对节点的三个平动刚度 K_x、K_y、K_z进行修正。由于基础的刚度无法很明确地界定，参照文献［7］，引入一种基础刚度-基频曲线的概念，寻找基础刚度对结构基频影响的敏感域，从而使有限元模型修正的过程更为严谨。

由图 7 可以看出结构基频受 K_x、K_z影响的敏感域基本相同，得到 K_x、K_z的敏感域为［1.0×10^5，1.0×10^8］（N/m）。调整三个平动刚度，当 $K_x=2.0\times10^7$ N/m、$K_y=7.5\times10^6$ N/m、$K_z=3.0\times10^7$ N/m 时，得到与实际相符的修正后模型。带弹簧支座有限元三维模型如图 8 所示。调整完成的有限元模型与实测频率对比见表 2。

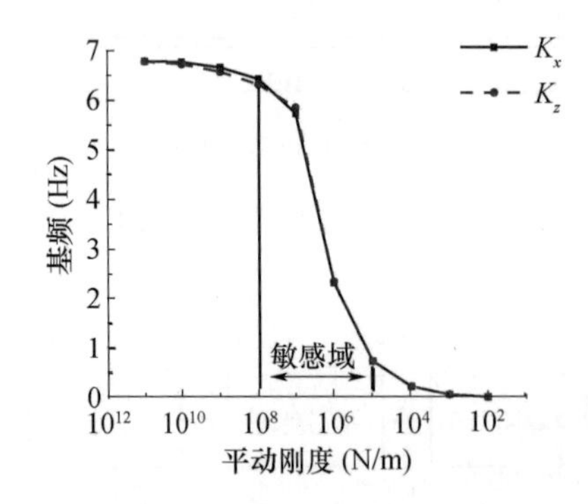

图 7　基础刚度敏感域曲线

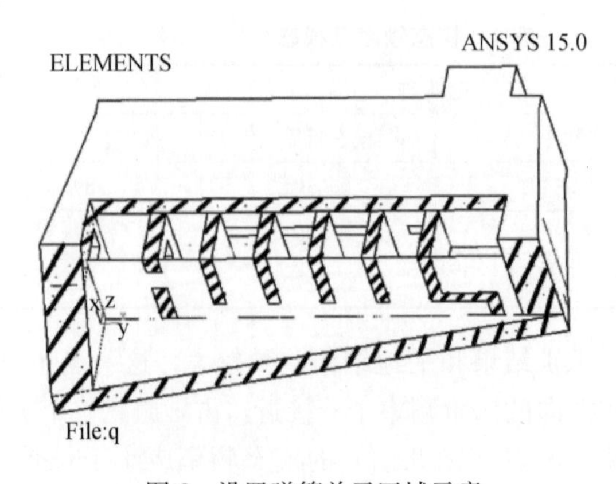

图 8　设置弹簧单元区域示意

表 2 调整完成的有限元模型与实测频率对比

结构频率	实测	修正后山地模型	误差
一阶频率	5.6481	5.6285	0.35%
二阶频率	5.8946	5.8920	0.04%

3.2 可靠度分析结果

结合 ANSYS 时程分析，将完整非平稳地震动作为激励输入，定义材料非线性，进行时程分析，运用基于首超准则改进的动力可靠度解法将提取到的结构进行相应处理，得到每一层结构动力可靠度。进一步，假定占堆康属于串联体系结构，应用串联集成公式对占堆康的体系可靠度进行计算得到图 9、图 10 曲线：

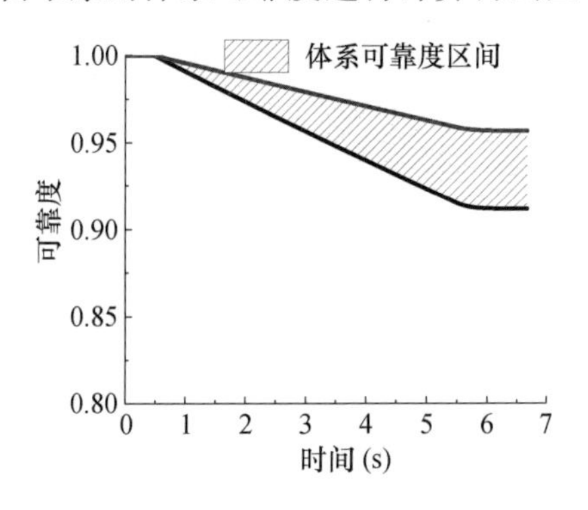

图 9 多遇地震下占堆康体系可靠度

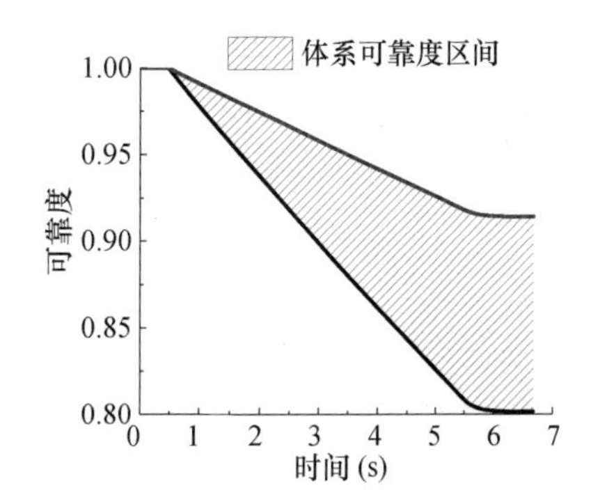

图 10 罕遇地震下占堆康体系可靠度

4 结论

本文对藏式山地结构占堆康进行了基于环境振动的动力特性测试，将得到的模态识别结果与平地结构进行比较，并以一简化模型为研究对象，研究了改进的求解动力可靠度的方法，得到结构的动力可靠度。

(1) 由于占堆康的双向坡度以及南北侧与山体连接，导致南北向的三阶频率与东西向的三阶频率十分接近。

(2) 针对基础平动约束刚度 K_x、K_z进行单因素分析可以得到多遇地震下可靠度随着基础平动约束刚度 K_x、K_z的退化逐渐减小，可靠度受 K_x影响的敏感区域 [1.0×10^6, 1.0×10^9] (N/m)；可靠度受 K_z影响的敏感区域 [1.0×10^5, 1.0×10^8] (N/m)。

(3) 根据修正后的有限元模型计算和各层结构串联体系假定，占堆康在多遇地震和罕遇地震下的结构体系可靠度区间分别为 0.91～0.96 和 0.80～0.92。

参考文献

[1] LU D, NA Y, LAW S S, et al. Modal parameter identification and damping ratio estimation from the full-scale measurements of a typical Tibetan wooden structure [J]. Earthquake Engineering &

Engineering Vibration，2016，15（4）：681-695.

[2] 李鹏，杨娜，杨庆山，等．藏式古建筑木梁柱节点力学性能研究［J］．土木工程学报，2010（s2）：263-268.

[3] JENSEN H A，VALDEBENITO M A. Reliability analysis of linear dynamical systems using approximate representations of performance functions［J］．Structural Safety，2007，29（3）：222-237.

[4] 杨朋超，薛松涛，谢丽宇．地震动作用下消能构件的动力可靠性分析［J］．土木工程学报，2016（s1）：114-118.

[5] 胡浩然，杨娜．基于HHT的明清官式古建筑的模态参数识别方法［J］．振动与冲击，2018，37（20）：80-85.

[6] LIU Pei. Research on Dynamic Reliability Estimation Methods of Structures Subjected to Random Earthquake Excitations［D］．Beijing：Beijing Jiaotong University，2010.（In Chinese）

[7] 韩建平，李达文．基于Hilbert-Huang变换和自然激励技术的模态参数识别［J］．工程力学，2010，27（8）：54-59.

[8] 秦术杰．残损状态下古建木结构的受力性能［D］．北京：北京交通大学，2018.

后　记

2019 年 8 月 23 日至 25 日，由中国文物保护技术协会文物建筑安全检测鉴定与抗震评估专业委员会主办，中冶建筑研究总院有限公司、北京国文信文物保护有限公司、太原理工大学、北京工业大学等单位承办的“2019 中国文物建筑预防性保护技术交流会”在山西太原顺利举行。本次会议旨在汇聚国内文物建筑保护领域专家、学者以及行业精英，共同探讨文物建筑预防性保护领域的最新研究成果，以期推动我国文物建筑检测鉴定及抗震技术的进步。来自全国 20 余省市百余家文保相关科研院所及企事业单位的 260 余名专家学者与会。

文物建筑作为文化遗产的重要类型，是不可再生的文化资源，在彰显东方建筑文明、营造科学技术和艺术水平，传承和弘扬中华优秀传统文化，推动地区经济社会可持续发展等方面发挥着积极的作用。当前，还存在着文物建筑内涵和外延不清、价值评估困难；检测鉴定和评估标准规范缺乏，相关行业的标准规范在文物领域不能满足文化遗产保护精准实践需求，材料、方法和技术手段应用性亟待提高；预防性保护理论基础研究落后，措施针对性不强，管理体制、经费保障机制尚待健全等问题。为此，积极探讨文物建筑预防性保护的理论、方法和技术等，显得尤为迫切和重要。

本次会议共收到论文投稿近 40 余篇，涵盖预防性保护及研究、木结构类建筑、砖石结构类建筑、其他类建筑的检测、保护和修缮等内容，较为全面地总结和展示了近年来文物建筑预防性保护领域的最新研究成果，对业界同行有较高的参考价值和借鉴意义。本次会议中 39 名文物保护技术领域专家做了大会及分组学术报告，取得了良好的增进交流和合作的效果，形成并发布了文物建筑预防性保护的“太原共识”。

本书的出版得到了中国文物保护技术协会、中冶建筑研究总院有限公司、北京国文信文物保护有限公司、太原理工大学、北京工业大学以及众多专家学者的大力支持和帮助，在此表示衷心的感谢！

中国文物保护技术协会文物建筑安全检测鉴定与
抗震评估专业委员会秘书长
张文革
2020 年 10 月 28 日